Characterization Methods of Condensed Structure in Polymer Materials

高分子材料的凝聚态结构表征方法

叶　龙　马　哲　编著

科　学　出　版　社

北　京

内 容 简 介

本书系统介绍了高分子材料的凝聚态结构表征方法，旨在为读者提供全面、深入的高分子材料结构表征知识，帮助读者理解高分子材料的微观结构与宏观性能之间的内在联系，从而为材料的设计、制备与改性提供理论依据和技术支持。书中的内容涵盖了多种高分子材料的凝聚态结构表征方法，涉及原子力显微镜、扫描电子显微镜、透射电子显微镜、透射 X 射线散射、共振软/韧 X 射线散射、掠入射 X 射线散射、中子散射等先进的表征方法，并结合具体实例进行深入分析。

本书适合从事高分子材料研究与开发的科研人员、工程师，尤其是高分子科学与工程、材料科学等相关专业的高年级本科生和研究生参考学习。希望通过本书的学习，读者能全面掌握高分子材料凝聚态结构表征的核心方法，提升对材料微结构和性能的认知与理解，为未来的科研工作和工程实践提供有力的支持与指导。

图书在版编目（CIP）数据

高分子材料的凝聚态结构表征方法 / 叶龙，马哲编著. -- 北京 : 科学出版社, 2025. 6. -- ISBN 978-7-03-080704-5

Ⅰ. TB324

中国国家版本馆 CIP 数据核字第 2024Q1D968 号

责任编辑：翁靖一 / 责任校对：杜子昂
责任印制：赵 博 / 封面设计：东方人华

科学出版社出版
北京东黄城根北街 16 号
邮政编码：100717
http://www.sciencep.com
北京中科印刷有限公司印刷
科学出版社发行 各地新华书店经销
*
2025 年 6 月第 一 版 开本：720 × 1000 1/16
2026 年 1 月第二次印刷 印张：15
字数：311 000

定价：149.00 元

（如有印装质量问题，我社负责调换）

前　言

高分子材料，作为材料的重要分支，已在航空航天、能源、电子、生物医药等多个领域展现出广泛的应用前景，其研究与开发不仅推动了科技进步，还深刻影响了社会发展。随着高分子材料应用领域的持续拓展，相关研究人员和工程技术人员愈发需要深入理解并准确把握其微观结构、性能与应用之间的复杂关系。在此背景下，高分子材料的凝聚态结构表征方法成为研究的核心之一。通过精确表征高分子材料的微观结构，研究人员能够揭示材料的物理化学性质、加工行为及其与最终性能的内在联系，为新材料的开发提供坚实的科学依据和技术支撑。这不仅促进了高分子材料的创新发展，还为其在新兴领域的广泛应用奠定了基础。

“高分子材料的凝聚态结构表征方法”是天津大学高分子材料专业的研究生专业核心课程和本研贯通课程，专注于高分子材料的凝聚态结构表征。与常见的本科生或研究生课程如“材料分析方法”或“高分子材料剖析技术”等相比，本课程具有更为明确的培养目标，旨在培养学生熟练掌握高分子材料微观结构的表征技术，并深入理解其在物性与应用中的关键作用。本书是基于作者多年教学实践和科研探索，对课程内容的系统梳理与总结，每种表征方法都从发展历程、基本原理、样品制备技术、数据解析方法等方面进行了详细介绍，力求帮助读者深入理解并掌握这些方法。而且，通过具体的应用案例，读者不仅可以学习如何运用这些技术对高分子材料的微结构进行精确表征，还能更好地把握材料的物理化学性质及其与宏观性能的关系。

全书的内容聚焦于高分子材料微观结构表征的核心方法，其中：第 1 章概述了高分子材料的凝聚态结构及其表征方法；第 2 章至第 4 章介绍了实空间的显微学表征方法，包括原子力显微镜、扫描电子显微镜和透射电子显微镜，这些技术是高分子材料研究中的重要工具；第 5 章至第 7 章则聚焦于倒空间的散射表征方法，涵盖了广角/小角 X 射线散射、共振软 X 射线散射、掠入射 X 射线散射以及小角中子散射等先进技术。这些方法通常依托于国内外的重大科技基础研究设施（大科学装置），能够揭示传统技术难以解析的细微结构特征。

通过对这些表征方法的系统介绍，本书深入探讨了显微学和散射表征方法的基本原理、实验方法及其在高分子材料微结构与形貌表征中的应用，同时结合诸多的前沿案例分享了典型的数据解析方法。希望通过本书，帮助学生和相关科研人员全面掌握这些重要的表征技术，深入理解高分子材料微观结构、物性与应用之间的内在联系。

自2020年以来，作者在天津大学连续开设并讲授“高分子材料的凝聚态结构表征方法”课程，并结合自己在该领域多年的科研积累，围绕课程内容优化与课程思政建设开展了持续探索与实践。这门课有幸被评为天津大学首批优秀研究生学科核心课程，并入选天津市高等学校研究生教育改革研究计划推荐项目。在本书的撰写过程中，作者主要参考了近五年出版的中英文专著和科技文献，也引入了最新的研究成果，力求将前沿的研究成果融入本书内容。在此，谨向相关文献与专著的作者致以诚挚的谢意。同时，特别感谢天津大学材料学院“双一流”学科建设经费和天津大学“研究生创新人才培养”项目（示范教材，YCX2023023）对本书出版的资助与支持。

本书的顺利完成离不开许多同仁与学生的帮助。在各章资料搜集整理、图片绘制和文字校对过程中，研究生李赛萌、高梦圆、吴俊江、韩德霞、张凯、孙纯龙、冯锦涛、于梦琪、孙冰、左净玉、杨意敏、李明飞和王婧婧表现出极大的热情与耐心，他们的辛勤付出为本书的高质量完成提供了有力保障。在分工方面，叶龙教授负责撰写显微学部分，马哲教授和叶龙教授共同撰写散射部分，全书由叶龙教授统稿并审校。在此，作者向所有参与者致以深深的感谢。此外，科学出版社的翁靖一编辑在本书的出版过程中给予了细致的指导和大力支持，再次表示由衷的感谢。

尽管作者在撰写过程中力求内容严谨、语言精确，但限于时间和精力，书中难免存在疏漏或不足之处。在此，恳请广大读者批评指正，以助进一步完善。

作　者

2025年5月

于天津大学北洋园

目　　录

第 1 章 绪论

在探索材料科学的浩瀚宇宙中，高分子材料以其独特的魅力和广泛的应用前景，始终占据着举足轻重的地位。从日常生活中的塑料制品、橡胶轮胎，到高科技领域的半导体材料、能源材料、生物医用材料，以及航空航天材料，高分子材料无处不在，深刻地影响着人们的生产和生活。而这一切的背后，都离不开高分子材料复杂的凝聚态结构。

凝聚态结构，作为高分子材料宏观物质形态的直接体现，不仅决定了材料的力学、热学、光学和电学等性能，更是材料设计与应用开发的核心所在。因此，深入理解和研究高分子材料的凝聚态结构，对于推动材料科学的进步、拓展高分子材料的应用领域具有至关重要的意义。

本章将通过介绍高分子材料的基本概念、结构层次、凝聚态结构以及表征方法，希望帮助读者深入理解高分子材料结构与性能之间的内在联系，揭开高分子材料凝聚态结构的神秘面纱！

1.1 高分子材料的结构层次

自 20 世纪 20 年代，德国化学家 Hermann Staudinger（1953 年诺贝尔化学奖得主）发表其经典之作《论聚合》以来，高分子科学领域已经历了长达一个世纪的蓬勃发展与辉煌历程。从聚烯烃、橡胶、尼龙等传统高分子材料，到导电高分子、高分子光伏材料、可降解高分子材料、高分子水凝胶等一系列创新高分子材料的成功合成，高分子材料的应用疆域不断拓宽，现已成为现代材料科学技术领域中不可或缺的重要支柱。

时至今日，高分子材料已与金属材料、无机非金属材料并驾齐驱，共同被誉为“三大基础材料”。它们在国民经济建设中发挥着举足轻重的作用，是国防工业和高新技术领域不可或缺的关键元素。同时，高分子材料也深刻融入了人类日常生活的方方面面，从衣物的纤维到食物的包装，从住所的构建到出行的交通工具，高分子材料极大地丰富了人们的生活并提升了生活质量，已成为现代社会不可或缺的基础材料之一。

高分子材料的应用范畴广泛，涵盖了塑料、橡胶、纤维、涂料及黏合剂等多个领域，它们不仅在工业生产中占据核心地位，也深刻地影响着人类日常生活的方方面面。在国家积极推进的“双碳”目标大背景下，高分子材料的开发正迎来前所未有的新机遇。例如，塑料的回收与循环利用、可降解塑料的研发与推广，以及光电高分子材料和储能高分子材料的深入研究，这些领域不仅有望显著降低碳排放，更将引领低碳化工行业的未来发展，为实现高分子材料绿色转型提供坚实的技术支撑[1-4]。经过一个世纪的快速发展，高分子科学已经构建起一个体系完整、领域广泛的学科框架。因此，随着社会的不断进步和科技的日新月异，高分子科学的研究内容和应用领域仍在不断拓展，其未来的发展充满了无限潜力。

高分子材料的独特性源于其长链分子和复杂的化学组成，这使其具备了广泛的结构多样性和功能性。根据不同空间尺度和功能层次，高分子材料的结构可以被划分为分子链结构（近程结构、远程结构）和凝聚态结构两个核心层次，如图 1-1 所示，这些层次各自对高分子材料的性质和性能起着至关重要的作用[5-8]。其中，近程结构，主要描述高分子链局部原子或基团的排列方式，它直接关联到单个高分子的基本结构单元。这包括结构单元的化学组成、键接方式、空间构型、分子构造，以及共聚物的序列结构等关键要素。远程结构，则描述整条高分子链的整体形态和特征，包括高分子的大小（相对分子质量的高低）和形态（如无规线团、伸展链、折叠链、锯齿链和螺旋链等）。有些书中把近程结构和远程结构称为一级结构和二级结构，二者统称为分子链结构。

然而，凝聚态结构，作为高分子材料结构的高级层次，是在近程和远程结构的基础上，通过多条高分子链之间的相互作用而形成的结构层次，也被称为“聚集态结构”。这一层次是高分子材料结构中最为复杂和关键的部分，它直接决定了材料的性能与应用表现[9-13]。凝聚态结构可以是高分子材料形成的结晶结构、无定形态，或是两者的复合体，具体表现为分子链之间的相互作用、界面特性以及相分离等现象。在聚合物薄膜、纤维、纳米材料等领域，凝聚态结构的调控至关重要，它直接关系到高分子材料在实际应用中的性能，如透明性、导电性、力学强度等。本书将着重探讨高分子材料在凝聚态结构层次中的表征方法与技术，深入剖析凝聚态结构的形成机制及其与材料性能的关系。通过最新的实验技术与理论模型，揭示如何通过调控凝聚态结构来优化高分子材料的性能，为高分子材料的设计和应用提供理论指导与实践参考。

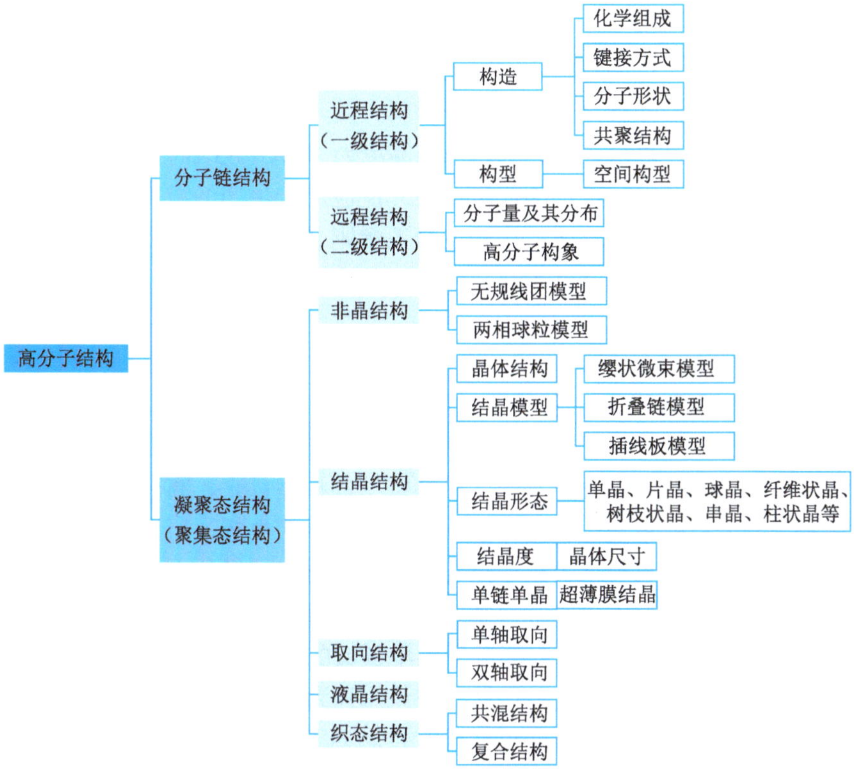

图 1-1　高分子材料的结构层次

1.2 高分子材料的凝聚态结构

高分子材料的凝聚态结构是其宏观物质形态的直接体现，这一结构基于分子间相互作用的强弱和分子排列的有序程度，展现出多样化的类型，包括晶态结构、液晶态结构、非晶态结构以及液态等。这些凝聚态结构的形成及其特性，对高分子材料的力学、热学、光学和电学等性能具有深远影响，因此在材料的设计与开发过程中具有举足轻重的地位。

在非晶态与晶态这两种最常见且最重要的凝聚态结构中，它们各自展现了独特的物理和化学性质，并广泛应用于各种实际场景中。非晶态结构的高分子材料通常表现出较好的柔韧性和加工性能，而晶态结构的高分子材料则往往具备更高的硬度和强度。

为了满足特定的应用需求，高分子材料常常需要添加各种添加剂或者通过高分子共混的方式，以获得所需的性能。这种处理方式使得高分子材料的凝聚态结构变得更加复杂，形成了更加多样化的织态结构。这种结构的复杂性不仅丰富了高分子材料的性能，也为材料的定制化和功能化提供了更多的可能性。

值得注意的是，即使是同种高分子材料，其不同的凝聚态结构也会对物理性能产生显著的影响。以聚乙烯为例，当结晶度为 55%～65%时，低密度聚乙烯展现出良好的透明性和热封性，因此可以被广泛应用于生产低温冷冻包装制品。而当结晶度提升到 70%～80%时，中密度聚乙烯则表现出更高的硬度和强度，更适合制成片材和薄膜。当结晶度超过 90%时，高密度聚乙烯则可以用于生产大型高强度的包装容器。

1.2.1 晶态结构

自 1957 年 Andrew Keller 提出了折叠链结晶模型以来，高分子结晶现象的研究便如同一颗璀璨的星辰，在高分子物理领域中熠熠生辉。历经数十年的探索与发展，结晶性高分子材料已占据了热塑性高分子材料市场的大半壁江山，其重要性不言而喻。这一领域不仅承载着学术界对未知世界的无尽好奇，更承载着工业界对高性能材料的不懈追求。在高分子科学领域的顶级期刊 *Macromolecules* 庆祝其 50 年辉煌历程时，将“高分子结晶理论”列为未解决的十大问题之首[14]，这无疑是对该领域重要性的高度认可，同时也彰显了其研究难度与挑战性。高分子结晶形态的多样性，如单晶、球晶等，不仅丰富了我们的研究视野，更为调控聚合物的物理性能提供了无限可能。不同的结晶形态影响聚合物的物理性能，如力学强度、热稳定性和光电性能等。

单晶，是指晶体内部的微粒在三维空间中有序排列，整个晶体由同一种空间格子构成，形成长程有序结构。高分子单晶通常具有非常紧密的分子链排列，这种有序结构赋予其优秀的力学性能和光电性能。单晶高分子材料的研究促进了高分子结晶理论的发展，深入探讨了高分子链的行为和相互作用。单晶，作为高分子结晶形态中的瑰宝，其内部微粒的三维有序排列赋予了它卓越的性能。然而，正是这种极致的有序，使得高分子单晶的培养变得异常艰难。高分子链的复杂运动特性，使得单晶的生长条件极为苛刻，通常只能在浓度极低（0.01%～0.1%时）的溶液中，通过漫长的结晶过程方能呈现。这种稀缺性与珍贵性，使得高分子单晶的研究更加引人入胜。例如，聚乙烯单晶在稀溶液中缓慢生长，形成层状结构，图 1-2 展示了从稀溶液中生长的聚乙烯单晶及其电子衍射图案。

在高分子结晶的广阔天地中，球晶以其独特的形态和丰富的现象，成为了研究者们探索高分子材料微观世界的又一重要窗口。作为最常见的晶体形态之一，球晶在高分子物理领域中占据着举足轻重的地位。当结晶性高聚物在特定的条件下，如从浓溶液中析出或从熔体冷却时，且未受到外界应力或流动作用的影响，

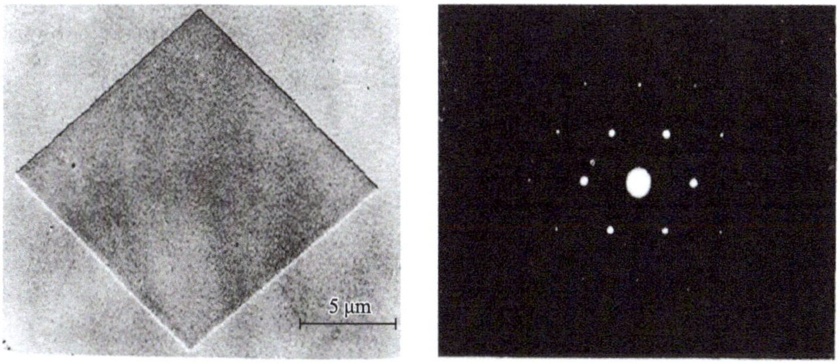

(a) (b)

图 1-2 聚乙烯层状单晶的（a）形貌和（b）暗场衍射的电子显微照片

它们往往会自发地形成这种美丽的球晶结构。球晶的独特之处，不仅在于其宏观上的球形外观，更在于其微观上的精细结构。在偏光显微镜下，球晶会展现出特殊的黑十字消光现象和同心圆消光现象，这些现象如同一幅幅精美的画卷，揭示着高分子链在结晶过程中的有序排列与相互作用。而当我们进一步利用小角激光散射技术观察球晶时，又会发现其呈现出类似四叶瓣或两叶瓣的特征图像，如图 1-3 所示。这些独特的图案不仅是对球晶结构的直观展示，更是对高分子结晶理论的深刻诠释。

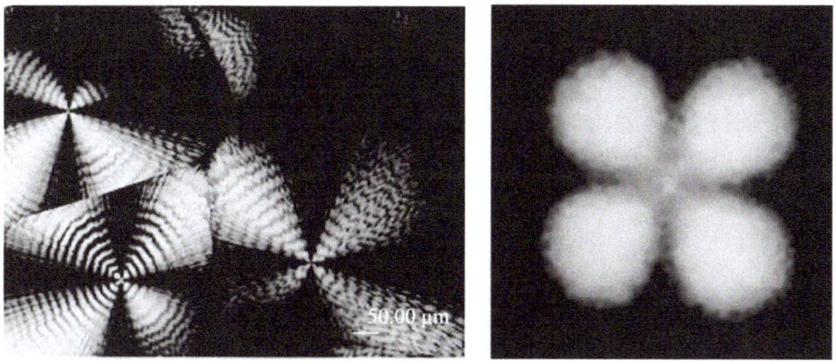

(a) (b)

图 1-3 球晶的（a）黑十字消光现象和同心圆消光现象和（b）小角激光散射图像

单晶与球晶固然是璀璨夺目的明星，但聚合物结晶的多样性远不止于此。从树枝状晶的蜿蜒曲折，到孪晶的镜像对称；从伸直链片晶的井然有序，到纤维状晶的坚韧不拔；再到串晶的串联之美，以及准晶的独特魅力——这些形态各异的晶体结构，共同构成了高分子结晶领域的万花筒。每一种晶体形态的形成，都是聚合物结晶过程与外部环境因素相互作用的结果。溶液的浓度、冷却速率的大小，以及外部应力的施加方式，这些因素如同雕刻师手中的刻刀，精心雕琢着高分子链的排列与组合，最终呈现出千姿百态的晶体形态。这些不同的晶体形态，不仅在物理结构上各具特色，而且在聚合物的性能上留下了深刻的烙印。它们或增强了聚合物的力学性能，使其更加坚韧耐用；或提升了热稳定性，使其在高温环境下依然保持稳定的性能；或优化了加工性能，使得聚合物材料在加工过程中更加易于成型与操控。

结晶度，是衡量聚合物中结晶区域占比的一个重要参数，表示的是聚合物内部结晶区域在整体材料中的百分比，通常以质量分数或体积分数的形式表示。结晶度直接影响聚合物的物理性能，如力学性能、热稳定性和透明度等。结晶度越高，聚合物通常具有更高的刚性、更好的热稳定性，但透明度会更差。然而，结晶度的测量并非易事，这是因为聚合物中晶体与非晶区域之间的模糊界限，使得结晶度成为了一个半定量的参数，所以不同的测试方法得出的结果往往存在差异，不能简单地相互比较。

为了更深入地理解聚合物的结晶行为，需要借助一系列先进的表征分析技术。新发展的显微学和散射实验技术，能够更为深入揭示聚合物结晶的微观结构与特征。它们不仅帮助认识到不同片晶厚度下聚合物结晶行为的差异，还为理解结晶过程中的成核与晶体生长提供了新的视角。例如，Strobl[15]基于温度依赖的散射实验数据，发现不同片晶厚度下的聚合物结晶行为存在差异，且结晶线与熔融线在片晶厚度趋于无穷时并不交于同一个温度。该发现推测了片晶生长前端存在预取向的中间相，这一结论为理解结晶过程中的成核与晶体生长提供了新的视角。在这些实验技术的支撑下，科研人员可以将实验数据与理论模型相结合，通过优化聚合物的结晶条件，如温度、压力等，来调控聚合物的性能，使其更加符合实际应用的需求。这些新的实验结果和理论模型的出现，又引发了新的一轮关于结晶问题的争论[16, 17]。

1.2.2 非晶态结构

非晶态，是指没有长程有序结构的物质状态，它是大多数合成高分子在室温条件下的凝聚形态。即使是那些能够结晶的高分子，通常也会在其内部或表面形成非晶态区域。非晶态结构是合成高分子材料中最为普遍的凝聚态结构类型，它与结晶态相对，且在许多应用中扮演着关键角色。与结晶态的井然有序相比，非晶态显得更为随意与自由。它没有长程有序的结构，分子链的排列如同散落的星辰，既无固定的方向也无固定的间距。然而，正是这种无序性，赋予了非晶态高分子材料独特的性能与魅力。

非晶态聚合物没有固定的熔点，而是随着温度的升高而逐渐软化，最终转变为熔体。在温度逐渐升高的过程中，非晶态聚合物的形态会发生不同的变化。这些变化可以通过温度-形变曲线来表征，通常的曲线包含几个特征区域，如图 1-4 所示。在较低温度下，非晶态聚合物的形变较小，表现出较高的刚性，这种状态被称为玻璃态（玻璃化状态）。此时，聚合物的分子链段被"冻结"，无法自由移动，只能进行小范围的形变，如侧基或小的支链的运动，因此其弹性模量较高。随着温度升高，聚合物逐渐软化，在一定温度范围内，形变量不再随温度变化而剧烈改变，出现一个平台阶段，这一阶段被称为高弹态。在此阶段，分子链段的运动能力增强，足以克服构象改变的势垒，聚合物的链段可以进行大范围的运动。虽然分子链在热运动下能发生局部运动，但由于温度仍然不足以使整个链条发生位移，因此它的弹性模量较低，聚合物呈现出高弹性。

玻璃化转变温度（T_g）是非晶态聚合物从玻璃态转变为高弹态的温度，它是非晶态聚合物一个非常重要的温度特性，决定了聚合物在使用中的物理表现。当温度进一步升高至黏流温度（T_f），聚合物的分子链的热运动能量足以使得链条整体发生位移，这时，聚合物进入黏流态，即表现为类似小分子液体的流动状态。在此状态下，聚合物表现出明显的黏性流动特性，宏观上表现为聚合物的黏流行为，即聚合物的形变变得不可逆。在撤去外力后，分子链不能回到原位，导致永久的形变。

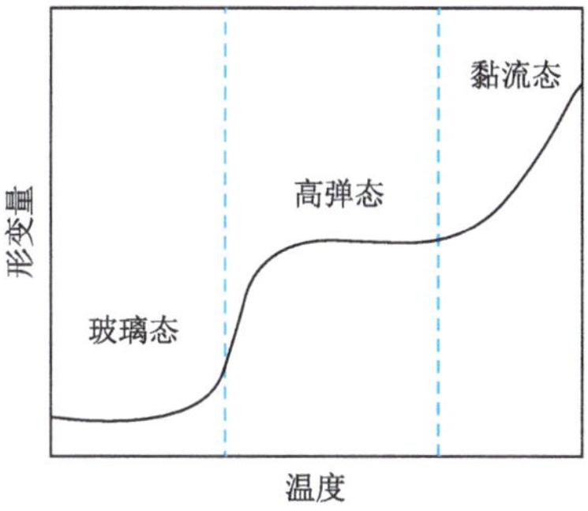

图 1-4　非晶聚合物的温度-形变曲线

非晶态聚合物没有长程有序的结构，其分子链在空间中的排列常表现为杂乱无章或无规状态。为了更好地理解非晶态聚合物的微观结构及其性能，科学家提出了多个理论模型，其中最具代表性的两个模型是无规线团模型和两相球粒模型。无规线团模型，是假定聚合物分子链在非晶态中表现为无规的线团构象，整体上服从高斯分布。无规线团的尺寸与高分子链在 θ 溶液中的尺寸相当，在该模型中，分子链之间可以自由缠绕和交织，形成复杂的无规结构。为了解决无规线团模型的局限性，科学家提出了两相球粒模型，如图 1-5 所示，它将非晶聚合物的结构分为有序区和无序区。有序区，是指分子链在该区域排列较为规整，链间的相互作用力较强，导致有序区的密度较高，硬度较强；无序区，则是指分子链在该区域排列杂乱，链间相互作用较弱，导致无序区的密度较低，分子链具有较高的运动性。有序区和无序区之间的界面以及它们的相互作用对非晶聚合物的物理性质和力学性能起着关键作用。这种结构模型有助于解释非晶聚合物的韧性和强度特性。

图 1-5 非晶聚合物的两相球粒模型示意图

在非晶态结构中，高分子链的排列呈现无序状态，长而细的高分子链交织在一起，形成一种类似“乱麻”的结构。这种链与链之间的相互穿透和勾缠现象被称为高分子链的缠结（entanglement）。从广义上讲，缠结是高分子链之间的物理交联点的形成，这些交联点构成了一个动态的网络结构，从而限制了分子链的运动。这种限制对高分子材料的性能产生重要影响，因而缠结被认为是高分子链凝聚态的重要特征之一。根据缠结的性质，可以将其分为两种类型：拓扑缠结和凝聚缠结，见图 1-6。其中，拓扑缠结是指高分子链在空间中相互穿透和勾缠，导致链之间不能横穿移动［图 1-6（a）］。这种缠结的形成通常需要链上有足够数量的单体单元。研究表明，每隔 100～300 个单体单元可能形成一个拓扑缠结点。此外，拓扑缠结点的密度受温度变化的影响较小。拓扑缠结对高分子材料在高弹态和流动态下的力学性能具有重要影响，决定了材料的黏弹性和流动行为等特性。实际上，所有具有足够长度的高分子链都存在拓扑缠结效应，只有当相对分子质量低至几百以下时，这种链间的拓扑缠结才可能消失。

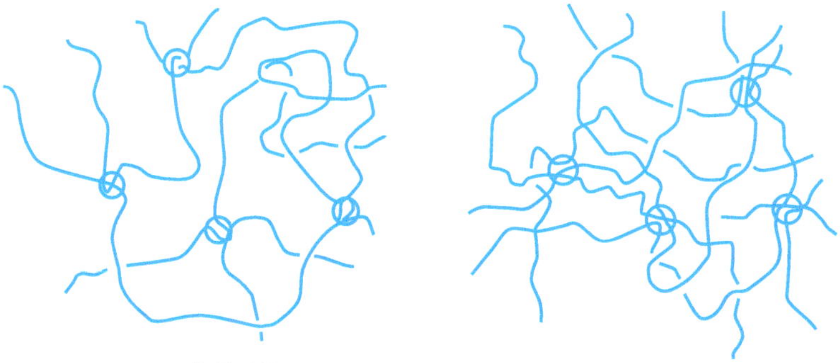

图 1-6 拓扑缠结（a）和凝聚缠结（b）的示意图

尽管目前尚无直接观察到高分子链拓扑缠结的证据，但从高分子熔体的流变行为和力学性能随分子量变化的关系，可以充分验证拓扑缠结的存在。研究表明，高分子熔体在零剪切速率下的黏度（η_0）与分子量呈现显著的临界变化：当分子量 M 小于临界值（M_c）时，黏度与分子量线性相关，表明此时分子链尚未发生缠结；而当 $M>M_c$ 时，链间发生缠结，黏度与分子量的 3.4 次方成正比，见公式(1-1)。此外，高剪切速率下熔体黏度会减小并表现出牛顿性流动特性，反映出缠结网络在剪切作用下被解开。M_c 被认为是高分子链能发生缠结的临界分子量。类似的，硫化橡胶的实测弹性模量也高于理论值，表明物理交联点（即缠结网络）的存在对弹性模量贡献显著，即：

$$\eta_0 \propto M^{\alpha}(M < M_c, \alpha = 1;\ M > M_c, \alpha = 3.4) \tag{1-1}$$

另一种缠结形式是由我国高分子物理学家钱人元提出的凝聚缠结[6]，它是高分子链局部相邻段之间的物理交联点，由链段间的范德瓦耳斯力、双键及芳环的电子云相互作用引起。这种局部链段的平行堆砌仅限于数个单体单元，形成的物理交联点尺寸较小且密度远高于拓扑缠结。由于凝聚缠结的相互作用能较低，密度和强度高度依赖温度和材料的热历史，并对材料在 T_g 及其以下的物理性能产生重要影响，如材料的老化行为、屈服应力峰以及 T_g 变温曲线上的吸收峰等。这种不同尺度和强度的凝聚缠结点构成了高分子材料特有的物理交联网络。

许多实验证据表明高分子链中存在凝聚缠结。例如，聚对苯二甲酸乙二醇酯的激基荧光光谱显示，其主链芳环之间的平行堆砌距离小于 0.35 nm，这表明存在凝聚缠结。类似的，聚苯乙烯的广角 X 射线衍射实验也证实了高分子链侧基芳环之间的堆砌现象。凝聚缠结的概念为解释非晶态高分子材料的一些重要现象提供了理论基础。例如，它能够合理解释物理老化现象，即高分子材料随时间逐渐变硬的行为；以及差示扫描量热法中 T_g 附近的吸收峰；还有在 T_g 以下对非晶态高分子材料进行单轴拉伸时出现的屈服应力峰。

1.2.3 液晶态结构

液晶态，是某些高分子材料在特定条件下表现出的一种特殊形态，它兼具液态和晶态的部分性质。液晶态的形成通常是在热熔融或溶剂溶解后，物质的分子仍能部分保持有序排列，从而呈现出具有各向异性的物理性质。这使得液晶态既不同于完全的液态（分子随机分布），也不同于完全的晶态（分子完全有序排列）。液晶态的物质通常在外部刺激（如温度、磁场、电场等）下具有不同的物理特性和形态变化。能够形成液晶的高分子通常具有以下特点：一是具有棒状或近似棒状的分子构象，以保证液晶的各向异性；二是具有在液态下维持分子有序排列的相互作用力，通常具有对苯撑、强极性基团、高度可极化基团或氢键等。根据有序程度的不同可以分为近晶型、向列型和胆甾型。这三种液晶类型的主要区别在于分子排列的方式和程度。

（1）近晶型液晶（smectic liquid crystals）

近晶型液晶具有类似晶态的有序结构，但分子层之间可以滑动。这种液晶的分子沿着某一方向排列，形成层状结构。每一层的分子排列是有序的，而不同层之间的排列则可以相对滑动，表现出部分的流动性。

（2）向列型液晶（nematic liquid crystals）

向列型液晶分子大致沿着相同的方向排列，但每个分子并不是完全有序的。分子沿着一个方向有长程有序排列，但在垂直于这个方向的方向上则呈现随机排列。向列型液晶是最常见的一种液晶形式，广泛应用于显示技术等领域。

（3）胆甾型液晶（cholesteric liquid crystals）

胆甾型液晶的分子排列类似于向列型液晶，但具有一个独特的螺旋结构。分子沿着一个方向排列，并且逐渐旋转形成螺旋形状。胆甾型液晶具有更复杂的结构和更特殊的光学特性，广泛用于光学器件和显示技术中。

1.2.4 取向态结构

在外力（如拉伸应力、剪切应力）的作用下，高分子的分子链、链段和微晶等结构会沿着外力方向进行有序排列，这一过程被称为取向。可以取向的结构包括分子链、链段、晶片、晶带等。以链段取向为例，未取向的聚合物中，链段的排列方向是随机分布的，聚合物在各个方向上具有相同的性质，称为各向同性。而在取向的聚合物材料中，链段会沿某一方向排列，分子链中的基团通过共价键在分子链方向上相互连接，而在垂直于分子链方向上，链段通过分子间作用力（如范德瓦耳斯力）相互结合。因此，取向材料在取向方向和其他方向上会表现出不同的性质，称为各向异性。取向的聚合物材料在力学、光学、导热性、声传播速度等方面都表现出明显的各向异性。例如，在取向方向上，材料的拉伸强度和挠曲疲劳强度显著增加，而在垂直方向上则降低。在光学性质上，取向方向和垂直于取向方向的折射率不同，导致取向材料出现光的双折射现象。结晶聚合物经过取向后，材料的密度和结晶度增加，从而提高了材料的使用温度。

取向可以分为单轴取向和双轴取向。例如，合成纤维在纺丝后经过牵伸时，分子链沿着纤维方向发生取向，从而提高了纤维的强度。而对于薄膜材料，如果仅沿一个方向进行取向，虽然在该方向上的力学性能得到提升，但在垂直方向上的性能会下降，反而在实际应用中容易发生破裂。因此，薄膜材料通常采用双轴取向，即分子链在平行于薄膜平面的方向上发生取向。

高分子链具有大分子量和复杂的结构，其分子运动单元表现出多重性，除了高分子链整体的运动外，链段和链节等部分也可以发生运动。高分子链整体的运动通常仅在高分子处于流体状态时发生，而链段的运动可以通过内旋等方式实现。显然，链段的运动速度与高分子链整体的运动速度是不同的。在外力场作用下，首先发生的是链段的取向，其次是高分子链整体的取向。如果高分子材料处于固态，整体分子链的运动会非常缓慢，可以认为只有链段发生取向。

从热力学角度来看，取向是一个不稳定的状态，一旦外力场撤去，取向结构会发生解取向。由于链段和分子链整体运动的难易程度不同，解取向的速度也不同，取向速度快的结构会更快发生解取向。因此，存在分子链整体取向，而链段已经完全解取向的情况。例如，通过牵伸使合成纤维发生取向，虽然大大提高了纤维的强度，但同时降低了纤维的弹性和断裂伸长率。在拉伸后的短时间内使用热空气或水蒸气处理纤维，可以促进分子链解取向，从而得到整体取向的分子链和解取向的链段，从而在提高纤维强度的同时保证其弹性和断裂伸长率。

描述取向态结构的重要参数是取向度，可用来定量描述高分子材料取向程度的一个重要函数。如图 1-7 所示，取向函数 f 可表示为：

$$f=\frac{1}{2}(3\cos^2\theta-1) \tag{1-2}$$

其中，θ 为分子链主轴与纤维轴之间的夹角（取向角）。对于完全未取向的聚合物，平均取向角 $\theta=51°44'$，取向函数 $f=0$；对于完全取向的聚合物 $\theta=0°$，此时取向函数 $f=1$。

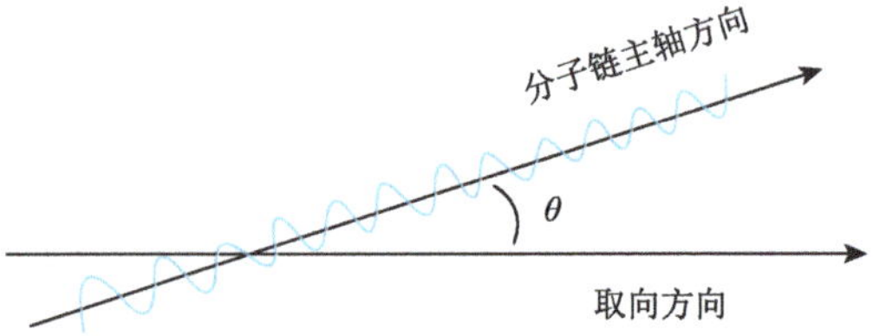

图 1-7　取向度示意图

1.3 凝聚态结构表征方法概述

随着新型高分子材料的不断发展，如何准确地表征这些材料的凝聚态结构，特别是理解其结构对性能的影响，成为高分子科学中的一项重要任务。凝聚态结构的精确表征可以为高分子材料的设计和优化提供重要指导。为了更好地分析高分子材料的结构与性能关系，研究者们开发了多种表征方法，这些方法可以分为显微表征方法和散射表征方法两大类。显微学方法能够提供材料表面和微观形貌的信息，适用于高分子材料的形态分析；散射方法则通过分析材料与光的相互作用，能够揭示材料的内部结构和长程有序性。不同表征方法各有优势，通常需要结合多种技术进行综合分析，从而全面了解高分子材料的结构特性及其对性能的影响[18]。

1.3.1 显微表征方法

显微表征方法主要包括原子力显微学（AFM）、扫描电子显微学（SEM）、透射电子显微学（TEM），最新的还有近年来发展起来的冷冻电子显微学（Cryo-EM）。扫描电子显微镜（SEM）的工作原理是通过入射电子束在样品表面进行光栅式逐行扫描，电子束在每个扫描点上激发产生相应的信号，经过放大后转化为像点。SEM 常用的信号包括二次电子、背散射电子和特征 X 射线。二次电子是由入射电子轰击样品时激发出的核外电子，主要用于表面形貌特征的分析，具有较高的分辨率（5 nm）。背散射电子是被原子反射回来的部分入射电子，用于形貌特征及定性成分分析，分辨率为 0.1～1 μm。特征 X 射线是样品原子受激发出的具有特征能量的 X 射线，用于定量成分分析。SEM 具有高分辨率、可调放大倍数、大景深和简便的样品制备等优点，结合 X 射线衍射仪或电子能谱仪使用，还可以实现物质成分的进一步分析。然而，扫描电子显微镜也存在一些缺点：首先，操作需要在真空环境中进行；其次，某些特殊样品（如超薄样品）的制备较为复杂；此外，电子束的照射可能通过碰撞和加热对样品造成损伤，尤其是在高放大倍数和长时间观察时更为明显；由于电子散射效应强烈，容易出现二次衍射等现象，导致后续图像解析的难度增加；最后，SEM 的购置与维护成本较高。

原子力显微镜（AFM），是通过探针逐行扫描样品表面，并根据探针尖端与样品表面之间的相互作用力来获得表面形貌信息。具体来说，当探针靠近样品时，探针与样品之间的相互作用力（例如范德瓦耳斯力、静电力等）使得探针的悬臂发生形变，通过监测悬臂形变的程度，可以获取样品表面的形貌。原子力显微镜的纵向分辨率可达到 0.1 nm，横向分辨率通常可以达到 1～10 nm，具体取决于探针的尖锐程度、扫描速率以及样品表面的性质。AFM 的不同扫描模式提供了针对不同样品和分析需求的灵活选择。接触模式适用于高分辨率形貌获取，非接触模式适用于避免样品损伤的场合，轻敲模式则在软性样品的分析中表现突出，而力谱模式则为研究材料的力学特性提供了有力工具。AFM 的优点包括高分辨率、三维成像、适用环境多样、样品无须特殊处理等，结合其他技术时，还能扩展其应用范围。然而，AFM 也有局限性，其扫描范围较小，扫描速率较小，不适合用于大面积或快速变化过程的研究。此外，原子力显微镜的购置与维护成本也较高。

透射电子显微镜（TEM），是一种利用高速电子作为光源的显微镜，基于阿贝尔成像原理（与光学显微镜成像原理相同）来获取样品形貌。由于电子能够被加速到非常高的速度，其波长远小于可见光，因此 TEM 具有比光学显微镜高得多的分辨率，通常可达到 0.1 nm，这使得它能够观察到物质的原子级结构。然而，TEM 对样品的制备要求较高，操作需在高真空环境下进行，同时电子束可能对样品造成一定程度的损伤。TEM 的购置和维护成本较为昂贵，且需要较为专业的人员进行操作。

1.3.2 散射表征方法

散射技术，在材料表征中的应用是基于倒空间的方法，主要包括 X 射线散射和中子散射。X 射线散射按照入射光束的能量大致分为软 X 射线散射（100～1000 eV）、韧 X 射线散射（2～5 keV）和硬 X 射线散射（5～10 keV）；按入射模式可分为透射 X 射线散射和掠入射 X 射线散射两类。透射模式下，X 射线直接穿透样品，通过测量透过样品后的散射强度来分析材料的内部结构，常用于小角 X 射线散射（SAXS）、广角 X 射线散射（WAXS）、共振软 X 射线散射（R-SoXS）和韧 X 射线散射。而掠入射模式则是指 X 射线以接近平行于样品表面的角度入射，适用于研究表面和界面特性，尤其是薄膜和多层结构，常见的实验方法有掠入射小角 X 射线散射（GISAXS）和掠入射广角 X 射线散射（GIWAXS）。

SAXS 收集和分析 2°～5°的小角度散射光，主要用于研究几十到几百纳米尺度的亚微观结构，如纳米材料、高分子材料、粉末材料以及生物大分子（如蛋白质和核酸）的结构分析。SAXS 的优点是能够直接提供关于材料内部纳米结构的信息，且无须破坏样品，数据分析速度较快。但其发展受到 X 光源强度、理论方法和数据处理手段的限制，特别是对于非理想两相体系的应用，数据分析面临较大挑战。

WAXS 收集和分析 5°以上的大角度散射光，提供原子尺度的结构信息，适用于确定晶体的结构参数，如原子间距、晶格常数以及非晶材料的短程有序性。WAXS 能精确获取材料的晶体结构信息，尤其包括晶粒大小和晶格畸变等特征，且可以快速高效地获得材料内部结构。但对于复杂相组成的材料，WAXS 数据分析较为复杂，通常需要与其他实验技术相结合进行综合解析。

R-SoXS 利用 X 射线与样品的内层电子相互作用的特性。当 X 射线的能量接近样品中某些元素的吸收边时，X 射线会引发这些元素的电子跃迁，从而增强散射信号。这种共振效应使得研究者可以通过调节 X 射线的能量，选择性地增强对特定元素或化学环境的敏感性，从而得到更高的信号强度和更精确的表征信息[19]。

GISAXS 实验中，X 射线以小角度（通常低于材料的临界角）照射样品，通过测量散射图案中的强度分布来获取表面或界面的纳米结构信息，主要用于研究材料表面的纳米结构，如表面粗糙度、粒子大小分布和多孔结构的形态。GISAXS 的高表面灵敏度使其在薄膜和纳米颗粒研究中表现突出。

与 GISAXS 不同，GIWAXS 关注更大角度范围内的散射，提供有关分子或原子水平上材料排列的详细信息，如晶格参数和取向分布，广泛用于研究材料的晶体结构和取向性，特别适用于有机太阳能电池、钙钛矿太阳能电池等具有高度有序结构的材料。最新的原位 GISAXS/GIWAXS 技术能够在不同环境条件下实时监测材料的结构变化，对理解材料在实际应用环境中的行为至关重要。

中子散射方法与 X 射线散射类似，根据入射模式可分为小角中子散射（SANS）和掠入射小角中子散射（GISANS），并有微小角中子散射（VSANS）等衍生技术。SANS 主要用于研究纳米至微米尺度的结构，如聚合物、胶体系统和生物大分子的构象；而 GISANS 则专注于表面和界面的研究，特别适用于薄膜和涂层材料的表征。

SANS 是一种利用低散射角处的弹性中子散射研究材料介观尺度结构（1 nm 至数百纳米）的技术。样品中存在大于原子间距的结构不均匀性时（例如，存在中子散射长度密度差异），会在探测器上产生信号。SANS 广泛应用于材料科学、化学、生物学和凝聚态物理等领域，能够有效解析材料内部的微结构特征，如空位、位错、层错等。

GISANS 与 SANS 类似，都是利用中子与物质相互作用时的散射现象来研究材料内部的结构，主要区别在于 GISANS 采用掠入射模式，即中子以接近平行于样品表面的角度入射，从而提高对表面和界面的灵敏度。GISANS 可用于研究薄膜、多层膜和表面处理材料，特别适用于分析平基片上的表层纳米材料，广泛应用于光伏电池、发光二极管等领域。GISANS 具有高表面灵敏度和提供横向及深度方向结构信息的优势，可以克服传统 SANS 在极小样品体积测量上的局限性。然而，由于中子源通常需要核反应堆或粒子加速器产生，中子散射技术的成本较高，并且 SANS 与 GISANS 的数据解析较为复杂，限制了其应用范围。

1.4 本章小结

综上所述，高分子材料的凝聚态结构对其性能具有决定性的影响。因此，在材料的设计、制备和应用过程中，深入理解和调控高分子材料的凝聚态结构，是提升材料性能、拓展应用领域和实现定制化功能的关键。高分子材料的研究呈现出显著的复杂性，表现为“非”(非平衡态、非均匀性和非线性)、“多”(多组分、多分散、多尺度以及多元相互作用）和学科交叉（如纳米技术、组装技术、功能化设计和生物学）等特点。非平衡态和非线性特征要求研究方法具备极高的时间分辨率，以捕捉材料在快速变化中的动态行为；非均匀性、多组分特性等则需要高空间分辨率，以便深入分析材料的微观结构和成分分布；而多尺度特性及与纳米技术、组装工艺和生物学等学科的交叉要求研究方法能够在不同尺度上同时获取结构信息。因此，研究高分子材料的复杂行为，不仅需要超高的时间与空间分辨率，还需要能够同时涵盖不同尺度与多重物理现象的多功能技术平台。

在这种背景下，本书重点聚焦于各类高分子材料的凝聚态结构表征技术与数据解析方法，并强调依托国家大科学装置，如北京同步辐射装置（BSRF）、上海同步辐射光源（SSRF）和中国散裂中子源（CSNS）等，开展高分子材料前沿研究的重要作用。全书结合先进的实验技术与理论分析，深入展示了如何利用现代技术手段揭示高分子材料的微观结构、形貌及其物理性质之间的内在联系。希望通过本书的学习，读者能够全面理解如何运用这些技术工具，为高分子材料的创新设计、性能优化和应用开发提供有力支持。

本书的框架结构围绕“原理—方法—应用实例”展开，全面系统地介绍了在高分子材料科学研究中至关重要的几种结构表征方法。包括原子力显微镜、扫描电子显微镜、透射电子显微镜、透射 X 射线散射、掠入射 X 射线散射和小角中子散射等。每种表征技术不仅详细阐述了其基本原理，还结合了样品制备技术和表征操作的核心步骤，具体应用案例展示了如何有效应用这些技术对高分子材料的微观结构和形貌进行分析。书中同时还介绍了相关数据解析方法，帮助读者深入理解实验数据与高分子材料性能之间的内在关系，提升分析思维和实验技能。

依托国家大科学装置进行高分子材料的研究，已成为推动该领域持续发展和技术创新的关键途径之一。这些尖端设施不仅为研究者提供了前所未有的实验条件和技术支持，还使得研究者能够在多个尺度（包括宏观、微观和纳米尺度）上深入探索高分子材料的复杂结构，揭示材料性能与结构之间的关系，从而推进新型高性能高分子材料的开发。

希望通过本书的学习，读者能掌握高分子材料的微观结构、物理性质与应用之间的紧密联系，熟悉多种先进的结构表征技术，并培养科学分析思维与实验技能，为未来的科研工作奠定坚实的基础。同时，本书也为高分子科学的相关教学和研究提供参考。

参考文献

[1] 黄飞，薄志山，耿延候，等. 光电高分子材料的研究进展[J]. 高分子学报，2019，10：988-1046.

[2] 陈学思，陈国强，陶友华，等. 生态环境高分子的研究进展[J]. 高分子学报，2019，10：1068-1082.

[3] WANG K，AMIN K，AN Z，et al. Advanced functional polymer materials[J]. Materials Chemistry Frontiers，2020，4（7）：1803-1915.

[4] GAO M，WANG W，HOU J，et al. Control of aggregated structure of photovoltaic polymers for high-efficiency solar cells[J]. Aggregate，2021，2（5）：e46.

[5] 汪秀丽，王槐三. 高分子物理教程[M]. 第 3 版. 北京：科学出版社，2022.

[6] 何平笙. 新编高聚物的结构与性能[M]. 第 2 版. 北京：科学出版社，2021.

[7] 董炎明，熊晓鹏. 高分子科学简明教程[M]. 第 3 版. 北京：科学出版社，2021.

[8] 陈义旺，胡婷，谈利承，等. 高分子物理[M]. 北京：科学出版社，2018.

[9] 马德柱. 聚合物结构与性能（结构篇）[M]. 北京：科学出版社，2012.

[10] TANG B. A holistic view of polymer aggregate[J]. Chinese Journal of Polymer Science，2022，40（3）：231-232.

[11] TANG B. Aggregology：Exploration and innovation at aggregate level[J]. Aggregate，2020，1（1）：4-5.

[12] ZHANG H，ZHAO Z，TURLEY A T，et al. Aggregate science：from structures to properties[J]. Advanced Materials，2020，32（36）：2001457.

[13] MA F，ZHANG S，JIANG J，et al. Aggregate science：From molecules，beyond molecules[J]. Advanced Materials，2024，DOI：10.1002/adma.202414188.

[14] LODGE T P. Celebrating 50 years of macromolecules[J]. Macromolecules，2017，50（24）：9525-9527.

[15] STROBL G R. The physics of polymer：Concepts for understanding their structures and behavior[M]. New York：

Springer，2007.

[16] 胡文兵. 高分子结晶学原理[M]. 北京：化学工业出版社，2013.

[17] YAN D，ZHANG X. Recent development on the theory of polymer crystallization[J]. Acta Physica Sinica，2016，65（18）：188201.

[18] 安立佳，陈尔强，崔树勋，等. 中国改革开放以来的高分子物理和表征研究[J]. 高分子学报，2019，10：1047-1067.

[19] YE L，STUARD S，ADE H. Conjugated Polymers：Properties，Processing，and Applications[M]//Soft X-ray Scattering Characterization of Semiconducting Polymers. New York：CRC Press，2019.

第 2 章

高分子材料的原子力显微表征方法

原子力显微镜（atomic force microscope，AFM），作为扫描探针显微镜领域的璀璨明珠，自 20 世纪 80 年代横空出世以来，便以其无与伦比的分辨率与多功能性，在科学界的广阔舞台上大放异彩，迅速渗透并深刻影响了众多学科领域。它不仅能在常规环境，如空气或液态介质中，对样品进行细致的观察，还能同时捕捉样品表面的形貌细节、物理力学性能及局部化学特性，展现了其全方位、深层次的探测能力。

AFM 凭借其超凡的空间分辨率，已成为纳米世界探索的利器，尤其在材料科学、物理学、化学乃至生命科学等领域，其应用范围持续拓宽，成为揭示微观结构奥秘、解析性能与结构内在联系的关键技术。在高分子科学的殿堂里，AFM 更是扮演了无可替代的角色。高分子材料的特性与表现，往往深藏于其分子排列、聚集态结构及相分布的微妙差异之中，这些精细的微观特征，传统光学显微镜难以触及，而 AFM 却能以高精度三维表面形貌图像，揭开高分子材料微观结构的神秘面纱，洞悉其聚集态行为及表面特性的真谛。因此，AFM 不仅是连接高分子材料结构与性能关系的桥梁，更是探索材料环境响应机制、指导新型材料设计的得力助手。

本章将详细阐述 AFM 的基本原理，包括其独特的扫描机制、多样化的探针设计以及背后的力学奥秘。随后，将步入实践，介绍一系列实用的 AFM 操作技巧与实验方法，涵盖表面形貌的精准描绘、相形态的细致分析以及纳米尺度的力学性能测试。更进一步，本章还将点亮 AFM 技术的拓展之路，聚焦于几种前沿的衍生模式——开尔文探针力显微镜、红外原子力显微镜及静电力显微镜，深入剖析它们的原理，并通过高分子材料研究中的经典案例，展示这些技术如何为高分子科学的研究开辟新的视野，提供前所未有的洞察力。

总而言之，本章旨在为读者构建一个全面而深入的认知框架，不仅帮助读者掌握 AFM 的核心技术与应用，更能深刻理解其在高分子材料研究领域中的独特价值与技术创新。

2.1 原子力显微表征基础

2.1.1 发展概述

AFM 的发展历程可以说是扫描探针显微镜技术不断进步与创新的缩影，体现了科学技术在探索微观世界方面的飞跃[1]。1982 年，Gerd Binnig 和 Heinrich Rohrer 在 IBM 苏黎世研究实验室发明了扫描隧道显微镜（STM）[2]，这一革命性技术不仅突破了人类观测微观世界的能力，也标志着表面科学和纳米技术进入了一个全新的时代。STM 的核心原理是通过探针与样品表面之间的量子隧穿效应，获取原子级别的表面形貌信息，使得人类首次能够直接观察到表面原子结构。这项技术的出现，不仅揭示了材料的原子级别结构，而且为纳米科技的发展奠定了基础。

然而，尽管 STM 在导电材料中取得了巨大的成功，但其应用范围却受到限制，主要原因在于 STM 依赖电子隧穿效应，要求样品具有一定的导电性。对于大多数非导电材料（如高分子、绝缘体、半导体等），STM 并不适用。这一局限性显然制约了扫描探针显微镜在更广泛的科学领域中的应用，特别是在高分子材料、陶瓷、复合材料等非导电材料的研究中。

为了克服这一局限，1986 年，Gerd Binnig、Heinrich Rohrer 和 Calvin Quate 在 STM 的基础上共同发明了原子力显微镜（AFM）。AFM 通过探针与样品表面之间的相互作用力（如范德瓦耳斯力、静电力、磁力等）来获得表面信息，而无需依赖样品的导电性。这一创新的设计使得 AFM 不仅能够对导电材料进行表征，还能够用于非导电材料的研究。AFM 的工作原理相较于 STM 更为广泛，其检测机制使其能够应用于绝大多数材料，不受导电性限制，从而显著扩展了其应用范围。

随着技术的不断进步，AFM 不断演化并形成了多种不同的工作模式，如接触模式、非接触模式、力谱模式、纳米力学模式等，使得 AFM 在材料科学、生命科学、纳米技术等多个领域得到了广泛应用。特别是在高分子材料的研究中，AFM 成为研究材料表面形貌、分子排列、结晶行为及局部力学性能等微观特性的核心工具。通过测量探针与样品表面之间的相互作用力，AFM 能够提供高分辨率的表面形貌图，并且能够在原子级别上揭示材料的微观结构信息。

进入 21 世纪，随着科技的不断发展，AFM 技术也在仪器性能、分辨率、功能拓展等方面取得了显著的进步。近年来，随着尖端传感技术和数据处理能力的提升，AFM 已不再局限于表面形貌的观测，还广泛应用于纳米力学、纳米光学、局部化学分析等领域，并且与其他显微技术（如红外光谱、拉曼光谱、电子显微镜等）相结合，提供了更为丰富的材料表征信息。如今，AFM 不仅仅是一种表面分析工具，更是多功能、跨学科的研究平台，在高分子材料、生命医学、纳米材料、电子器件等众多领域的研究中发挥着重要作用。

AFM 技术的发明和发展不仅解决了 STM 的局限性，使其能够广泛应用于非导电材料的研究，更推动了纳米技术、材料科学等领域的突破性进展。随着技术的不断发展，AFM 将继续在材料研究、生命科学以及纳米科技等领域发挥越来越重要的作用。

2.1.2 工作原理

AFM 主要由探针扫描系统、力监测系统、反馈控制系统、显示系统和隔振降噪系统组成[3]。如图 2-1 所示，工作时，探针微悬臂的一端固定在压电陶瓷传感器（压电扫描仪）上，通过施加压力，探针逐渐接近样品表面。压电扫描仪控制探针在 x、y、z 方向上的运动，从而实现三维成像。当探针针尖与样品表面接近至几纳米或发生接触时，二者之间会产生微弱的吸引力或排斥力。若针尖接近样品，吸引力会导致悬臂向样品方向偏转；当针尖与样品接触时，排斥力使悬臂偏离样品。这一现象可通过泡利不相容原理解释。悬臂系统作为力传感器，采用不同形状以适应不同的测量需求。为确保高灵敏度，悬臂的弹簧常数通常选择在 0.01～100 N/m 范围。悬臂的共振频率由力常数（k）和悬臂质量（m）决定，关系式为：

$$\omega_0 = \sqrt{\frac{k}{m}} \qquad (2\text{-}1)$$

当入射激光束反射到悬臂表面时，悬臂的偏转会导致反射光束方向的变化[4]。这些变化通过高分辨率的偏转检测器被记录，并通过反馈回路维持预设定值，从而调节并控制悬臂的形变量。

AFM 主要有两种工作模式：静态模式（static mode）和动态模式（dynamic mode）。静态模式也称为接触模式（contact mode），而动态模式包括非接触模式（non-contact mode）和轻敲模式（tapping mode）。在这 3 种模式中，主要通过不同的相互作用力来获取样品表面信息。在接触模式下，探针尖端直接接触到样品表面，主要可观察到排斥力。此时，探针与样品表面之间的相互作用力直接影响悬臂的偏转，进而提供表面形貌和力学特性信息。由于探针和样品表面存在直接接触，接触模式能够获得高分辨率的表面形貌，但也容易受到样品表面硬度或弹性等因素的影响，导致样品表面发生形变或损伤。在非接触模式下，探针与样品表面保持一定的距离，主要通过吸引力与表面相互作用。此时，探针尖端没有与样品直接接触，而是通过测量探针与表面之间的相互作用力（如范德瓦耳斯力）来获取表面信息。非接触模式适用于需要避免样品表面损伤的情况，尤其适合于测量软性或脆弱样品，如生物样品或纳米材料。轻敲模式结合了接触模式和非接触模式的优点，探针以一定频率振荡（通常为几千赫兹），在靠近样品表面时，探针与表面产生短暂的接触，既可以观察到排斥力，也可以观察到吸引力。轻敲模式适用于测量样品的表面形貌，同时避免了接触模式中的探针与样品表面长时间接触所带来的形变问题。此模式能够在较低的探针与表面接触强度下获得更精细的表面形貌，尤其适合于测量柔软材料的表面。

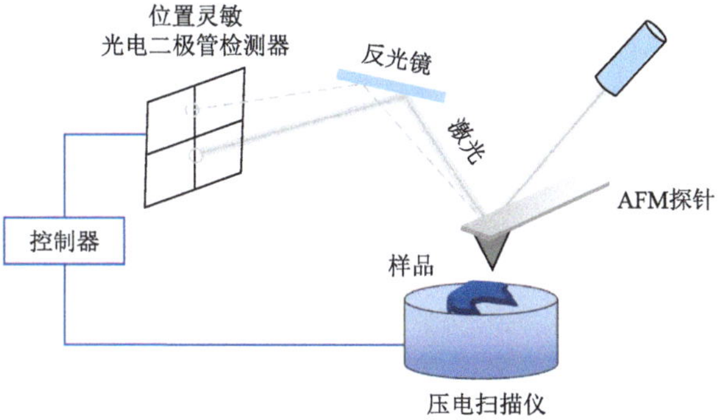

图 2-1　AFM 工作原理示意图

2.1.3　仪器校准

针尖与样品之间相互作用力的测量主要依赖于悬臂和针尖的特性，如弹簧常数、偏转灵敏度、质量因子、共振频率，以及针尖的尺寸和形状。校准这些因素有助于获得准确的定量信息，揭示针尖与样品之间的相互作用。

弹簧常数 k 可通过几何法和热噪声法进行校准。在此主要讨论热噪声校准法。当悬臂与周围环境处于平衡状态时，由于热噪声的存在，悬臂的振动会减小。系统的哈密顿函数写成：

$$H = \frac{p^2}{2m} + \frac{1}{2} m\omega_0^2 z^2 \tag{2-2}$$

其中，p 为系统的动量，m 为弹簧振子的质量，z 为振子的位移，ω_0 为共振频率。

该方法利用均分定理确定弹簧常数。定理表明，在热平衡状态下，哈密顿函数中各二次项的平均能量值等于 $\frac{1}{2}k_B T$，即：

$$\left\langle \frac{1}{2} m\omega_0^2 z^2 \right\rangle = \frac{1}{2} k_B T \tag{2-3}$$

但谐振频率为 $\omega_0 = \sqrt{\frac{k}{m}}$，因此上式为：

$$\frac{1}{2}k\left\langle z^2\right\rangle=\frac{1}{2}k_{\mathrm{B}}T \tag{2-4}$$

如果已知偏转的均方 z^2，则弹性系数可为：

$$k=\frac{k_{\mathrm{B}}T}{\left\langle z^2\right\rangle} \tag{2-5}$$

其中，T 是悬臂的温度，k_{B} 是玻尔兹曼常数。

偏转灵敏度（deflection sensitivity）是 AFM 中用于将悬臂的位移转换为可测量的信号（如光电二极管输出电压）的重要参数。通过光电二极管信号对悬臂位移的力曲线得到曲线的斜率，并将其作为标定因子：

$$\sigma=\frac{\Delta V}{\Delta z} \tag{2-6}$$

其中，z 为悬臂在垂直方向上的位移（nm），V 为从光电二极管测得的电压（V）。

2.1.4 针尖校准

不同探针的针尖形状、尺寸及表面性质，直接影响 AFM 的成像分辨率以及对材料表面物理化学性质的研究能力。AFM 通过探针与样品之间的相互作用力，能够提供高分辨率的成像，并广泛应用于材料的表面分析。AFM 探针由微悬臂和其末端的针尖构成，常用的材料为硅或氮化硅。微悬臂连接基座与针尖，作为力传感器，实时响应探针与样品之间相互作用力的变化。

微悬臂通常有矩形微悬臂和三角形微悬臂两种基本的几何形状。矩形微悬臂厚度一般比三角形微悬臂大，具有较高的弹性系数（0.1～500 N/m）和固有的振动频率（10～500 kHz），常用于轻敲模式。足够大的弹性系数可以使探针在每次敲击样品时易于从其表面恢复，不至于被黏附到样品表面上。三角形微悬臂往往比较薄，因而具有较低的弹性系数，常用于接触模式，以减小针尖对样品表面的损伤。三角形结构的设计使其对侧向力/扭转力不敏感，从而可减弱扫描样品时的扭转运动，提高扫描稳定性。

针尖的几何形状是决定 AFM 成像质量和分辨率的关键因素。针尖的主要几何参数包括曲率半径、侧向角和长径比。较小的曲率半径意味着探针能够提供更高的横向分辨率，尤其对于扫描纳米级别的细节至关重要。在样品的垂直方向特征较大时，除了针尖的曲率半径外，侧向角和长径比对图像的精确度也有重要影响。较小的曲率半径和侧向角、更大的长径比，有助于精准追踪样品表面微观结构，特别是凹槽和凸起的细节，从而提高图像的分辨率。然而，过小的曲率半径和过大的长径比可能会导致针尖损伤或变形，影响成像质量。因此，在选择和使用探针时，必须综合考虑样品的特性、所需的分辨率和扫描模式。

2.1.5　相互作用力

当探针尖接近样品表面时，样品与针尖之间存在相互作用力，主要包括范德瓦耳斯力、静电力、毛细力、磁力等。这些相互作用力可以进一步分为吸引力和排斥力。

根据 Lennard-Jones 相互作用势，由吸引部分和排斥部分组成的总势能为：

$$U = 4\epsilon\left[\left(\frac{\sigma}{r}\right)^{12} - \left(\frac{\sigma}{r}\right)^{6}\right] \tag{2-7}$$

其中，ϵ 为势井深度，表示相互作用势的强度，r 是探针与样品之间的距离，σ 是势能曲线的零点，代表了分子间的距离。

当针尖和样品之间距离较短时，产生的是排斥力，相互作用势为：

$$U_{排斥力} = 4\epsilon\left(\frac{\sigma}{r}\right)^{12} \tag{2-8}$$

当针尖和样品之间距离较长时，产生的是吸引力，相互作用势为：

$$U_{吸引力} = -4\epsilon\left(\frac{\sigma}{r}\right)^{6} \tag{2-9}$$

图 2-2 显示了 $\varepsilon = 2.0$ 和 $\sigma = 2.7$ 时，针尖-样品距离与电位函数的曲线图。

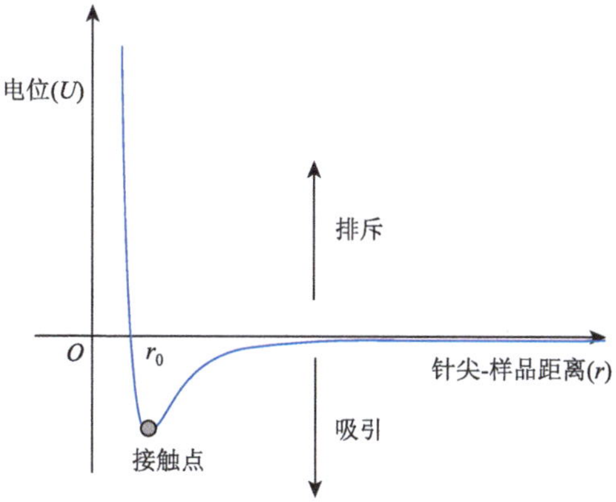

图 2-2　针尖-样品距离与电位的 Lennard-Jones 函数

如前所述，如果 AFM 在静态模式下工作，其相互作用力，也称为近程力，就处于排斥状态中。对于动态模式，则可以分别在低振幅和高振幅振动的吸引和排斥区找到相互作用的力。可以用泡利不相容原理来解释在极小的原子间距排斥

力存在的原因。当针尖与样品非常接近时，原子之间的电子轨道开始重叠。根据泡利不相容原理，两个电子不能存在于同一量子态，这就解释了排斥力的存在。可以把这些电子等效成无法区分的相同粒子，每个粒子有其对应的量子态，这些量子态由量子数 k 描述，其中包括主量子数 n，角量子数 l，磁量子数 m 和自旋量子数 s 用表示；当 $i = 1, 2, N$ 时，我们可以将 N 个粒子态写成单粒子态张量积的线性组合，并定义为$\left|\psi_N\right\rangle$单粒子态的乘积：

$$\left|\psi_N\right\rangle = \left|\psi_{k_1}, \psi_{k_2} \cdots, \psi_{k_N}\right\rangle = \left|\psi_{k_1}\right\rangle \left|\psi_{k_2}\right\rangle \cdots \left|\psi_{k_N}\right\rangle \tag{2-10}$$

这些相同粒子的 N 粒子态对于玻色子和费米子分别是对称或反对称的。因此，这意味着 N 个相同粒子的基态必须满足：

$$\left|\psi_N^{\pm}\right\rangle = \frac{1}{\sqrt{N!}} \sum_{\mathcal{P}} \mathcal{P}\left(\left|\psi_{k_1}\right\rangle \left|\psi_{k_2}\right\rangle \cdots \left|\psi_{k_N}\right\rangle\right) \tag{2-11}$$

如果$\left|\psi_N^{\pm}\right\rangle$是对称粒子还是反对称粒子的状态。$\mathcal{P}$ 是 N 个粒子的任意排列，p 是组成 $\mathcal{P}$ 的成对交换的数量，其中$\left|\psi_N^{+}\right\rangle$代表对称状态，$\left|\psi_N^{-}\right\rangle$反对称状态。现在考虑的两个不可区分$\left|\psi_{k_1}\right\rangle$和$\left|\psi_{k_2}\right\rangle$粒子。只考虑费米子的反对称态时两粒子归一化状态表示为：

$$\left|\psi_2^{-}\right\rangle = \frac{1}{\sqrt{2}}\left(\left|\psi_{k_1}\right\rangle \left|\psi_{k_2}\right\rangle - \left|\psi_{k_2}\right\rangle \left|\psi_{k_2}\right\rangle\right) \tag{2-12}$$

如果$\left|\psi_{k_1}\right\rangle = \left|\psi_{k_2}\right\rangle$，$\left|\psi_2^{-}\right\rangle = 0$。

这就是泡利不相容原理，前提是假定两个费米子不能存在于相同的量子态中。这一结果表明，在相同的量子态中不可能有两个量子数相同的电子。在这种情况下，电子会相互排斥，从而产生简并排斥力。

当 AFM 探针接近样品表面时，探针与样品之间会产生不同类型的相互作用力，这些力对于表面形貌的成像和物理性质的研究至关重要。根据相互作用力的性质，可以将其分为吸引力和排斥力两类。吸引力通常在探针与样品表面距离较远时起主导作用，而排斥力则在探针靠近样品时逐渐增强。以下是几种常见的相互作用力及其特点。

范德瓦耳斯力可以分为 3 种不同类型的相互作用，即 Keeson 偶极力、Debye 偶极力和 London 色散力。Keeson 偶极力来源于偶极—偶极相互作用，Debye 偶极力来源于偶极和感应偶极相互作用。根据极化率和电场的关系，感应偶极矩 P 为：

$$P = \alpha E \tag{2-13}$$

其中，α 为极化率，E 为电场强度。Debye 偶极力会随着极化率的增加而增加。London 色散力是由两个临时偶极子相互作用产生的，其随分子间接触面积和极化率的增加而增大。

静电力是由带电针尖与样品表面之间的相互作用产生的。假设将针尖和样品视为平行板电容器，其中每个板的电荷量 Q 相等，板间距为 z，截面积为 A，真空的介电常数为 ε_0，则电容 C 可表示为：

$$C=\frac{Q}{\Delta v}=\frac{A\varepsilon_0}{z} \tag{2-14}$$

其中，Δv 是针尖和样品之间的电势差。样品与针尖之间的静电力为 $F=Q\cdot E$，其中 $E=\dfrac{Q}{\varepsilon_0 A}$，因此：

$$F=Q\frac{1}{2}\frac{Q}{\varepsilon_0 A}=\frac{1}{2}\frac{\varepsilon_0 A}{z^2}\Delta v^2 \tag{2-15}$$

从 $C=\dfrac{Q}{\Delta v}=\dfrac{A\varepsilon_0}{z}$ 可以得出 $\dfrac{\partial C}{\partial z}=-\dfrac{\varepsilon_0 A}{z^2}$，因此，静电力可以表示为：

$$F=\frac{1}{2}\frac{\varepsilon_0 A}{z^2}\Delta v^2=-\frac{1}{2}\frac{\partial C}{\partial z}\Delta v^2 \tag{2-16}$$

其中，$\dfrac{\partial C}{\partial z}$ 通常与针尖和样品的形状有关。只需知道 $\dfrac{\partial C}{\partial z}$，在 $z \geqslant 10$ nm 时即可得到针尖和样品之间的静电吸引力。

当针尖接近具有亲水性的样品表面并吸收水分时，毛细力会显现。特别是在探针针尖与水面紧密接触时，会形成一个弯曲的液面，如图 2-3 所示，此时探针与水分子之间会产生强大的吸引力。

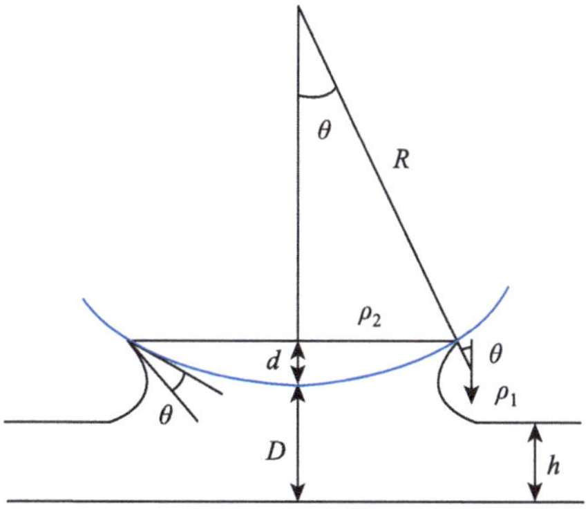

图 2-3　球形探针与液膜之间的弯液面

杨氏非线性偏微分方程可以描述探针与液体样品之间的相互作用力，其表达式为：

$$\Delta p=\sigma\left(\frac{1}{\rho_1}+\frac{1}{\rho_2}\right)=\frac{\sigma}{r_k} \tag{2-17}$$

其中，σ 为表面张力，r_K 是开尔文半径，ρ_1 和 ρ_2 是上图中的曲率半径，则毛细力可以描述为：

$$F = 2\pi Rd\Delta p = 2\pi Rd\frac{\sigma}{r_k} \tag{2-18}$$

式中，$2\pi Rd$ 为液体样品与探针的接触面积，d 为探针进入液体的深度，R 为探针尖端的半径。

假设 $\rho_1 \ll \rho_2$，可得 $r_K \approx \rho_1$。此外，利用三角函数可以推出，$\rho_1\cos\theta+\rho_1=D+d-h$。假设液膜高度可以忽略，即 $h=0$，$D=0$，则作用力为 $F=4\pi R\sigma\cos\theta$。当 θ 很小时，$\cos\theta\approx1$。因此，吸引作用的毛细力为：

$$F = 4\pi R\sigma \tag{2-19}$$

磁力 AFM 用于测量探针与样品之间的磁力梯度。磁相互作用是长程的磁偶极作用，因此用于此类测试的针尖通常镀有一层铁磁材料（如铁、钴或镍），使其具有磁性。磁化针尖以非接触方式扫描磁性样品，通过监测样品与针尖的相互作用得到材料表面的结构信息。在外加磁场作用下，样品材料的响应称为磁化过程，而针尖也会在样品的杂散磁场作用下发生磁化。样品与针尖的相互作用能。通过对样品的磁化强度 M 和针尖的杂散磁场 H 在相互作用体积 V 上的点积分，计算出样品与针尖相互作用的磁能 U，即：

$$U = -\mu_0\int_V \boldsymbol{M}.\boldsymbol{H}\mathrm{d}V \tag{2-20}$$

其中，μ_0 是真空下的磁导率，而针尖和样品的相互作用力为：

$$F = \mu_0\int_V \nabla(\boldsymbol{M}.\boldsymbol{H})\mathrm{d}V \tag{2-21}$$

2.2 成像模式

通过控制针尖与样品表面的距离，AFM 可以实现三种基本的成像模式：接触模式、轻敲模式和非接触模式。每种模式根据探针与样品表面之间的相互作用力不同，适用于不同的应用需求[5]。近年来，峰值力轻敲模式（peakforce tapping）作为 AFM 的一种新型成像模式，因其高分辨率和低损伤特性，也在研究中得到了广泛应用。

2.2.1 接触模式

接触模式是 AFM 最基础的工作模式。在测试过程中，当针尖与样品接触时，悬臂的偏转量可以被测量，并用 δ_z 表示偏转量。根据胡克定律，可以将悬臂视为一个弹簧，作用力与偏转量成正比，关系式如下：

$$F = -k\delta_z \tag{2-22}$$

其中 k 是力常数。接触模式下，针尖与样品之间的相互作用力通常是排斥力。在此模式中，反馈回路会自动调整，确保悬臂的偏转始终保持在设定值，从而实现所谓的恒力模式。图 2-4 展示了针尖与样品接触以及保持恒定偏转的反馈回路原理。接触模式的工作原理是通过微悬臂的偏转作为反馈信号，其对形貌变化的响应速度非常快，通常小于 0.1 ms。与其他工作模式相比，接触模式的扫描速度较快，操作简单，适用于表面较光滑的样品，并且在扫描过程中针尖与样品之间的作用力较小，通常不会导致针尖脱离样品表面。然而，接触模式的缺点是可能会造成针尖或样品的损伤，特别是在较大的侧向力作用下。因此，在实际应用中，需谨慎控制扫描参数，以避免针尖磨损和样品损坏。尽管如此，在控制针尖磨损和样品损伤的前提下，接触模式仍广泛应用于聚合物微观形貌的测试，且可用于测量局部电导、电阻、电容等物理量。

此外，在高湿度环境下，AFM 探针与样品间容易发生毛细现象。具体来说，当探针未接触样品时，由于针尖的曲率半径小，水分子较难吸附。但当探针与样品之间形成狭缝时，水分子会自发凝结，导致毛细作用的发生。在这种情况下，悬臂的偏转不再准确反映针尖与样品之间的实际相互作用力。为了解决这一问题，对于低弹性模量的样品，如水凝胶或生物大分子，通常需要在液体环境中进行成像，以避免毛细作用的影响。

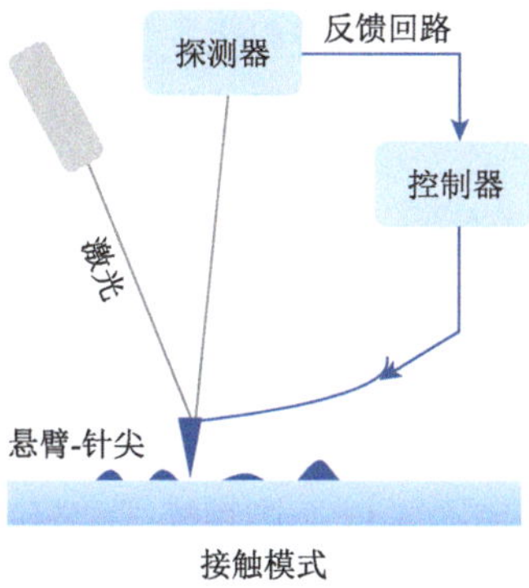

图 2-4　接触模式下 AFM 的工作原理

2.2.2　动态模式

在动态模式下，AFM 通过测量悬臂的振动幅度变化来估算偏转量。基于这种工作原理的 AFM 称为调幅原子力显微镜（amplitude modulation AFM，简称

AM-AFM)。在 AM-AFM 模式中，振幅变化作为反馈信号，用于反映样品表面的形貌信息。振幅的变化受到针尖与样品之间相互作用力的影响，能够精确地描绘样品表面微观形态。除了 AM-AFM，另一种常见的动态模式是调频原子力显微镜（frequency modulation AFM，简称 FM-AFM）。FM-AFM 通过测量悬臂的共振频率变化来获取样品的表面信息。在 FM-AFM 模式下，频率变化主要由针尖与样品之间的力梯度（$\mathrm{d}F_{ts}/\mathrm{d}z$）引起，其中 F_{ts} 是针尖与样品之间的相互作用力，z 是针尖的垂直位移。由于针尖与样品表面相互作用的非线性，频率的变化不仅与力的大小有关，还与力梯度密切相关。悬臂的共振行为由 3 个主要参数来表征：振幅、频率和相位移。通过对这些参数进行解析，可以深入理解悬臂与样品表面之间的相互作用，进而揭示样品的局部物理化学特性。悬臂的运动方程可以用来解析这些参数与样品表面相互作用的关系，从而为进一步研究样品的纳米级结构提供重要的理论依据。

2.2.3 非接触模式

在非接触模式下，针尖与样品之间保持恒定的距离，通常约为数十纳米。针尖以其共振频率 ω_0 振动，其中：

$$\omega_0=\sqrt{\frac{k}{m}} \tag{2-23}$$

其中，k 是悬臂的弹性系数，m 是弹簧悬臂的质量。在非接触模式中，针尖与样品之间的相互作用力主要表现为吸引力。因此，与接触模式不同，非接触模式通常使用具有较高弹性系数和共振频率的探针，以保持针尖与样品的微小距离，从而避免直接接触。

在此模式下，针尖始终保持不接触样品，避免了扫描过程中对针尖的磨损以及对样品的损坏。由于针尖与样品之间的距离相较于接触模式更大，因此两者之间的作用力较小，这使得非接触模式特别适合于软样品的成像。而在接触模式下，由于针尖与样品之间的紧密接触，软样品可能会因过大的力作用而发生损伤。尽管如此，非接触模式的分辨率通常低于接触模式和轻敲模式。

当非接触模式在空气中工作时，样品表面可能会吸附水分子或污染物，导致共振频率发生偏移。为了克服这一问题，非接触模式通常需要在超高真空环境下进行，以减少表面污染物的影响。在这种环境下，探针通过超小的振幅和频率反馈控制扫描，从而能够实现原子级别的分辨率。

在轻敲模式下，悬臂以其共振频率或其附近的频率进行受迫振动，振动的针尖轻轻敲击样品表面，与样品发生间歇性接触[6]，其工作原理如图 2-5 所示。当探针远离样品时，针尖几乎不受力，此时的振幅称为自由振幅。此时，探针与样品之间的作用力接近零。当探针接近样品时，随着距离的减小，探针的振幅会逐渐减小，直到针尖完全接触样品表面，振幅为零。在轻敲模式下，当振幅较小（约 1 nm）时，针尖与样品之间的相互作用力主要表现为吸引力；而当振幅较大（约 100 nm）时，针尖与样品之间的相互作用力则可能变为排斥力。该模式结合了接触模式和非接触模式的优点，能够在避免对样品造成损害的同时，提供相对较高的分辨率。

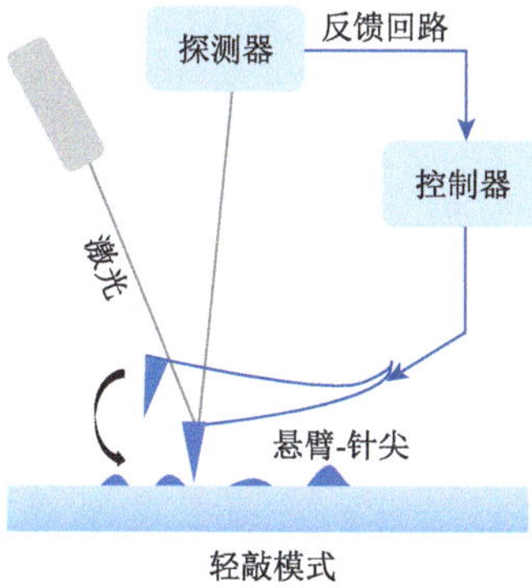

图 2-5　原子力显微镜在轻敲模式下的工作原理

2.2.4　峰值力轻敲模式

峰值力轻敲模式（peak force tapping mode）与传统的轻敲模式类似，但有一些显著的区别。在峰值力轻敲模式中，针尖与样品之间的接触是间歇性的，并且避免了产生侧向力。不同于传统的轻敲模式，峰值力轻敲模式不依赖于谐振模式，而是通过以远低于谐振频率的频率振荡悬臂，进而小幅度地改变 z 轴位置。这使得悬臂的偏转直接反映针尖与样品之间的相互作用力，从而提高了成像分辨率，因此该模式被广泛应用于高分辨率成像。此外，峰值力轻敲模式提供了更为全面的样品信息，特别是在相图的生成上。相图不仅包含非损耗力场的信息，还包括损耗力场的信息，使得材料的力学性质得以更为精确的解析。因此，峰值力轻敲模式能够有效解决材料性质定量化的问题。

在扫描过程中，随着针尖逐渐接近样品，探针悬臂会感受到引力，直到针尖接触到样品表面。当针尖到达振动周期的最低点时，斥力达到最大值，随后针尖开始向上运动，斥力逐渐减小。图 2-6 描述了一个振动周期内，力与时间以及力与距离的关系。在每个振动周期中，峰值力都会被实时采集并反馈。图中的蓝色曲线表示悬臂在一个周期内的位置随时间的变化，而蓝色和红色的曲线则分别显示了针尖在接近和远离样品时的相互作用力。

具体来说，针尖从 A 点移动到 E 点的时间为：

$$T = \frac{1}{f} \tag{2-24}$$

其中，f 是悬臂的振动频率。

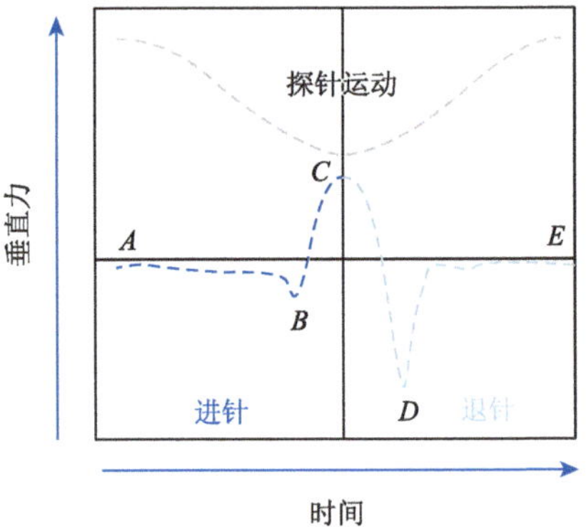

图 2-6　针尖样品相互作用力的距离时间关系图

如图 2-6 所示，在 A 点，针尖远离样品，相互作用力几乎为零；随着针尖逐渐接近样品，探针悬臂感受到引力，且随着接近度的增加，引力逐渐增大。当针尖继续向样品表面靠近至 B 点时，斥力迅速增大。当斥力增大到超过引力时，针尖与样品之间的相互作用力转变为斥力，直到 C 点，此时斥力达到峰值。在 C 点，悬臂的振动幅度最大，峰值力被记录并反馈。当针尖离开样品表面时，斥力逐渐减小，直到 D 点，此时针尖与样品之间的相互作用力转为吸引力。从 D 点到 E 点，针尖继续远离样品表面，相互作用力逐渐回归为零。

峰值力轻敲模式不仅提供了高分辨率成像，还能获取丰富的样品信息。在每个扫描位置，都会生成一条力-位移曲线，从中可以提取出材料的多种力学参数，如弹性模量、黏附力和能量耗散等。这使得峰值力轻敲模式成为研究材料微观力学特性和表面性质的一个重要工具，如图 2-7 所示。通过对力曲线进行模型拟合，可以进一步获得材料的力学参数。例如，采用 DMT（derjaguin-muller-toporov）模型拟合力学曲线，能够计算材料的弹性模量。与传统的轻敲模式不同，峰值力轻敲模式不依赖于悬臂的共振频率，因此无需扫描以寻找共振频率。这一特性使得峰值力轻敲模式更加灵活，适用于多种不同的探针，无论是大气环境还是液体环境。在液体环境中，由于液体的阻尼效应，寻找共振频率较为困难，而峰值力轻敲模式不受此限制，因此在液体中进行成像更加高效且稳定。

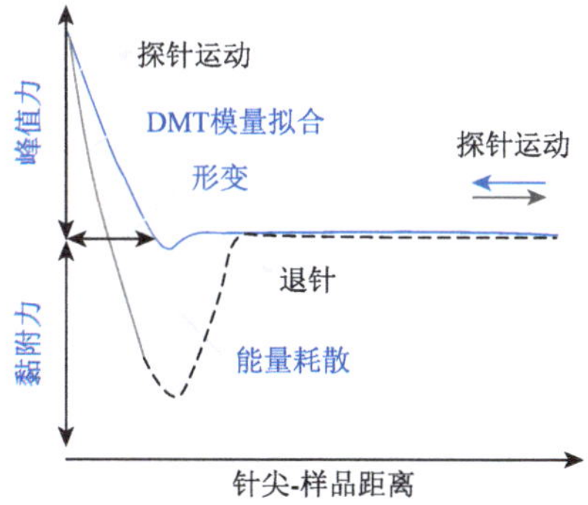

图 2-7 力与针尖-样品距离的关系

2.3 常规原子力显微表征

本节将介绍常规原子力显微表征的样品制备方法、数据解析技术以及典型的表征示例，帮助读者全面了解如何使用 AFM 进行高效的高分子材料表征。

2.3.1 样品制备

AFM 的样品制备是获得准确、可靠表征结果的关键步骤。对于不同类型的样品（如薄膜、颗粒、纳米线等），样品制备的方式和要求也会有所不同。常规的样品制备包括以下几个方面：

（1）表面清洁预处理

样品表面清洁对于 AFM 测量至关重要。污染物（如尘埃、油污等）可能影响探针与样品表面的接触，从而导致测量结果不准确。常见的清洁方法包括超声清洗、溶剂清洗（如丙酮、乙醇等）以及氮气吹扫。

（2）样品固定

对于薄膜或小尺寸颗粒样品，需将样品固定在 AFM 样品台上，以确保样品在扫描过程中不会移动。常见的固定方式包括使用导电胶带、导电胶或双面胶带。对于较为坚硬的样品，若使用胶带，确保胶带与样品的黏附力不会影响探针扫描。

（3）表面平整化

对于具有不规则表面的样品，如高分子薄膜或颗粒材料，表面平整化处理可有效提高 AFM 的扫描质量。通过机械研磨、抛光等方式，可以得到较为平整的表面，确保样品表面的一致性，有助于后续的高分辨率扫描。

2.3.2 实验方法

（1）探针的选择

在选择合适的探针时，弹性系数和针尖半径是两个关键的参数。针尖的半径决定了 AFM 的横向分辨率。当针尖的尺寸较大时，会导致针尖卷积效应，从而影响图像的细节表现。因此，为了获得理想的分辨率，针尖的尺寸应与样品表面的特征尺寸相匹配。然而，值得注意的是，在表征微米或纳米尺度的高分子聚集态结构时，极小的针尖半径并不一定能够显著提高分辨率。为了提升成像精度，还需要考虑探针的材料和表面性质。例如，在力学测量模式下，钝化探针能够提高测量数据的准确性；在电学测量模式下，带金属镀层的探针或碳纳米管探针可以增强电学性能测量的准确性；在扫描热显微镜模式下，带有热敏电阻的探针能够有效测量样品的导热性能。

此外，高分子材料通常具有低模量、高黏性和黏弹性特征，在选择探针时需要特别注意。为了避免对高分子材料表面产生过大的作用力并损坏样品，通常选用弹性系数适中的探针。通过合适的探针选择，可以在不损伤材料表面的前提下，准确获得高分子薄膜的形貌图像和表面性能信息。因此，针尖的校准和选择是确保 AFM 成像质量的关键步骤，直接关系到实验结果的可靠性和科学价值。

（2）成像参数的选择

压电扫描单元不仅负责控制探针和样品的精确运动，还能将反馈光路中产生的电信号转化为机械位移，从而精确调控针尖与样品之间的相互作用力。在成像过程中，微悬臂必须实时跟踪样品表面的起伏变化，并通过设定一个参考点（setpoint）来限制针尖与样品表面相互作用的反馈界限。这一设定对成像质量具有决定性影响。参考点的设定直接关系到针尖能否准确地追踪样品的表面特征，特别是在轻敲模式下，如果参考点设置过于接近自由振幅，针尖与样品之间的相互作用力将减弱，导致针尖无法有效地感知表面形貌的变化，从而产生拖尾现象，影响成像效果。

不同的成像模式下，参考点的设定意义有所不同。在接触模式下，参考点与微悬臂的弯曲程度相关，反映了针尖与样品的接触程度；在非接触模式和轻敲模式中，参考点则与微悬臂的振幅或频率变化相关，帮助维持针尖与样品之间的适当相互作用；而在峰值力轻敲模式下，参考点则代表峰值作用力。尽管调节方法有所差异，但核心目的是确保针尖与样品之间的相互作用力在合适的范围内，以实现精准的表面成像。

积分增益（integral gain）的调节，对 AFM 成像质量也起着至关重要的作用。积分增益是反馈控制系统中的一个重要参数，它与反馈计算中使用的积分误差信号量密切相关。较高的积分增益能够帮助针尖更准确地跟踪样品表面的变化，但如果设置过高，会导致反馈系统产生过度振荡，进而引发噪声。为了确保针尖能稳定且精准地跟踪样品表面，在调节过程中需要综合考虑参考点和积分增益的设定。通过交替调整这两个参数，确保针尖的“追踪线”(trace)与“反向线”(retrace)几乎重合，可以显著提高成像精度。

扫描速率（scan rate），也是影响 AFM 成像质量的重要参数之一。扫描速率通常指针尖在快扫方向上往返（trace 和 retrace）每秒的次数，单位为赫兹（Hz）。对于高分子样品，轻敲模式下的扫描速率通常设置为 0.5～2.0 Hz，而接触模式下则设置为 1.0～4.0 Hz。扫描速率的设置需要确保针尖有足够的时间来反馈由于样品表面形貌变化引起的相互作用力。如果扫描速率过高，针尖在每个扫描点的停留时间将缩短，遇到样品表面突变时，针尖可能无法及时响应，进而产生拖尾效应或刮痕，严重时可能导致图像无法正常获取。适当降低扫描速率有助于提高图像的清晰度和准确性。

扫描速率还与扫描范围和分辨率设置息息相关。在保持扫描速率不变的情况下，增加扫描范围会导致针尖的运动速度加快，这可能影响成像的稳定性。为了提高图像质量，通常建议在扫描范围较小、表面特征较为平坦的情况下适当提高扫描速率，以获得高分辨率的图像。然而，对于扫描范围较大（如几十微米）的样品，为了确保成像的稳定性，通常需要降低扫描速率，并增加扫描分辨率。在高分辨率成像需求下，选择合适的扫描速率和范围对于获得清晰且准确的图像至关重要。

近年来，通过提高针尖的共振频率、优化控制器的带宽以及改进扫描管的共振频率等技术手段，快速扫描的原子力显微镜已能够将扫描速率提高 100 倍。这些技术的进步大幅提升了 AFM 的成像速度和分辨率，使得其在纳米尺度及微米尺度的研究中应用更加广泛，尤其在高分子材料、生命科学以及纳米科技等领域的研究中展现了巨大的潜力。

综上所述，参考点、积分增益和扫描速率是影响 AFM 成像质量的关键参数。通过精确调控这些参数，能够优化针尖与样品表面相互作用的过程，从而获得高分辨率、清晰且可靠的表面形貌图像。此外，随着技术的不断发展，快速扫描和高分辨率成像已成为 AFM 未来研究的一个重要方向。

2.3.3 数据解析

AFM 数据的解析包括多个步骤，旨在从扫描获得的原始数据中提取有用的物理信息。常见的数据分析方法和步骤如下：

AFM 扫描后的原始数据通常以三维形貌图的形式呈现，反映了样品表面的高度分布。这些数据包含了丰富的表面信息，包括粗糙度、形态特征（如颗粒、孔隙、晶体结构等），以及表面的一些局部特征。通过使用专业的图像处理软件，如 Nanoscope Analysis 和 ImageJ 等，可以进一步分析和处理这些原始数据，提取出多种表征样品表面的参数，如平均粗糙度（R_a）、均方根粗糙度（R_q）等，这些参数有助于定量描述样品的表面特性。常见的图像处理操作包括图像校正、3D 视图生成、截面分析、滤波除噪、统计分析、频域分析等，这些操作能够去除噪声、优化图像质量并增强成像细节。此外，AFM 数据文件可能包含多种类型的信息，如模量、变形量、黏附力、损耗因子、局部电导、电流和电压等，这些数据可以通过不同的后处理软件进行提取和分析，以进一步了解样品的机械、电学或热学性能。由于不同厂商的设备数据格式存在不兼容问题，一些开源软件也提供了灵活的处理方法，允许用户对来自不同设备的数据进行统一处理，并进行多重分析，从而使得 AFM 数据分析变得更加高效和精准。

R_a 是描述表面粗糙度的最常用参数，它表示样品表面在扫描区域内的高度平均偏差，通过对表面上的每个点的高度偏差取绝对值后计算得到的平均值。R_a 越大，表面越粗糙。它为评估表面光滑度提供了简便的定量依据。R_q 是另一种常用的表面粗糙度指标，它反映的是表面高度波动的平方根平均值。R_q 对于表面高度的波动更加敏感，可以更好地捕捉到高频变化。R_q 值与 R_a 类似，但由于其更能反映表面起伏的剧烈程度，因此通常在需要较高精度的表面分析中使用。

在 AFM 成像过程中，噪声、背景倾斜、热漂移、扫描管非线性以及针尖跳动等因素常常影响图像质量。因此，为了确保图像数据的准确分析，对原始数据进行必要的处理是至关重要的。常见的数据处理方法包括平面倾斜矫正、平面弯曲矫正、逐线矫正、平滑处理、去跳动处理、傅里叶变换以及频率滤波等。对于高度图像而言，最常用的校正方法包括逐线矫正（flatten）和平面拉平（plane fit）。这两种方法通过最小二乘法对图像数据进行多项式拟合，并从原始数据中减去拟合结果，从而获得校正后的高度图像。对于一些样品性质图像，如相图、电流图和电势图等，由于这些成像的变量与扫描管 Z 轴位移无关，通常不需要进行平面校正。

对于颗粒状样品，AFM 可用于测量颗粒的大小、形状以及分布情况。通过对表面形貌图进行二值化处理，可以提取颗粒的边界，进而计算颗粒的平均直径、面积以及颗粒间距等参数。使用 AFM 能够在不同环境条件下实时监测高分子材料的形态变化，例如相分离、溶胀或熔融过程。通过跟踪不同时间点的扫描数据，研究者能够分析材料在外界条件（如温度、溶剂、应力等）变化下的形态演化规律。AFM 不仅可以获取表面形貌，还能通过力学模式（如纳米力学测试模式）对样品的局部力学性质进行评估。通过与探针的相互作用，AFM 可以测量样品表面的硬度、弹性模量、黏附力等性质。这些力学性质对于高分子材料的性能评价和优化至关重要。除了表面形貌图，AFM 还可以生成相位图，这些图像提供了样品表面不同区域的相位信息，反映了表面不同区域的机械或电学差异。例如，高分子材料中不同相的分布和形态可以通过相位图进行区分。

2.3.4 表征示例

在高分子研究中，AFM 是一种强大的表征工具，能够以纳米尺度的分辨率精确测量聚合物表面的形态和高度分布，提供有关其微观结构和性质的关键信息。通过 AFM 获取的表面形貌数据，可以直观地了解聚合物材料的纳米级组织特性，例如相分离结构、链排列，以及表面粗糙度等。此外，AFM 还可用于动态研究聚合物的相转变行为。通过在不同环境条件下（如温度、湿度或应力作用下）观察表面形貌的变化，研究者能够探讨聚合物的玻璃化转变、晶体化过程或其他相转变的细节。这些研究对于理解聚合物的内在动力学机制和结构演化规律至关重要。这些由 AFM 提供的深入分析结果，可以为开发新型高性能聚合物材料提供重要指导。例如，通过了解特定条件下聚合物的微观结构变化，可以设计更优的加工工艺，提高材料的力学性能、热稳定性或光学特性，从而实现性能优化和应用拓展。

为了更直观地展示 AFM 在高分子材料研究中的应用，本节展示几个典型的表征示例：

（1）高分子薄膜表面形貌测量及粗糙度分析

对表面形态的分析是材料研究中的基础环节之一。AFM 常用于评估高分子薄膜的表面粗糙度，这对于薄膜的光学、电学以及机械性能至关重要。图 2-8 展示了 AFM 高度图，图中可以清晰地看到表面不同区域的粗糙度分布，并计算出均方根粗糙度 R_q 为 0.5 nm，表明该薄膜具有较为平滑的表面。

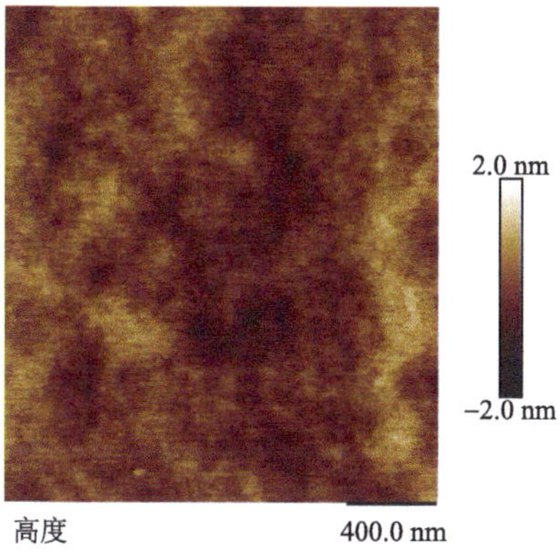

图 2-8　热塑性弹性体 SEBS 薄膜的 AFM 高度图

通过精确的表面，研究人员能够获得材料的微观结构信息，揭示其表面粗糙度、纹理、纳米结构等特性，从而推测出材料的物理性质、力学性能以及可能的应用效果。如图 2-9 所示，通过分析聚（3-己基噻吩）（P3HT）纳米线在 AFM 高度图上的形貌数据，可以确定纳米线的典型高度和宽度[12]。从 AFM 高度图中选择形貌均匀的 P3HT 纳米线截面，并对沿纳米线的恒定长度区域的高度剖面进行平均处理，以获得更可靠的剖面尺度数据。最终，计算得出的 P3HT 纳米线的总体平均高度和平均宽度分别为（6.4±0.7）nm 和（25±3）nm。研究还发现，纳米线的宽度与聚合物的平均分子量密切相关，即宽度取决于聚合物链的平均长度。所计算的平均高度和宽度结果与文献中的相关报道一致，这进一步验证了测量与分析方法的可靠性。该研究为理解 P3HT 纳米线的尺寸与聚合物分子结构的关系提供了重要的实验依据。

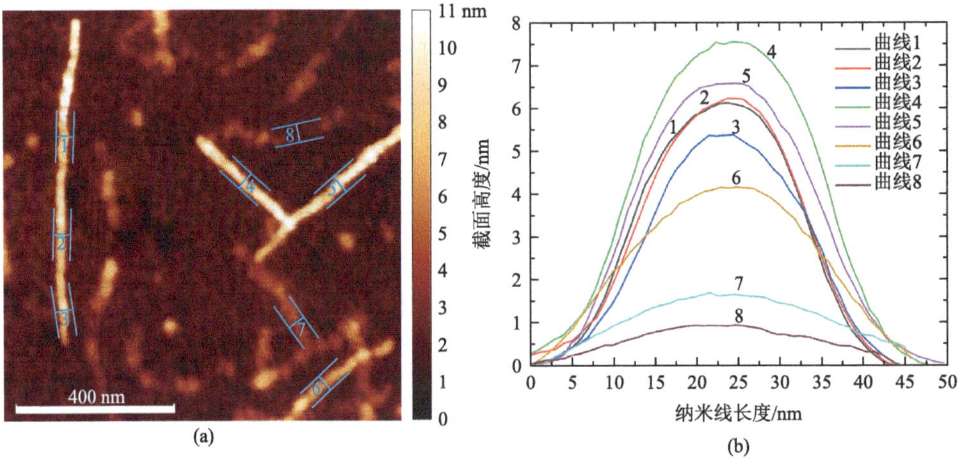

图 2-9 （a）溶液沉积的 rr-P3HT 薄膜的 AFM 高度图像；（b）沿纳米线长度为 130 nm 的 8 条高亮纳米线的高度剖面

（2）高分子材料的结晶形态演化

通过原位 AFM 测试还可以解释了聚烯烃的相转变行为[13]。首先，将等温结晶制备的聚 1-丁烯（iPBu）样品在室温下老化不同时间，并记录其 AFM 相图。老化 4 h 后［图 2-10（c）］，出现了一些 I 型聚 1-丁烯晶核（如箭头所示），标志着 II - I 相转变的开始。这一过程在传统的差示扫描量热法、红外光谱和 X 射线衍射测试中无法识别，因为 I 型晶体的数量较少，但 AFM 表征能够成功捕捉到这一初期相变，展现了其在监测 II - I 相转变初期的可行性和高灵敏度。随着老化时间的进一步增加，如图 2-10（d）～（f）所示，可以观察到 I 型聚 1-丁烯晶体的生长，并且晶体的尺寸逐渐增大。此外，还形成了一些新的 I 型晶核，如图中的圈所示。这些变化为研究者提供了有关聚 1-丁烯Ⅱ-Ⅰ相转变过程的细节信息，包括晶体的生长动态和相变的分子参数。通过原位 AFM 研究的Ⅱ-Ⅰ相转变，能够详细揭示其分子级别的变化过程、过渡条件以及相变的细节。

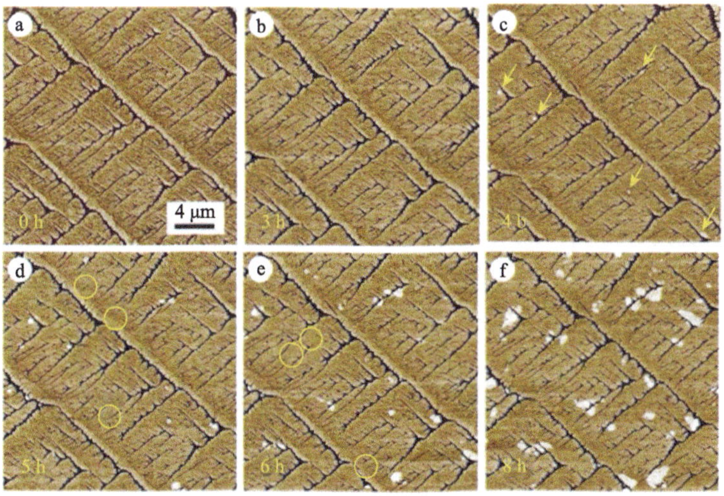

图 2-10 在 105℃下等温结晶 2 d 制备的 iPBu 样品在室温下分别老化（a）0 h，（b）3 h，（c）4 h，（d）5 h，（e）6 h 和（f）8 h 后的 AFM 相位图像

（3）高分子材料的形态演化

在生物高分子材料的表征中，AFM 展现了巨大的应用潜力。通过 AFM，研究人员能够实时观测到生物大分子（如蛋白质、DNA 等）在不同环境条件下的结构变化、相互作用及其动力学过程。AFM 的高空间分辨率使其能够在原子和分子级别上捕捉生物分子发生的微小变化，进而揭示其构象转变、聚集行为以及与其他分子的结合情况。这种高精度的成像能力，使得 AFM 成为研究生物大分子动态行为的关键工具。例如，在蛋白质折叠与聚集的研究中，AFM 能够清晰地观察到蛋白质在不同条件下的构象转变，提供有关折叠动力学和聚集体形成的直接证据。在 DNA 研究中，AFM 不仅可以实时观察 DNA 的超螺旋状态、变性与复性过程，还可以用来研究 DNA 与蛋白质等分子的相互作用，从而揭示基因表达调控和遗传信息传递的分子机制。此外，AFM 还在药物开发、疾病研究及生物分子相互作用的研究中扮演着重要角色。通过对蛋白质-药物结合、蛋白质-蛋白质相互作用等的直接观察，AFM 为新药的筛选与设计提供了宝贵的实验数据。

DNA 链和 DNA 蛋白复合物是 AFM 研究的传统对象。近年来，研究人员提出了一种改进的单分子原子力显微镜成像方法，用于生物大分子（包括蛋白质、多糖和核酸）的表征[14]。该方法通过在石墨表面涂覆一种两亲改性剂 GM，大大提高了生物大分子在 AFM 中的成像效果。涂覆 GM 后的石墨表面表现出优异的成像质量，能够更清晰地捕捉到生物大分子的细微结构。在 GM 涂层石墨表面，双链 DNA（dsDNA）通常以平均高度为 0.8 nm 的缠结长线形式出现，见图 2-11（a），而偶尔出现的融化单链 DNA 则显示出平均高度为 0.4 nm。这些尺寸与之前对双链和单链 DNA 的 AFM 研究结果一致，表明该方法能够准确地测量和分析生物大分子的结构。这一技术进展不仅提高了单分子分辨率，也为研究生物大分子在原子级别上的结构变化提供了新的可能性。随着技术的进一步发展，AFM 在分子生物学和生物医药领域的应用将变得更加广泛，尤其在结构生物学、药物研发和疾病机制研究等方面，AFM 为揭示生命现象的基本规律提供了强有力的支持。这种高分辨率成像技术不仅提供了对 DNA、蛋白质及其复合物的深入理解，也推动了单分子研究技术在生物学中的不断创新和应用。

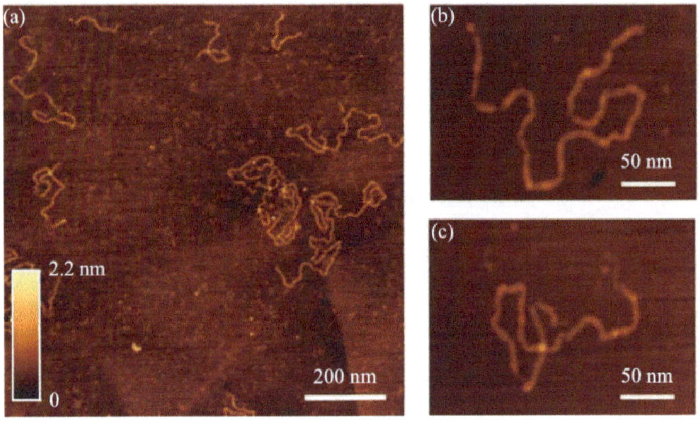

图 2-11　不同尺度下 dsDNA 的 AFM 高度图

（4）高分子材料的力学性能表征

AFM 不仅可以获取表面形貌信息，还能够在纳米尺度上进行力学性能的测量。例如，AFM 可以通过施加微小的力并测量样品表面的响应，来研究材料的硬度、弹性模量等力学性质。图 2-12 通过 AFM 纳米力学方法提供了关于 PM6:N3:SEBS 三元共混膜的模量、黏附和变形图像[29]。DMT（Derjaguin-Muller-Toporov）模量图像显示了样品的弹性模量分布，这是一种衡量材料硬度的指标。在图像中，较暗的区域表示低模量；较亮的区域表示高模量。黏附图像显示了探针与样品表面之间的黏附力分布。在图像中，较亮的区域表示较高的黏附力。变形图像显示了样品在探针施加力时的变形程度分布。在图像中，较亮的区域表示较高的变形，即变形性较强的区域。

随着 SEBS 含量的增加，低模量区域、黏附力高的区域及变形性高的区域的逐渐增大，表明 SEBS 在共混膜中形成了较为孤立的软相。结合 DMT 模量、黏附和变形图像，可以清晰地观察到 SEBS 在共混膜中的分布情况。

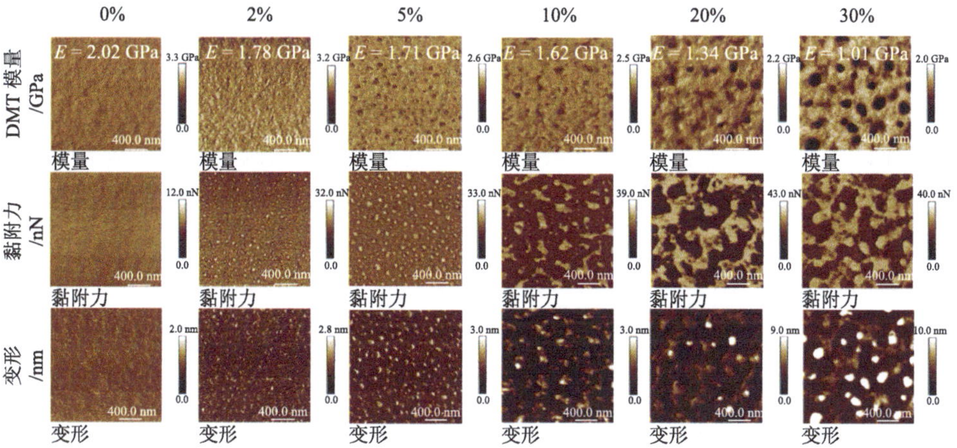

图 2-12　PM6:N3:SEBS 三元共混薄膜的模量、黏附力和变形图像

通过以上表征示例，展示了常规 AFM 在高分子材料表征中的重要作用，进一步证明了其在研究高分子材料微观结构、性能及其动态变化过程中的不可替代性。

2.4 先进原子力显微表征

AFM 最初利用样品与探针之间的范德瓦耳斯力来获取样品表面形貌图，发展出了接触模式、非接触模式和轻敲模式三种基础成像方法。这些模式为研究人员提供了在不同条件下获得样品微观结构的基本手段，其中接触模式适用于硬质表面，非接触模式则能减少对样品表面的干扰，而轻敲模式结合了前两者的优点，适用于柔性材料的表征。

在此基础上，随着 AFM 技术的不断发展，研究人员根据不同样品的特性和表征需求，优化和改进了探针、悬臂以及反馈控制系统，从而逐步开发出多种衍生成像模式。这些新模式包括开尔文探针力显微镜、静电力显微镜和红外原子力显微镜等。开尔文探针力显微镜用于测量样品的表面电势，静电力显微镜则能够研究材料的局部电学特性，而红外原子力显微镜则结合了红外光谱技术，能够在纳米尺度上进行化学成分和分子振动模式的分析。这些衍生成像模式不仅为 AFM

在材料科学、生物学、化学等多个领域的应用提供了更为细致和精准的工具支持，也推动了精细化研究的发展，尤其是在纳米材料、柔性电子等方面展现出了巨大的潜力。

2.4.1 开尔文探针力显微镜

开尔文探针力显微镜（Kelvin probe force microscope，KPFM）源自 1898 年 Lord Kelvin 提出的开尔文方法，最初用于测量金属间的功函数差。其基本原理如下：如图 2-13（a）所示，当两块功函数不同的金属电学导通时，由于功函数差异，电子会从功函数较低的金属流向功函数较高的金属，直至两者的费米能级达到平衡。此时，两者之间形成接触电势差（contact potential difference，CPD），其大小与金属功函数（work function，$\varPhi$）差成正比，具体关系为：

$$V_{\mathrm{CPD}} = -\frac{\varPhi_{\mathrm{B}} - \varPhi_{\mathrm{A}}}{e} \tag{2-25}$$

若在两者之间施加一反向电压 V_{C}［图 2-13（b）］，使得两者真空能级重新对齐，则有 $V_{\mathrm{C}} = V_{\mathrm{CPD}}$。因此，通过已知金属 A 的功函数 $\varPhi_{\mathrm{A}}$，可计算另一块金属 B 的功函数为 $\varPhi_{\mathrm{B}} = \varPhi_{\mathrm{A}} - eV_{\mathrm{C}}$［图 2-13（c）］。这一原理如图 2-13 所示，构成了 KPFM 测量功函数的理论基础，同时为研究材料表面电学性质提供了重要手段。

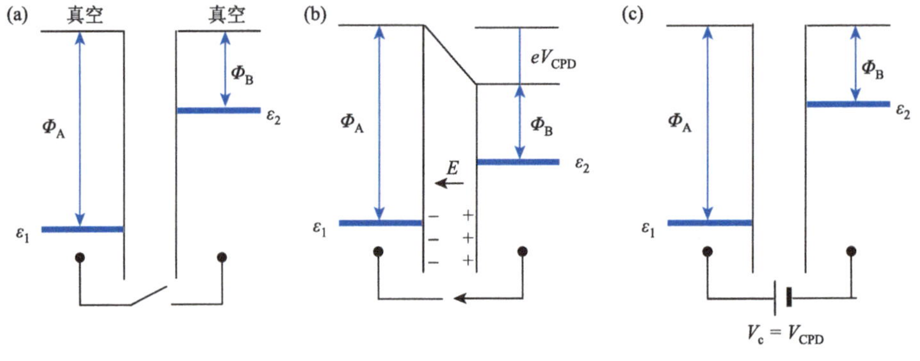

图 2-13 开尔文方法原理

在开尔文方法中，为了判断两金属之间真空能级是否对齐，采用以下方法。将两金属平板平行放置，形成一个平行板电容器，用一根导线将两者导通，并且将一个电流表串联其中。在两者费米能级拉平的过程中，电子的定向流动能被电流表检测到。费米能级拉平后，在两者之间形成接触电势差，由于该值与两者功函差成正比，故为定值。如果改变两金属极板的距离，那么电容器的电容随之改变，而两极板的电势差不变，故而两极板所带的电荷量会发生改变，从而有电流通过电流表。

如果一块金属极板固定，另一块金属极板以一定的频率 ω 振动，那么该电容器的电容发生正弦变化，导致频率为 ω 的交流电通过电流表。如果在某一金属极板上加一反向的外加电压 $V_C = V_{CPD}$，此时两极板真空能级拉平，电势差归零，电容的改变不会形成电流，故而电流表中没有电流通过。开尔文方法即通过检测振动的极板间是否有电流通过来判断两极板真空能级是否拉平。

1991 年，Nonnenmacher 等将宏观的开尔文方法引入到 AFM 中，发展成为 KPFM。KPFM 一般在非接触模式下工作，为了计算探针与样品之间的相互作用力，可以把导电探针和导电样品看作是一个电容器的两个极板，探针与样品通过电学导通（接地）使得两者之间形成接触电势差 CPD，该电容器的能量 U 可以用下式表示：

$$U = \frac{1}{2} C \Delta V^2 \tag{2-26}$$

式中，C 为探针和样品之间的局部电容；ΔV 为探针和样品的接触电势差 CPD。探针与样品之间的电场力可由能量对距离求导得到，则探针所受作用力为：

$$F_e = -\frac{\partial U}{\partial z} = -\frac{1}{2}\frac{\partial C}{\partial z}(\Delta V)^2 \tag{2-27}$$

式中负号代表探针与样品之间的作用力为引力。按照开尔文方法，仪器会在样品（或探针）上施加一个可调的直流电压 V_{DC}，以补偿探针与样品之间的 CPD。当 V_{DC} 施加在样品上时，$V_{CPD} = V_{tip} - V_{sample}$，此时 CPD 与样品的表面电势呈一致的关系；当 V_{DC} 施加在探针上时，$V_{CPD} = V_{sample} - V_{tip}$，此时 CPD 与样品的表面电势呈相反的关系。

为了精确地的判断 CPD 是否已被补偿，在 KPFM 测量过程中，还有一个频率为 ω 的交流电压 V_{AC} 与该直流电压 V_{DC} 同时施加在样品（或探针）上。交变电压部分为 $V_{AC}\sin\omega t$，此时，ω 一般设定在悬臂的共振频率附近，以获得较大的振幅。探针与样品之间的电势差为：

$$\Delta V = V_{DC} - \Delta\varphi + V_{AC}\sin\omega t \tag{2-28}$$

式（2-28）中，V_{DC} 为探针样品间施加的直流补偿电压；$\Delta\varphi$ 为待测的探针-样品的电势差；V_{AC} 为交流电的幅值。

将上述两式合并可以得到：

$$F_e = \frac{1}{2}\frac{\partial C}{\partial z}\left[(V_{DC} - \Delta\varphi)^2 + \frac{1}{2}V_{AC}^2\right] - \frac{\partial C}{\partial z}(V_{DC} - \Delta\varphi)V_{AC}\sin\omega t + \frac{1}{4}\frac{\partial C}{\partial z}V_{AC}^2\cos(2\omega t) \tag{2-29}$$

式中，第一项为直流项，该力不引起探针振动，第二项作为一个正弦的驱动力来激发悬臂在所施加交流电压的频率下振动，当 $V_{DC} = \Delta\varphi$ 时，该项为零；第三项将激发探针在所加交流电压的二倍频率下振动。

在 KPFM 工作模式下，探针和样品之间同时施加交流（AC）和直流（DC）电压。通过锁相放大器检测探针悬臂在交流频率下的振动，并利用 PID 控制器调节直流电压值，直到探针振动消失，此时直流电压恰好等于探针与样品之间的接触电势差。当探针振幅不为零时，PID 控制器根据振动的相位信息来决定增加或减少直流电压，以实现振动幅度的最小化。PID 控制器的调节量通过 PID 算法根据振幅的大小来计算。对于导电样品，接触电势差（$\Delta\varphi$）等于样品与探针的功函数差，功函数较高的样品对应较低的电势。由于探针的功函数是已知且固定的，通过对探针进行标定，KPFM 技术能够测量导电样品表面的功函数，从而进一步推算出样品的费米能级。这个过程为材料的电子结构研究提供了重要的实验工具，特别是在半导体材料、纳米材料以及表面研究中具有重要应用价值。

随着柔性电子的快速发展，共轭高分子材料因其具备柔性、透明、轻质以及丰富的原料来源等优点，成为研发低成本、大面积制备的半导体器件的理想材料。典型的有机半导体器件包括有机场效应晶体管、有机光伏电池、有机发光二极管、传感器以及射频识别标签等。电荷在有机半导体器件中的生成、转移、运输以及存储等行为是影响器件性能的本质因素。在有机半导体器件中，金属电极、半导体层以及其他结构的电学性质，如费米能级（Fermi level）、最高占据分子轨道（HOMO）、最低未占据分子轨道（LUMO）等，直接影响电荷的行为。例如，在有机光伏电池中，给体材料和受体材料的 LUMO 相对位置决定了自由载流子的生成，而不同材料之间费米能级的差异则决定了电荷自发转移的方向。同时，器件的微观结构，如半导体层中的晶界、本体异质结中的相分离尺寸，也会显著影响电荷行为，即微观结构与电学性质之间存在密切的对应关系。

然而，尽管高分子半导体材料在理论上具备许多优点，但在实际应用中，它们往往面临性能衰减和稳定性问题。例如，在有机场效应晶体管中，电荷可能被器件内部的电荷陷阱捕获，从而导致器件性能不稳定或衰减。再如，在有机光伏电池中，器件暴露于空气后很容易出现性能衰减，主要是由于空气中的水分和氧气渗透至器件内部，导致电极和活性层材料的氧化以及结构破坏，最终阻碍了自由载流子的转移和传输。因此，研究器件中微观结构与电学性质之间的关系，尤其是运用 KPFM 研究高分子半导体器件中的电荷行为，具有重要的意义。KPFM 技术能够实现对器件表面电势、费米能级、功函数等电学性质的高分辨率测量，从而为揭示器件工作机制、优化结构设计和制备参数、提升器件性能提供了重要的实验支持。通过深入分析微观结构与电学性质之间的对应关系，可以更好地理解器件的性能衰减和稳定性问题，进而设计出更加高效、稳定的半导体器件。

在应用方面，KPFM 具有广泛的应用潜力，尤其是在材料的表面电势测试中。表面电势对材料的表面化学和物理现象有着重要影响，因此，KPFM 能够揭示材料表面状态的物理化学变化，这对于深入理解导电聚合物表面与器件中的物理和化学现象具有重要意义。在有机光伏电池领域，KPFM 常用于研究薄膜的相分离行为、光生载流子的分布以及活性层的光生电势等。利用 KPFM 对 MDMO-PPV:PCBM 体系的早期研究揭示了溶剂对器件效率的影响。例如，当甲苯作为溶剂时，所形成的 PCBM 富集微区在与金属电极接触处被 MDMO-PPV 薄膜包覆，这一包覆层阻碍了电子向电池负极的传输，因此导致器件效率及光电流低于使用氯苯作为溶剂的器件。这一结果表明，除了激子的有效分离和适当尺度的相分离外，电子和空穴的传输网络与电极的连接性也对器件性能至关重要[15, 16]。

在基于 F8BT:PFB 体系的有机发光二极管中，KPFM 技术揭示了活性层薄膜三维纳米结构的组成信息。通过 KPFM 的分析，研究发现活性层在侧向和垂直方向上的相分离会导致不连续的覆盖层的形成，从而阻碍光生电荷向表面的传输，最终导致器件效率的降低。该研究强调了有效的电荷传输路径对提高器件性能的重要性，也证明了 KPFM 能够为研究有机半导体器件的电荷分离过程和成分识别提供强有力的支持。此外，在超高真空条件下，利用 KPFM 对经典的聚合物光伏电池体系 P3HT:PCBM 的研究实现了在 10 nm 分辨率下对活性层形貌和表面电势的成像（图 2-14），并观察到在给/受体界面处光生电荷的产生过程。在 532 nm 光照条件下，活性层表面的功函数分布明显向低值区偏移，并重新分布，证明了光照引起的薄膜表面净负电荷的积累过程以及新的界面功函数分布的形成。光照激发下，P3HT 相区周围出现新的界面相，并以“光圈”形式分布，这一现象解释

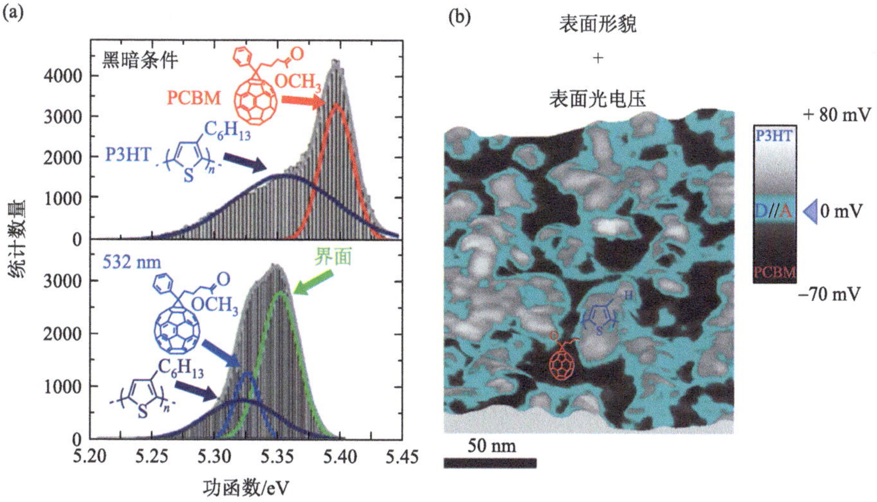

图 2-14　P3HT:PCBM 器件 KPFM 结果[18]：（a）为暗场和 532 nm 光激发条件下功函数分布图；（b）为 532 nm 激光辐照下 P3HT：PCBM 活性层表面形貌与表面光电压的叠加图，其中 PCBM 聚集体微区为图中的暗色区，PHT 晶区为图中亮色区

了为什么 PCBM 相区的功函数下降幅度较大，而 P3HT 相区的功函数下降幅度较小。此外，界面处功函数的下降与活性层整体平均功函数的下降几乎相同。通过 KPFM 技术，该研究成功可视化了在持续光照下，活性层中电子给体的激发、电子和空穴的产生以及在给/受体互穿网络界面处的电荷分离状态。高分辨率的功函数分析对于定量分析光照条件下空间电荷在界面处的分布起到了重要作用。总之，KPFM 不仅能够揭示有机半导体器件中复杂的电荷行为，还为优化器件设计、提高效率提供了宝贵的实验依据。随着技术的不断进步，KPFM 将在有机光电子器件的研究中发挥越来越重要的作用[17]。

2.4.2 红外原子力显微镜

基于红外光谱的原子力显微镜（AFM-IR）是一种结合了 AFM 空间分辨率和红外光谱化学分析能力的技术，具备了两个技术的优势，能够在纳米尺度上进行表面形貌和化学成分的同步分析。AFM 和红外光谱作为独立的技术，各自在材料研究中有着广泛的应用。AFM 提供了样品表面的高分辨率形貌信息，而红外光谱则通过测量样品吸收的红外光与不同频率（或波长）之间的关系，分析样品的化学特性。红外吸收峰在不同化学物质中具有特征性，类似于“指纹”，因此可以用于识别和表征不同的化学物质。红外光谱技术的空间分辨率在 20 世纪 90 年代中期得到了显著提高，结合了显微镜和阵列探测器，成功发展出空间分辨率的红外显微光谱技术。该技术通过对样品微观区域的化学成分进行详细分析，能够提供基于化学对比的高分辨率成像，具有极强的局部化学分析能力。在这一过程中，红外光谱与 AFM 的结合不仅实现了化学成分与物理形貌的耦合研究，还突破了传统红外光谱技术的空间分辨率限制，使得人们能够在纳米尺度上直接获得表面化学信息。AFM-IR 技术的出现，为研究人员提供了一个强大的工具，使得它在材料科学、生物学、纳米技术以及聚合物等领域的应用得到了广泛关注。通过同时获取样品的形貌和化学成分信息，AFM-IR 使得研究者能够更深入地理解材料的微观结构与化学性质之间的关系，从而推动了相关领域的研究与技术进步。

目前 AFM-IR 的工作原理如图 2-15 所示，利用可调谐红外激光器将红外光聚焦到原子力显微镜探针针尖附近的样品区域[7]。当激光器的波长与样品的吸收波长相匹配时，AFM 探针能够检测到样品吸收的红外辐射。红外吸收通常通过样品的热膨胀来检测，这种热膨胀会在悬臂尖端产生一个力脉冲，从而引起原子力显微镜探针的振动。另一种方法是测量样品因吸收红外辐射而升高的温度，作为探针运动的替代测量方式。通过测量 AFM 探针对不同波长的红外吸收响应，可以获得样品在纳米尺度上的红外吸收光谱。此外，激光还可以调谐到特定波长，测量吸收与样品不同位置之间的关系，从而生成化学图像，显示样品中不同化学物质的分布。

AFM-IR 技术克服了传统 AFM 和红外显微光谱技术的两大主要局限。基于傅里叶变换红外显微镜（FTIR）技术的传统红外光谱方法，尽管已广泛应用于空间分辨的化学分析，但依然受到热红外光源亮度较低和光学衍射极限的限制。光学衍射对空间分辨率的基本极限为 $\lambda/2$，其中 λ 为照明波长。大多数基于热红外光源的商用傅里叶变换红外显微镜的实际空间分辨率一般限于 $\lambda \sim 3\lambda$，空间分辨率通常为 2.5～75 μm，具体取决于所用技术和配置。尽管光学和阵列探测器的最新改进可使 FTIR 在接近 1 μm 尺度上实现空间分辨率，但传统红外显微光谱仍多用于研究和表征微米及以上尺度的材料。

与此不同，AFM 能够实现纳米尺度的空间分辨率，且其空间分辨率仅受探针针尖半径的限制。AFM-IR 技术利用原子力显微镜的探针针尖作为红外探测器，局部检测由红外辐射引起的热膨胀。AFM 探针能够在接近针尖半径的尺度下检测热膨胀，因此 AFM-IR 技术能够突破传统红外显微光谱的空间分辨率限制。

商用 AFM-IR 系统（图 2-15）主要由 AFM 测量系统（探针和激光检测器）及脉冲红外激光器组成。激光器发射特定波长的脉冲光，脉冲频率可达到几十或几百赫兹。当激光照射到样品时，样品迅速（通常在几百纳秒内）发生热膨胀，产生光诱导热膨胀效应。这种热膨胀会引起 AFM 探针的悬臂发生共振振荡。通过傅里叶变换提取共振振荡的振幅信号，并建立其与激光波长的关系，从而获得样品的局部红外吸收光谱。同时，如果使用特定波长的光照射样品，还可以通过化学成像获取特定官能团在扫描区域内的红外吸收分布图。

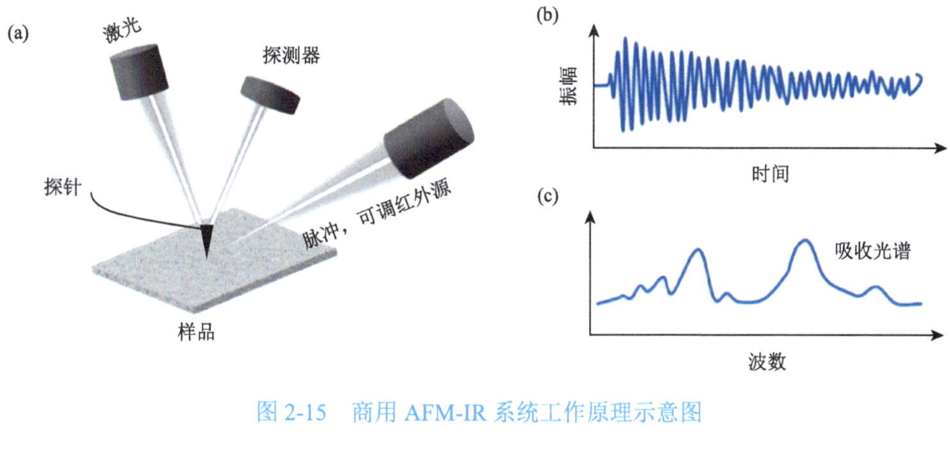

图 2-15　商用 AFM-IR 系统工作原理示意图

首先，当红外激光与样品表面相互作用时，样品表面吸收的能量可以通过 Poynting 矢量来表示。Poynting 矢量描述了电磁场的能量流密度，表示单位时间内通过单位面积的能量流量。由于样品尺寸较小，通常假设样品内的电磁场是恒定的，并且忽略吸收的细节。因此，吸收的能量可以近似地通过以下公式来表示：

$$P = I_{\text{inc}} kV\sigma\kappa(\sigma) \tag{2-30}$$

式中，P 是样品吸收的能量，I_{inc} 为入射光强度，k 是与样品的热导率、折射率和光速等相关的常数，V 为样品体积，σ 为入射光波数，κ 为对应波数下的消光系数。

根据 Fourier 热传导定律，由红外光吸收导致的光热效应产生的最大温升可以表示为：

$$\Delta T_{\max} = \frac{Pt_p}{V\rho C_P} \tag{2-31}$$

式中，t_p 为红外激光脉冲的持续时间，ρ 为样品密度，C_P 为样品的热容。样品表面的温升导致了热膨胀，其可以表示为：

$$u = aG\alpha_T \Delta T(t) \tag{2-32}$$

式中，a 为样品的几何尺寸，G 为与样品几何性状相关的参数，α_T 为热膨胀系数，$\Delta T(t)$ 为辐射吸收区的温升。

可以得到，样品表面的热膨胀（形变量）正比于红外光的吸收［对应 $\sigma\kappa(\sigma)$］，即 $u \propto \sigma\kappa(\sigma)$。其中，$u$ 为热膨胀引起的形变量，σ为入射光的波数，$\kappa(\sigma)$为对应波数下的消光系数。另一方面，我们希望用 AFM 的悬臂探针来检测样品表面的热膨胀，悬臂的运动可以用 Euler-Bernoulli 方程进行描述：

$$W(x,t) = EI\frac{\partial^4 z}{\partial x^4} + \rho S\frac{\partial^2 z}{\partial x^2} + \alpha\gamma\frac{\partial z}{\partial x} \tag{2-33}$$

式中，W 为在探针处由热膨胀对悬臂施加的载荷，EI 为弯曲刚度（E 为杨氏模量，I 为悬臂的截面惯量），ρ 为密度，S 为截面面积，γ 为阻尼。

该方程的通解是悬臂梁各特征模态的和，表示为：

$$z(x,t) = \sum\nolimits_n P_n g_n(x)h(t) \tag{2-34}$$

式中，P_n 是模态 n 的振幅系数，g_n 是模态 n 的空间分布，$h(t)$是时间特性。

可以证明，悬臂运动产生的信号（即对所有正则振动模式的贡献求和）与样品表面热膨胀程度之间存在一定的关系。不同官能团对红外光的吸收具有特征性的波长差异，即不同的$\sigma\kappa(\sigma)$。因此，它们引起的热膨胀变化也有所不同。基于这一原理，可以通过监测 AFM 悬臂的振动状态变化，来表征样品表面对应区域的红外吸收情况。进而，分析样品表面不同化学基团或组分的空间分布。图 2-16 展示了 AFM 针尖与样品表面接触的示意图，说明了通过 AFM 探针的运动，能够有效地反映样品表面因红外吸收而产生的热膨胀效应。

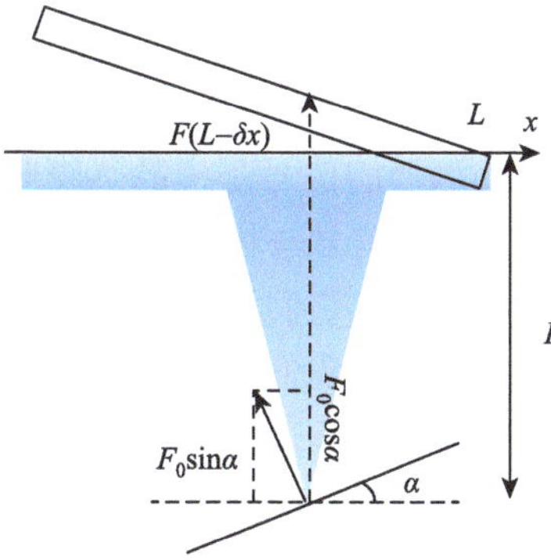

图 2-16　AFM 针尖与样品表面接触的示意图

α 为悬臂与表面的倾斜角；H 为针尖高度；δ_x 为针尖的位置从悬臂的末端移动的距离

$W(x,t)$ 描述了由针尖热膨胀脉冲引起的力的变化。在这一模型中，我们假设针尖是刚性的，并且能够瞬间将感应力传导到悬臂上。在小热膨胀的极限下，可以利用接触刚度参数k_z进行线性近似，该参数与针尖的几何形状以及样品的机械性能有关。基于此假设，针尖上的力可以通过胡克定律来近似表示：

$$F(t)=k_z u(t) \tag{2-35}$$

这种力作用不位于杠杆末端的针尖，而且样品表面可以倾斜。在这些条件下，针尖上的力是膨胀力（法向力）和杠杆弯曲力（侧向力）的合力。$W(x,t)$ 可写为：

$$W(x,t)=K\delta(x-L+\delta x)F(t) \tag{2-36}$$

式中，$K=\cos(\alpha)+\dfrac{H}{\delta x}\sin(\alpha)$，$L$ 为悬臂的长度，δx 为针尖的位置。

将上述两式联立，并利用傅里叶变换和模态正交性，可以找到振幅系数 P_n 的表达式，以及 h（t）的傅里叶表达式。

$$\begin{cases} P_n=\dfrac{Kk_z}{\rho SL}\dfrac{\partial g_n}{\partial x}\bigg|_{x=L}\delta x \\ \tilde{h}(\omega)=\dfrac{1}{\omega_n^2-\omega^2+\mathrm{i}\Gamma\omega}\tilde{u}(\omega) \end{cases} \tag{2-37}$$

式中，$\omega_n=\sqrt{\dfrac{EI}{\rho S}}\beta_n^2$，$\Gamma=\dfrac{\gamma}{\rho S}$。大多数 AFM 使用光学杠杆来测量悬臂的端部斜率，而不是直接测量悬臂的偏转度。利用 AFM 光学杠杆检测系统的特性，可以从悬臂 $Z(x,t)$得到 AFM 探测器信号 $Z'(t)$：

$$Z'(t)=\sum\nolimits_n P_n D\frac{\partial g_n}{\partial x}\bigg|_{x=L}h(t)=\sum\nolimits_n\frac{Kk_z D\delta x}{\rho SL}\left(\frac{\partial g_n}{\partial x}\bigg|_{x=L}\right)^2\left(\frac{\sin(\omega_n t)\mathrm{e}^{-\frac{\Gamma}{2}t}}{\omega_n}\right)*u(t) \tag{2-38}$$

式中，P_n 为共振情况下模式 n 的振幅系数；D 为激光光斑直径；g_n 为共振情况下模式 n 的空间分布；k_z 为 z 方向上微悬臂弹性系数；$h(t)$ 为傅里叶表达式。

由式 2-38 可知，AFM 检测器的信号是样品热膨胀 $u(t)$ 与微悬臂传递函数的卷积。这表明，微悬臂运动产生的信号与样品热膨胀的程度成正比。不同官能团具有不同的红外吸收特征波长，因此它们引起的热膨胀变化也会有所不同。通过测定 AFM 微悬臂的运动状态变化，我们可以表征探针针尖对应样品表面区域的红外吸收情况，进而分析样品表面化学基团或组分在空间上的分布。

AFM-IR 不仅能够提供化学分析和成分映射，而且其空间分辨率远低于传统的光学衍射极限。AFM-IR 已经在高分子材料领域得到了广泛应用[19-27]，尤其是对于生物可降解高分子、聚合物共混物、复合材料、高分子薄膜和涂层等材料。传统的红外显微光谱学无法满足这些材料分析表征对空间分辨率的高需求，而 AFM-IR 则提供了测量和绘制纳米聚合物域化学成分分布的能力，能够识别和表征层压聚合物多层薄膜中的极薄层，并分析薄膜的微观结构。

聚合物共混物和聚合物纳米复合材料是学术和工业领域研究的热点，而这些材料通常在微观和纳米尺度上呈现出不均匀的特性。AFM-IR 为揭示不同聚合物组分的分布、它们如何分离以及如何在界面处结合，提供了关键的见解。利用 AFM-IR 系统，还可以绘制不同化学成分的空间分布图。由于 AFM-IR 使用窄带可调谐红外源，因此能够调整激光至特定的吸收带，并绘制红外吸收强度与样品表面位置的关系图。图 2-17 展示了尼龙/天然橡胶聚合物的 AFM-IR 图像和化学组分图[19]。首先，在这两种材料的界面上获得了一系列的光谱。通过分析光谱中的红外吸收带特征，能够识别出关键的吸收峰。进一步通过创建不同波段红外吸收比率图像，清晰地绘制出不同化学成分的分布情况。

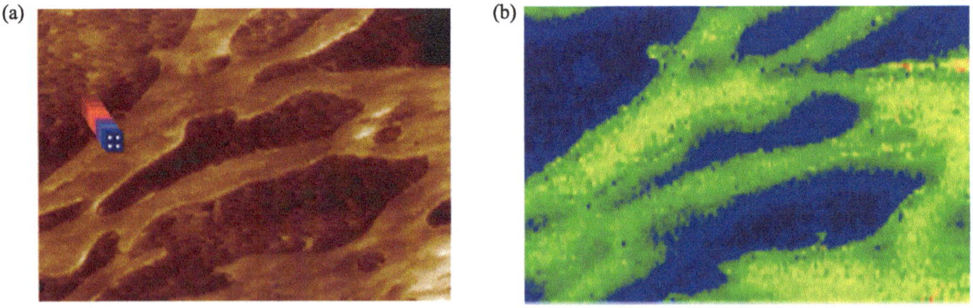

图 2-17　尼龙/天然橡胶共混物的（a）AFM-IR 图像和（b）化学组分图

AFM-IR 技术不仅可以用于化学物质的定性分析，还能够实现化学物质含量的定量分析。高抗冲聚丙烯（HIPP）是一种广泛应用的橡胶增韧合金，其性能与橡胶粒子的结构和组成密切相关。以 HIPP 为研究对象，苏朝晖等[20]利用 AFM-IR 技术研究了聚合物组分在样品中的分布情况。结合传统的 FT-IR 技术进行含量校准，研究人员通过相对吸收峰强度来定量估算不同区域的聚合物组分百分比，揭示了组分在纳米尺度上的分布特征。图 2-18 展示了 AFM-IR 在 HIPP 化学成分定量分析中的应用实例，清晰地呈现了不同聚合物组分在样品表面的分布情况。该研究表明 AFM-IR 能够量化复杂高分子共混物中纳米尺度区域的聚合物组分含量，并为深入理解 HIPP 材料的微观结构提供了重要的分析工具。

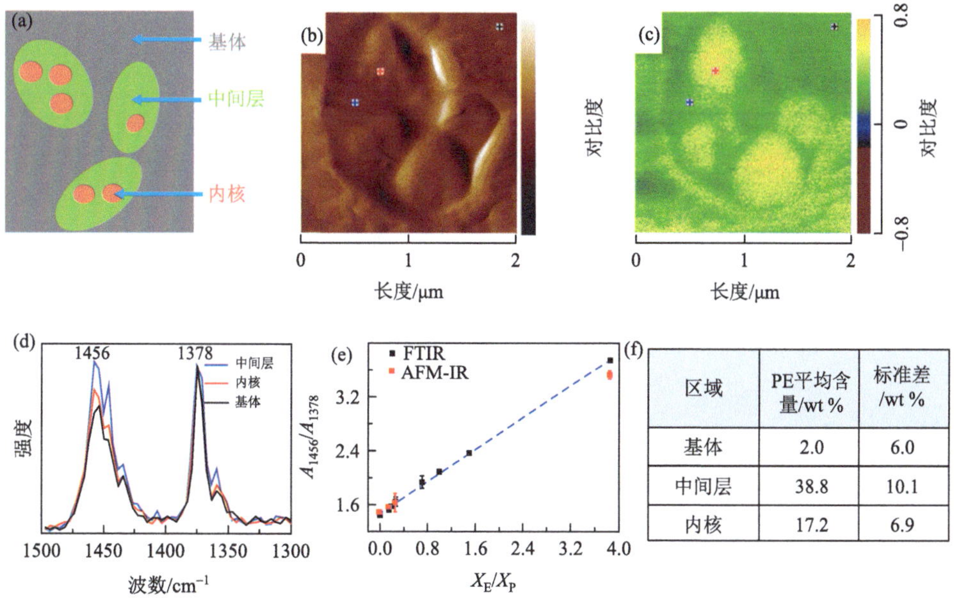

区域	PE平均含量/wt %	标准差/wt %
基体	2.0	6.0
中间层	38.8	10.1
内核	17.2	6.9

图 2-18 高抗冲聚丙烯（HIPP）的 AFM-IR 表征：(a) HIPP 结构示意图；(b) 中间层区域的 AFM 图像；(c) 1378 cm^{-1} 处获得的 AFM-IR 图像；(d) 在基体、中间层和内核分别得到的 AFM-IR 光谱；(e) 基于 FT-IR 的校准曲线；(f) 为 (a) 中所示不同区域的 PE 含量百分比

AFM-IR 技术在导电高分子材料的研究中也得到了广泛应用。一维导电聚合物因其极高的表面体积比，尤其适用于光电子和纳米器件领域，成为研究的热点材料。图 2-19 展示了光合成聚对苯二甲酸苯酯（PDPB）纳米结构的 AFM-IR 光谱和吸光度图像[21]。测量结果表明，在 2146 cm^{-1} 处未检测到吸收峰，验证了光聚合过程已经完成，这是因为该波长对应未聚合的 1, 4-二苯基丁二炔单体。此外，AFM-IR 凭借其高空间分辨率和光谱灵敏度，能够揭示与光聚合过程相关的微弱吸收带。该技术的优势不仅在于能够在亚微米尺度上精确监测聚合反应的进程，

还能将聚合物的形貌信息与其化学成分有效结合，为研究聚合物的形貌与性能关系提供了重要的实验工具。

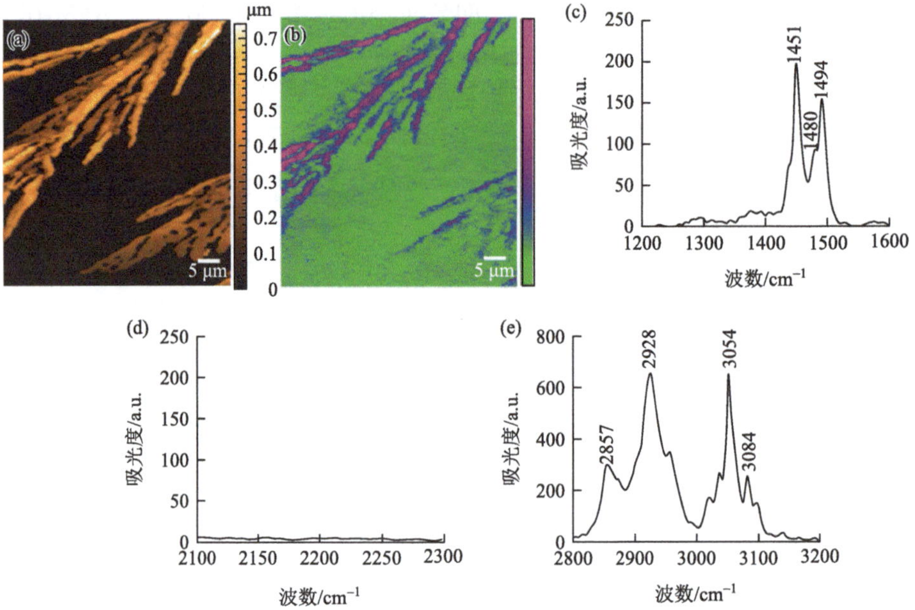

图 2-19　光合成 PDPB 聚合物纳米结构的 AFM-IR 数据

(a) 常规 AFM 图像；(b) 在 1490 cm^{-1} 的 AFM-IR 吸收图像；(c) ～ (e) PDPB 聚合物在不同光谱区域的 AFM-红外光谱

本体异质结形貌的调控在有机光伏电池领域中一直是一个关键且具有挑战性的研究方向。光伏材料中的电子给体和受体材料的相分离行为受到结晶动力学和热力学的共同影响，这种相分离过程往往是非常复杂的，尤其是在薄膜形成的过程中。理想的体相异质结形貌应该具有良好的电荷分离和传输特性，但由于给体和受体材料的分子结构和相互作用的差异，这一过程常常难以控制，进而影响光伏器件的性能。刘烽和孙艳明等合作创制了双纤维网络形貌，实现了有机光伏薄膜形貌特征尺度与光物理核心参数的匹配。密集的给受体纤维交织形成了电子和空穴传输的高速通道，且共混相较小的特征尺寸能更好地与激子载流子的扩散能力匹配，保证解离后的载流子能快速扩散到晶区进行传输，因此获得了效率的显著提升。基于 AFM-IR 技术，他们分别表征了给体相和受体相的纤维网络形貌（图 2-20），提出了基于双纤维形貌的形成机制[28]。

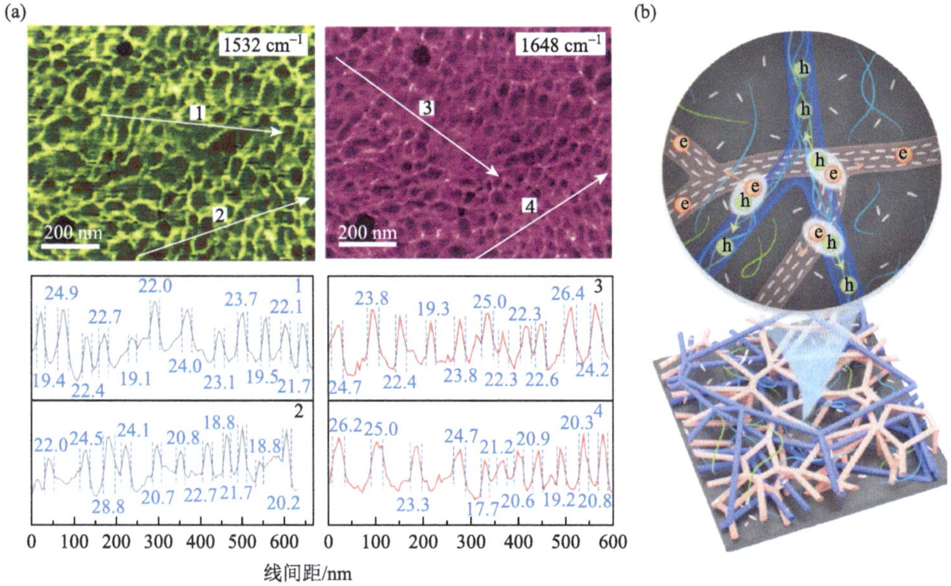

图 2-20 活性层薄膜中的双纤维网络形貌

（a）PM6:D18:L8-BO 共混薄膜的形貌图以及相应的特征纤维宽度；（b）双纤维网络形态电荷转移过程示意图

2.4.3 静电力显微镜

静电力显微镜（electrostatic force microscope，EFM）是一种非接触式 AFM，通过检测导电探针与样品表面之间的相互作用来测量样品的电特性，如表面电势和表面电荷等[8]。与 AFM 的三种基本工作模式不同，EFM 通常在“抬升模式”（lift mode）下工作。抬升模式指的是在非接触模式下，将悬臂梁抬升至一定高度，此时探针与样品表面之间的排斥力几乎可以忽略，主要作用力为库仑力，从而实现对样品表面电学性质的精确测量。

EFM 的工作原理如图 2-21 所示：在探针与样品表面之间施加交流电压，产生静电力，导致悬臂梁以固定频率振动。由于样品表面电荷的存在，静电力会发生变化，从而改变悬臂梁的振动特性。通过调节施加电压，可以使悬臂梁恢复到原始的振动状态，电压差值便反映了样品表面的电势分布。

在实际操作中，EFM 探测样品表面通常需要进行两次扫描。第一次扫描时，探针在敲击模式下工作，以获取样品的表面形貌信息。第二次扫描时，探针被抬升至一定高度，使得悬臂梁的运动几乎不受范德瓦耳斯力的影响。此时，悬臂的运动轨迹以第一次扫描的形貌数据为参考，探针与样品表面保持恒定的距离，从而进行长程的静电力检测，精确获取样品表面的电势分布信息。

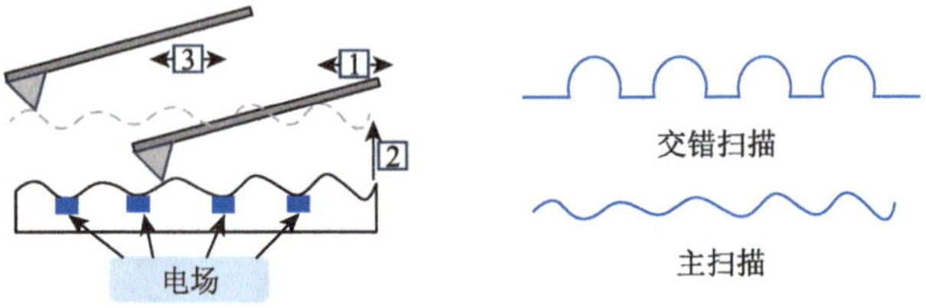

图 2-21 EFM 工作原理图

1. 悬臂在第一次（主）扫时描（沿轨迹和反向轨迹）测量表面形貌；2. 悬臂上升以提升扫描高度；3. 悬臂在样品上方抬升高度时存储表面形貌，并在第二次（交错）扫描（轨迹和重绘）中响应电学影响

静电力显微镜主要有以下两种成像方式：电场梯度成像和表面电势成像。电场梯度成像主要测量的是样品电场的变化，但如果样品的表面形貌变化很大，则会导致将样品的表面形貌与测量的电场变化相混淆，以至于很难检测到样品表面电场的真实信息。表面电势成像则是通过控制针尖的电压，使得探针样品间静电力达到最小，从而获得样品的表面电势。

EFM 技术在有机高分子材料中的应用日益增多，尤其是在光电器件（如有机光伏电池）中，能够有效地揭示材料的电学特性及其与结构的关系[9-11]。EFM 可用于研究表面电学性质的表征，其利用导电探针可以同时获得形貌，又获得局域电学方面的信息。例如，Albrecht 等[22]采用 EFM 原位注入并观测单组分聚合物表面的电荷、电势产生变化情况，分析了聚合物微区在不同温度、湿度环境下的摩擦带电现象。Riedel 等[23, 24]利用镜像电荷法、Krayev[25, 26]等采取电容法，分别计算了多组分高分子材料上的微纳米区域介电特性。

EFM 相位的变化与作用到微悬臂上的样品-针尖之间的静电力梯度成正比。因此，相位变化大的区域针尖所受到的静电力梯度大、显示在 EFM 相图上就是此处相对于其他地方的衬度更亮；相反，相位变化小的区域，反映在 EFM 相图上就是此处相对于其他地方的衬度要暗。由于 EFM 可用于有效分析光电器件中的电荷注入、传输和捕获，因此利用该技术研究有机光伏电池的微观结构和局域电学特性对于理解其光电转换机制具有重要意义。利用时间分辨 EFM 研究 F8BT:PFB 器件中光生载流子的产生和电荷充电速率，结果表明，在针尖正偏压下，在给/受体界面处的充电速率是最慢的，即产生最高充电速率的位置并非给/受体两相界面处，而是两相相区的中心。这与利用扫描近场光学显微技术所获得的光电流更多地产生于相区内部，而不是边界处的结论一致[27]。进一步通过对由不同比例 F8BT:PFB 构成器件的外量子效率与 EFM 测试结果相比较，发现二者具有强相关性。这些结果表明 EFM 在建立光电器件微观结构、电学特性及性能间相互关系的研究中可以发挥关键作用。

2.5 本章小结

原子力显微镜（AFM）是一种高分辨率的表面表征技术，能够在纳米尺度上研究材料的性质，广泛应用于物理学、材料科学、化学、生命科学、纳米科技等领域。本章主要介绍了 AFM 及其衍生技术在高分子材料表征中的应用。凭借其高空间分辨率、非破坏性和多功能性，AFM 已成为研究高分子材料形貌、力学性质及表面电学特性的核心工具。通过对不同工作模式及其应用场景的详细探讨，本章阐述了 AFM 技术在高分子材料研究中的关键作用。

首先，AFM 的基本原理和工作模式为我们揭示了其高分辨率成像的奥秘。接触模式、非接触模式和轻敲模式等常用工作模式，使得 AFM 能够精准地获取高分子材料的表面形貌、粗糙度和力学性质等关键信息。这些信息对于理解高分子材料的微观结构和性能关系至关重要。

其次，AFM 衍生技术的引入，进一步丰富了高分子材料表征的手段。导电 AFM 和 KPFM 等技术，使我们能够深入探究高分子材料表面的电学性质，如表面电势和电荷分布等，这对于半导体材料和高分子电子器件的研究具有重要意义。而 AFM-IR 技术，则实现了纳米尺度上的化学成分分析，为复杂聚合物和共混物的化学定量分析提供了前所未有的精度和深度。

通过典型研究实例的展示，可以更加直观地看到 AFM 及其衍生技术在高分子材料研究中的综合表征能力。从聚合物形貌的精细描绘，到力学性能的深入分析，再到电学特性的全面探究，AFM 都展现出了其无可比拟的优势和潜力。

总之，AFM 为高分子材料的多维度表征提供了强有力的技术手段。未来，随着技术与方法的进一步发展，AFM 及其衍生技术将在高分子材料设计、优化及应用研究中发挥不可或缺的重要作用。

参考文献

[1] 王东. 原子力显微镜及聚合物微观结构与性能[M]. 北京：科学出版社，2022.

[2] BINNIG G，QUATE C F，GERBER C. Atomic force microscope[J]. Physical Review Letters，1986，56：930-933.

[3] KIAM HEONG A，CHONG G，YUN L. PID control system analysis，design，and technology[J]. IEEE Transactions on Control Systems Technology，2005，13：559-576.

[4] MEYER G，AMER N M. Novel optical approach to atomic force microscopy[J]. Applied Physics Letters，1988，53：1045-1047.

[5] MALOTKY D L，CHAUDHURY M K. Investigation of capillary forces using atomic force microscopy[J]. Langmuir，2001，17：7823-7829.

[6] MAGONOV S N，ELINGS V，WHANGBO M-H. Phase imaging and stiffness in tapping-mode atomic force microscopy[J]. Surface Science，1997，375：385-391.

[7] MAERIT S. Quantitative analysis of polymers using infrared spectroscopy[J]. Journal of Analytical and Bioanalytical Techniques，2023，14：S22.

[8] ARAKI K，IE Y，ASO Y，et al. Time-resolved electrostatic force microscopy using tip-synchronized charge generation with pulsed laser excitation[J]. Communications Physics，2019，2：10.

[9] TARARAM R，GARCIA P S，DEDA D K，et al. Atomic Force Microscopy：A Powerful Tool For Electrical Characterization[M]. Amsterdam：Elsevier，2017.

[10] NGUYEN-TRI P，GHASSEMI P，CARRIERE P，et al. Recent applications of advanced atomic force microscopy in polymer science：A Review[J]. Polymers，2020，12：1142.

[11] HIESGEN R，HAIBER J. Structural Properties：Atomic Force Microscopy[M]. Amsterdam：Elsevier，2009.

[12] BASTIANINI F，PÉREZ G E，HOBSON A R，et al. In-situ monitoring Poly (3-hexylthiophene) nanowire formation and shape evolution in solution via small angle neutron scattering[J]. Solar Energy Materials and Solar Cells，2019，202：110128.

[13] XIN R，WANG S，GUO Z，et al. Real-Space in situ study of the Ⅱ- Ⅰ phase transition of Isotactic Poly (1-butene)[J]. Macromolecules，2020，53（8）：3090-3096.

[14] KLINOV D V，PROTOPOPOVA A D，ANDRIANOV D S，et al. An improved substrate for superior imaging of individual biomacromolecules with atomic force microscopy[J]. Colloid and Surfaces B: Biointerfaces，2020，196：111321.

[15] 王冰花，陈金龙，张彬，原子力显微镜在高分子表征中的应用[J]，高分子学报，2021，52（10）：1406-1420.

[16] HOPPE H，GLATZEL T，NIGGEMANN M，et al. Kelvin probe force microscopy study on conjugated polymer/fullerene bulk heterojunction organic solar cells[J]. Nano Letters，2005，5（2）：269-274.

[17] WILHELM M，JIAN S，ANDREW C K，et al. Kelvin probe force microscopy and its application[J]. Surface Science Reports，2011，66：1-27.

[18] SPADAFORA E J，DEMADRILLE R，RATIER B，et al. Imaging the carrier photogeneration in nanoscale phase segregated organic heterojunctions by kelvin probe force microscopy [J]. Nano Letters，2010，10：3337-3342.

[19] MARCOTT C，LO M，KJOLLER K，et al. Spatial differen-tiation of sub-micrometer domains in a poly (hydroxyalkanoate) copolymer using instrumentation that combines atomic force microscopy（AFM）and infrared（IR）spectroscopy[J]. Applied Spectroscopy，2011，65（10）：1145-1150.

[20] TANG F，BAO P，SU Z. Analysis of nanodomain composition in high-impact polypropylene by atomic force microscopy-infrared[J]. Analytical Chemistry，2016，88（9）：4926-4930.

[21] GHOSH S，RAMOS L，REMITA S，et al. Conducting polymer nanofibers with controlled diameters synthesized in hexagonal mesophases[J]. New Journal of Chemistry，2015，39（11）：8311-8320.

[22] ALBRECHT V，JANKE A，DRECHSLER A，et al. Visualization of charge domains on polymer surfaces [J]. Progress in Colloid and Polymer Science，2006，132：48-53.

[23] RIEDEL C，ARINERO R，TORDJEMAN P，et al. Determination of the nanoscale dielectric constant by means of a double pass method using electrostatic force microscopy [J]. Journal of Applied Physics，2009，106（2）：024315.

[24] RIEDEL C，SCHWARTZ G. A，ARINERO R，et al. Nanoscale dielectric properties of insulating thin films：from single point measurements to quantitative images [J]. Ultramicroscopy，2010，110（6）：634-638.

[25] KRAYEV A. V，SHANDRYUK G. A，GRIGOROV L. N，et al. Quantitative analysis of dielectric constants from

efm images of multicomponent polymer blends [J]. Macromolecular Chemistry and Physics，2006，207（11）：966-969.

[26] KRAYEV A. V，TALROZE R. V. Electric force microscopy of dielectric heterogeneous polymer blends [J]. Polymer，2004，45（24）：8195-8200.

[27] MCNEILL C R，FROHNE H，HOLDSWORTH J L，et al. Near-field scanning photocurrent measurements of polyfluorene blend devices：Directly Correlating Morphology with Current Generation[J]. Nano Letters，2004，4（12）：2503-2507.

[28] ZHU L，ZHANG M，XU J，et al. Single-junction organic solar cells with over 19% efficiency enabled by a refined double-fibril network morphology[J]. Nature Materials，2022，21（6）：656-663.

[29] PENG Z，XIAN K，CUI Y，et al. Thermoplastic elastomer tunes phase structure and promotes stretchability of high-efficiency organic solar cells[J]. Advanced Materials，2021，33（49）：2106732.

第3章 高分子材料的扫描电子显微表征方法

扫描电子显微镜（scanning electron microscope，SEM）作为材料科学领域的一项核心技术，自20世纪50年代诞生以来，凭借其操作的便捷性、信号的多样性及对样品损伤极小等独特优势，在高分子材料的微观结构解析、表面形貌描绘以及元素组成分析中占据着举足轻重的地位。历经数十年的不断革新与发展，SEM已从单一的表面成像工具，发展为集材料分析、性能评估与故障检测于一体的综合性平台，为高分子材料的研究与应用开辟了广阔的道路。

在高分子材料科学的探索之旅中，SEM不仅是高分辨率微观图像的提供者，更是揭示材料表面及内部复杂结构特征、裂纹形态、孔隙分布、相分离现象等关键信息的强大工具。这些宝贵的分析数据，为高分子材料的性能优化、新材料的开发以及应用领域的拓展提供了坚实的科学依据。

本章将深入剖析SEM在高分子材料表征中的广泛应用。首先，通过系统阐述SEM的工作原理，从其基本构造到操作流程，特别是电子束如何精准扫描样品表面，了解生成高分辨率图像的过程。同时，将着重介绍SEM相较于其他表征技术（如光学显微镜、AFM）的独特优势，如大面积成像能力、高景深以及复杂高分子结构的有效表征等。

随后，本章将介绍SEM的表征方法及其关键技术要点，涵盖样品准备、不同类型样品（薄膜、颗粒、纤维等）的表征策略，以及如何通过调整加速电压、扫描速率、探测器配置等参数，优化成像质量。结合能量色散X射线谱（EDS）等分析技术，SEM能够进一步实现高分子材料成分的定性与定量分析，为材料的设计与改性提供精准的数据支持。

SEM的应用远不止于基础的表面成像。在高分子材料科学领域，SEM与其他先进分析技术的联合应用展现出巨大的潜力，特别是在原位分析技术方面的创新应用，极大地拓宽了SEM的应用边界。通过与EDS等技术的结合，科研人员能够在动态环境下实时观察高分子材料的微观形貌变化，跟踪材料在温度、湿度、压力等外部条件变化下的微观行为，深入理解其相变、应力响应、腐蚀过程等动态特性。原位分析技术的应用，使得实时观测材料在特定环境下的微观变化成为可能。例如，在高分子材料的溶胀、热处理或应力加载过程中，SEM 能够直接检测样品表面及内部结构的变化，为揭示材料的动态特性提供全新的视角。

此外，低温扫描电子显微镜、扫描透射电子显微镜（STEM）、扫描超快电子显微镜以及环境扫描电子显微镜（ESEM）等先进 SEM 技术的发展，为不同研究需求提供了更为精细化的解决方案。低温 SEM 能够在极低温度下观察材料的冷却、冻结或热解过程，而 ESEM 则突破了传统 SEM 对真空环境的依赖，能够在湿度或高压环境下进行样品分析。展望未来，SEM 技术将继续沿着分辨率提升、信号采集技术创新以及多功能联用技术成熟化的道路前进，为高分子材料研究带来更高精度、更广泛的应用前景。

3.1 扫描电子显微表征基础

3.1.1 发展概述

300 多年前，荷兰科学家列文虎克（Leeuwenhoek）成功发明了光学显微镜，这一创举首次使人类得以窥探生物体的微观世界。这不仅为生物学领域的发展奠定了坚实的基础，同时也为材料科学研究开辟了一个全新的视角。然而，尽管光学显微镜在当时是一项革命性的技术，但它仍然受到光波长的物理限制，其分辨率极限通常被限定在大约 200 nm。这一局限性对于材料科学研究而言，特别是对于那些需要深入探究材料微观结构和性质的领域来说，显然是不够的。随着科学研究的不断深入，对材料微观结构的理解需求愈发迫切，科学家们开始意识到，必须开发出一种能够超越光学显微镜分辨率极限的新型显微镜技术。这一需求推动了科学界对更高分辨率成像技术的不断探索与创新，从而为后续诸如扫描电子显微镜（SEM）等先进技术的诞生与发展铺平了道路。

1931 年，德国物理学家 Ruska 与 Knoll 携手合作，成功研制出世界上第一台透射电子显微镜（TEM）。尽管这台早期电子显微镜的放大倍率仅为 16 倍，远不及现代设备的水平，但它却标志着人类在显微镜技术上的重大飞跃。其革命性在于，首次将电子束作为显微镜的光源，这一创新彻底颠覆了传统光学显微镜的局限，为探索微观世界开辟了新的道路。

基于 TEM 的成功经验，电磁技术的不断进步为研究者们提供了新的灵感。他们开始探索如何设计一种能够更深入地研究块状样品微观结构的仪器，这便是 SEM 的雏形。1935 年，SEM 的设计理念首次被提出，这一理论构想为后续的实践探索奠定了坚实的基础。经过数年的努力与尝试，1942 年，Zworykin 终于成功制造出第一台具有实际意义的 SEM，其分辨率达到了约 50 nm。这一成就不仅证明了扫描电子显微镜技术的可行性，更为后续的技术发展提供了宝贵的经验。到了 1965 年，英国科学家与工程师们再次取得了突破性进展。他们推出了世界上第一台实用化的扫描电子显微镜，这台仪器不仅在技术上更加成熟，而且在实际应用中展现出了巨大的潜力。这一里程碑式的成果，不仅标志着扫描电子显微镜技术正式进入商业化应用阶段，更为材料科学、生物学、医学等多个领域的研究提供了强有力的支持。从此，扫描电子显微镜成为科研工作者手中不可或缺的重要工具，为探索微观世界的奥秘提供了前所未有的视角。

自此之后，SEM 技术步入了精细化与高速发展的轨道。1968 年，场发射 SEM 的诞生标志着 SEM 技术的又一次重大革新，其通过采用场发射电子枪显著提升了分辨率，使得对微观结构的观察更为精细。到了 2002 年，日本日立公司推出的 S-4800 型高分辨率场发射扫描电子显微镜，更是将 SEM 的分辨率推向了新的高度，进一步巩固了 SEM 在材料科学、生物学等多个领域的领先地位。SEM 的设计中，高真空环境是至关重要的一环。为了确保电子束的有效聚焦并减少散射，SEM 通常需要在约 10^{-5}～10^{-3} Pa 的高真空条件下进行观察。这样的环境不仅保证了电子束的稳定传输，还提升了图像的清晰度和分辨率。

中国 SEM 的研发起步较晚，但在过去几十年中取得了显著进展。在 1975～1983 年期间，中国成功自主研发了 DX-3 型扫描电子显微镜，这是中国首台具有自主知识产权的 SEM 设备，标志着中国在该领域的初步突破。1983～1987 年，随着国内技术的不断进步，中国从美国 Amray 公司引进了扫描电子显微镜技术，并结合中国实际情况对其进行了消化吸收，推出了 KTYKY-1000B 型扫描电子显微镜。这一阶段，中国不仅掌握了 SEM 的基本技术，还逐步积累了相关的设计与制造经验。从 1987～2000 年，中国开始进入自主研发的集中阶段，多个研究机构和高校加大了在扫描电子显微镜领域的投入，推动了相关技术的自主创新与提升。在这一时期，中国逐渐具备了独立研发和生产扫描电子显微镜的能力，并不断提升设备的性能、分辨率及应用范围。通过不断的技术积累与创新，中国的 SEM 技术逐步走向成熟，取得了与国际先进水平接轨的重要突破，为国内的材料科学、生命科学等多个领域的研究提供了强有力的技术支持。

如今，SEM 技术已经日趋成熟，并在材料科学、生命科学等多个领域发挥着不可替代的作用。随着技术的不断进步和创新，SEM 将继续为科学研究和技术发展提供强有力的支持，推动人类探索微观世界的步伐不断向前迈进。

3.1.2 结构组成

SEM 的内部结构较为复杂，主要包括电子光学系统、扫描系统、信号探测放大系统、图像显示和记录系统、真空和电源系统等五个主要部分，见图 3-1。以下是对这些系统的详细讲解：

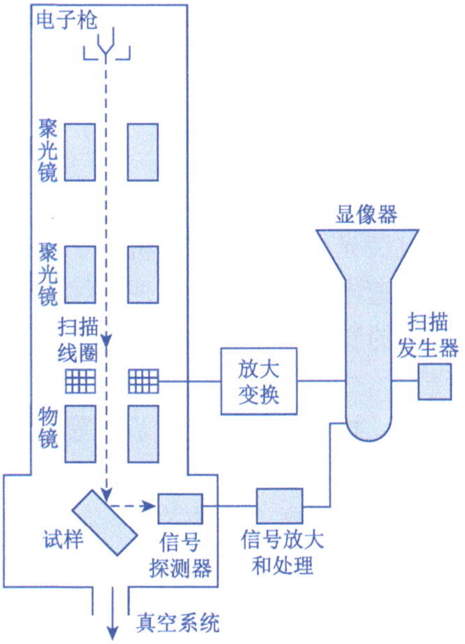

图 3-1　SEM 的结构示意图

（1）电子光学系统

电子光学系统是 SEM 的核心部分，负责产生和聚焦电子束，以激发样品并产生可用于成像的信号。该系统主要由电子枪、电磁透镜、扫描线圈和样品室组成。电子枪提供高能电子束，通常包括钨丝电子枪、六硼化镧电子枪以及冷/热场发射电子枪等。通过聚焦透镜，电子束被精确聚焦到样品表面，以确保较高的图像分辨率。电子束的亮度、稳定性和束斑直径是决定成像质量的关键因素。样品仓位于物镜下方，除了用于放置样品，还承担了样品在三个坐标轴（*X*、*Y*、*Z* 方向）上的移动和绕轴旋转的功能，从而实现全方位观察样品。

（2）扫描系统

扫描系统是 SEM 一个独特的结构，包含扫描发生器、扫描偏转线圈和放大倍率变换器，其作用是使电子束在样品表面和显示屏中作光栅状同步扫描，以获得样品表面形貌信息。扫描系统的精准控制能够确保电子束按预定的路径扫描样品，获取样品的三维结构和表面特征。这即是扫描电镜的工作原理，可简单总结为“光栅扫描，逐点成像”。此外，通过改变电子束在样品表面的扫描振幅还可获得不同放大倍数的扫描图像。

（3）信号探测放大系统

信号探测放大系统的主要功能是接收来自样品的各种电子信号（如二次电子、背散射电子等）并对其进行放大。这些电子信号是在电子束与样品相互作用时产生的，包括二次电子（SE）、背散射电子（BSE）、特征 X 射线、透射电子（TE）、俄歇电子（AS）、阴极荧光（CL）等。通过放大和转换，这些信号被用于调制图像，最终呈现在显示屏上，反映出样品的表面和组成特征。

（4）图像显示和记录系统

SEM 图像的显示和记录是由计算机控制的，显像管将信号探测系统输出的调制信号转换为图像，并通过荧光屏显示。照相机用于拍摄显示屏上的图像，并记录放大倍率、标尺长度、加速电压等信息，方便后续分析。图像显示系统的精度和清晰度直接影响最终成像的质量。

（5）真空和电源系统

真空系统通常由机械泵、扩散泵和涡轮分子泵等组成。它的作用是保持扫描电子显微镜内部的高真空环境，通常要求真空度为 10^{-5}～10^{-3} Pa。保持严格的真空环境是确保电子光学系统正常稳定工作的关键，同时避免电子束在空气中发生散射，也能防止样品受到污染。电源系统负责为 SEM 提供各类电力支持，确保设备的正常运行。不同模块和子系统需要不同的电压和电流，以保证系统稳定工作和信号处理的精确性。

这些组成部分共同工作，确保扫描电子显微镜能够高效、精准地进行样品的成像和分析。通过优化每个系统的性能，SEM 能够在材料科学、生命科学、纳米技术等领域中提供至关重要的微观结构信息。

3.1.3 成像原理

在高电压环境下，SEM 的电子光学系统通过电子枪的阴极发射高能电子束，并利用聚光镜将其聚焦成极细的电子束，精确地照射到样品表面的指定分析点。当电子束与样品原子相互作用时，激发出携带样品特征信息的各种信号电子，如二次电子、背散射电子等。这些信号电子被相应的探测器接收，并经过放大后用于图像的形成。电子束通过扫描线圈的控制，以光栅模式从左到右、从上到下逐点扫描样品表面，逐步采集数据，最终生成由多个分析点构成的高分辨率图像。

在 SEM 图像中，不同的表面形貌会呈现不同的衬度，即图像中不同区域的亮度差异。二次电子的产额差异是导致图像亮度变化的主要原因。例如，尖锐的棱角、小颗粒和陡峭的斜面等区域，由于二次电子的产率较高，表现为较亮的区域；而平坦的表面和二次电子产率较低的区域则会显示为较暗的部分。此外，在样品的深凹槽区域，虽然二次电子的产率较高，但由于二次电子的逃逸路径较长，离开样品表面的二次电子数量减少，这些区域通常呈现为较暗的图像特征。通过对这些衬度变化的分析，SEM 能够有效地反映样品的表面形貌及其微观结构。

在电子束轰击固体样品的过程中，产生的主要信号如图 3-2 所示。

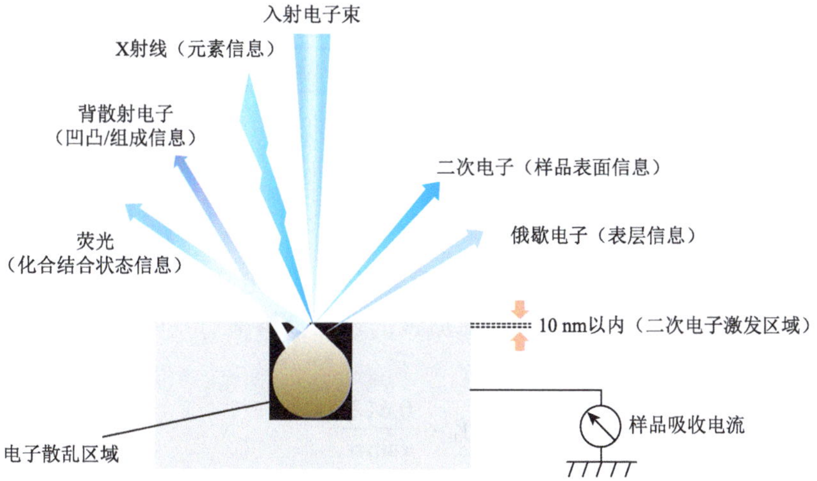

图 3-2　电子束与固体样品作用时产生的主要信号

二次电子是在入射电子束作用下被轰击出来并离开样品表面的样品原子的核外电子。特点是能量低，小于 50 eV，只有样品表层为 5～10 nm 深度范围内的二次电子才能离开样品表面。对样品的表面形貌十分敏感，产率高，成像分辨率高，能非常有效地显示表面形貌。二次电子地产额和原子序数之间没有明显的关系，不能用它进行成分分析。

背散射电子是被样品中的原子反弹回来的一部分入射电子，可分为弹性背散射电子和非弹性背散射电子，能量高、分布范围宽，为数十电子伏到数千电子伏。弹性背散射电子比非弹性背散射电子所占数量多。背散射电子来自样品表面几百纳米的深度范围。背散射电子产额随样品原子序数增大而增多，所以不仅能用作形貌分析（分辨率不如二次电子）而且可以用来显示原子序数衬度，用作成分定性分析。

透射电子是入射电子的一部分，如果样品很薄，就会产生透射电子，可以用作微区成分分析。特征 X 射线是原子内层电子被轰出后，外层电子向内层跃迁产生的，可以用特征 X 射线判定微区中存在的元素。在入射电子激发样品的特征 X 射线过程中，如果在原子内层电子能级跃迁过程中释放出来的能量并不以 X 射线的形式发射出去，而是用这部分能量把空位层内的另一个电子发射出去（或使空位层的外层电子发射出去），这个被电离的电子称为俄歇电子。俄歇电子特别适用于表面成分分析。从以上各种物理信号的空间分辨率和产率可以看出，二次电子和背散射电子是扫描电子显微镜的主要成像信号，见表 3-1。

表 3-1 各种物理信号的空间分辨率

信号	二次电子	背散射电子	吸收电子	特征 X 射线	俄歇电子
分辨率/nm	5～10	50～200	100～1000	100～1000	0.5～2

3.1.4 分辨率和放大倍数

分辨率是电子显微镜性能的一个重要指标，被定义为两个物体之间可分辨的最小距离，即最小可分辨距离。显微镜的理论分辨率（γ_0）可用贝克公式（3-1）表述：

$$\gamma_0 = \frac{0.61\lambda}{n\sin\alpha} \tag{3-1}$$

其中，λ 为光源波长，n 为显微镜内介质的折光率，α 为透镜孔径半角。通常仪器所用光源的波长越短，分辨率越高。根据德布罗意公式（3-2）和能量公式（3-3）：

$$\lambda = \frac{h}{mv} \tag{3-2}$$

其中，h 为普朗克常数，m 为电子质量，v 为电子运动速度，即：

$$\frac{1}{2}mv^2 = eU \tag{3-3}$$

其中，e 为电子电荷量，U 为加速电压。

电子显微镜的电子束波长随加速电压增加而缩短，电子显微镜的分辨率可得到明显提高。

仪器的有效放大倍数（$M_{有效}$）与仪器的理论分辨率是直接相关的。由公式（3-4）可知，仪器分辨率越高，有效放大倍率越大，即：

$$M_{有效} = \frac{\gamma_e}{\gamma_0} \tag{3-4}$$

其中，γ_e 为人眼分辨率（0.2 mm），γ_0 为仪器分辨率。

当仪器分辨率确定后，其有效放大倍数也随之确定。通常意义上说的放大倍率实际是图像放大倍数，也即屏幕输出比（M），即：

$$M = \frac{L_m}{L_s} \tag{3-5}$$

其中，L_m 为荧光屏成像区域边长（通常为 10 cm），L_s 为电子束在试样上的扫描区域边长。在超高真空条件下，SEM 的水平和垂直分辨率分别可达 0.14 nm 和 0.01 nm，放大倍数从几百倍到 1.5×10^6 倍连续可调。

3.2 常规扫描电子显微表征

常规 SEM 通过电子枪发射电子束，并利用电磁透镜将其聚焦成一束非常细的电子束。在扫描过程中，电子束与样品表面相互作用，产生多种信号，如二次电子、背散射电子和 X 射线等。其中，二次电子信号主要用于生成样品表面的高分辨率图像，背散射电子则提供有关样品表面几何形貌的信息。SEM 已广泛应用于各个科学领域，尤其在高分子科学研究中，常用于分析高分子多相体系的微观相分离结构、聚合物的颗粒形态、微孔分布等。

与其他成像技术相比，SEM 具有以下多个显著优势：

（1）图像景深大，视野广，立体感强

与光学显微镜相比，SEM 具有显著更大的景深和更强的立体感。例如，在放大 100 倍时，光学显微镜的景深仅为 1 μm，而 SEM 的景深可达 1 nm，增大了 1000 倍。这使得 SEM 能够在观察粗糙表面时，清晰呈现起伏不平的细微结构，增强成像的三维效果。

（2）分辨率高，放大倍数大，从数倍到几十万倍

光学显微镜的分辨率极限为 200 nm，而 SEM 的分辨率可达到 10 nm 以下，能够提供更为细致的微观形貌分析。此外，SEM 的放大倍数从数倍到几十万倍不等，使得它可以观察到比光学显微镜更小的结构特征。

（3）试样制备简单，对样品表面的污染小

在 SEM 分析中，样品制备相对简单，通常只需要从待研究的样品中直接取样，并且无须做太多的处理。尽管有时为了提高导电性和避免电荷积累，样品表面可能需要蒸镀或喷溅一层薄金属层，但这层金属通常很薄，对样品表面的形貌影响极小。

（4）可以观察大尺寸样品，并进行许多原位实验

SEM 的样品室空间较大，可以直接观察尺寸较大的样品。此外，SEM 还支持原位实验，如拉伸、弯曲、加热或冷却等实验条件下的动态观察。样品在不同实验条件下的形貌变化，可以通过 SEM 实时观察，提供有价值的动态分析信息。

基于 SEM 众多成像优势，应正确利用扫描电镜对高分子材料进行表征，并获取有效信息。

3.2.1 样品制备

高分子材料的SEM样品制备方法需根据观察目的、样品形态和材料特性进行灵活调整，以确保成像效果和数据的准确性。对于块状或薄膜样品，若需观察表面结构，可将样品裁剪至合适尺寸，并用导电胶将其表面朝上固定于样品台上；若需观察内部结构，则需将样品放置于液氮中快速冷冻，利用淬断技术获取具有原始形貌的断口，然后将断口朝上用导电胶固定进行观察。这种制备方式尤其适用于需要分析材料内部微观组织或裂纹特征的研究。

粉末样品的制备需特别注意其黏附牢固性，以避免抽真空过程中颗粒飞溅造成电镜污染或样品丢失。针对不同粒径的粉末，可选择干法或湿法制备。粒径大于2 μm的粉末适宜采用干法处理，通过将粉末均匀涂布于导电胶上，再用洗耳球轻吹去除松散颗粒，确保表面均匀且无多余杂质；对于粒径小于2 μm的样品，可使用湿法制备，将粉末分散于适当溶剂（如水或乙醇）中，通过超声振荡使其均匀分散，再将少量分散液滴加至硅片或导电基底上，待溶剂完全蒸发后固定样品，以保证颗粒分布的稳定性和表面结构的完整性。

对于导电性良好的高分子材料，只需用导电胶将目标观察部位朝上固定即可进行成像，而绝缘性高分子材料在电子束扫描过程中容易因电荷积累而出现电子束排斥、信号干扰等现象，导致图像晃动、亮度异常或条纹伪影，严重影响成像质量。为减少电荷效应，除了使用导电胶固定样品外，通常还需对样品进行表面镀膜处理，例如在样品表面均匀镀一层薄金、铂或碳膜。这种处理不仅能够显著提高样品表面的导电性，还能优化二次电子的逃逸条件，从而增强成像对比度和分辨率。此外，对于特别敏感或结构复杂的高分子材料，镀膜厚度的选择需根据观察需求进行精确控制，以避免因镀膜过厚掩盖微细结构或因镀膜不均导致成像失真。

在样品制备过程中，还需综合考虑高分子材料的耐热性、化学稳定性及形貌特性，以确保成像参数和样品制备技术相匹配。通过合理的制备方式，不仅能够最大程度保持样品的原始形貌，还能为后续SEM成像提供清晰、可靠的数据支持，满足多样化的科学研究需求。

3.2.2 参数选择

SEM图像的质量受到多种因素的影响，主要包括分辨率、衬度、信噪比和景深等。这些参数之间相互关联，通过合理调整扫描电镜的操作参数，可以优化图像质量，满足不同样品的观察需求。以下是影响扫描电镜图像质量的几个关键因素及其调节方法：

（1）加速电压

加速电压是影响扫描电镜图像分辨率和信噪比的重要因素。较高的加速电压有助于提高电子束的穿透深度，从而提升图像的分辨率和信噪比。然而，较高的加速电压也会导致电子束对样品的穿透深度增大，可能引发样品的热损伤和荷电效应，特别是对热敏感或导电性差的高分子材料。因此，在观察这些材料时，应选择较低的加速电压，以避免热损伤和电荷积累，同时也能确保良好的图像质量。

（2）束流

束流表示入射电子束中的电子数量，较大的束流能够提高信噪比，因为它会激发更多的信号电子。然而，增大束流会导致束斑尺寸增大，从而降低图像的分辨率。随着放大倍数的增加，对分辨率的要求也更高，因此，在高放大倍率下，需要适当减小束流，并通过延长扫描时间等手段提高信噪比。这种调整有助于平衡图像的分辨率和信噪比，避免图像模糊或过多噪点。

（3）工作距离

工作距离是扫描电镜中探针与样品表面之间的距离，它对束斑尺寸和图像分辨率有显著影响。缩短工作距离可以减小束斑尺寸，从而提高分辨率，但同时也会降低景深，导致图像的立体感减弱。因此，若目标是获得高分辨率的平面图像，应该选择较小的工作距离（如 5～10 mm）。如果需要观察样品的立体形貌或较大区域的表面形貌，则应选择较长的工作距离（如 25～35 mm），以获得更大的景深和更好的立体效果。

（4）物镜光阑

物镜光阑在扫描电镜中用于控制束斑的大小，并且能够有效减少杂散电子的影响。光阑的大小对分辨率和景深有着直接的影响。小光阑可以减小束斑尺寸，从而提高图像的分辨率，同时增强景深，使得图像的立体感更强。但小光阑也会减少束流，导致信噪比下降，因此，在低放大倍率或进行化学成分分析时，通常需要使用较大孔径的光阑，以提高信噪比和束流。对于样品的表面形貌观察，在分辨率要求较高时，可以适当减小光阑的孔径，提升图像的清晰度。

影响扫描电镜图像质量的各项因素（如加速电压、束流、工作距离、光阑尺寸等）之间存在着复杂的相互联系和制约。例如，增加加速电压虽然可以提升分辨率，但可能引起样品的热损伤或荷电效应，而束流的增大会同时影响分辨率和信噪比。因此，在实际操作过程中，需要根据样品的物理化学性质、所需的图像分辨率以及观察的具体目的综合调整这些参数。通过合理的参数设定，可以在分辨率、信噪比和景深之间找到最佳平衡，确保获得最理想的扫描电镜图像。这种灵活调节的能力，对于满足不同类型样品的观察需求，尤其是对于高分子材料、纳米材料等复杂样品的研究至关重要。

3.2.3 操作事项

在 SEM 操作中，规范的步骤和细致的调整对获取高质量图像至关重要，以下是关键操作事项的总结：

（1）调整中轴线

电子束的质量直接决定 SEM 图像的清晰度。在观察样品之前，必须确保电子束与镜筒中轴线完全重合，以减少光学像差，这一过程分为两个阶段：镜筒粗调是通过调整电镜的初始参数，使电子束基本对准中轴线；电子束微调是在粗调基础上进一步精确对齐，通过调节束流的方向确保束斑的中心位置固定不变，从而有效避免图像畸变和不均匀信号分布，为后续操作奠定基础。

（2）聚焦电子束，消除相散

电子束聚焦和像散消除是电镜操作中的关键步骤。聚焦通过旋转 Focus 旋钮调节物镜的励磁电流，使电子束在欠焦、正焦和过焦状态下切换（图 3-3），并通过观察图像清晰度确定正焦位置，此时束斑最小。过焦和欠焦状态下，图像会出现拉长现象，而正焦状态下若图像仍不清晰，则说明有像散。消除像散时，首先将图像聚焦到正焦位置，然后调节消像散器的 X、Y 旋钮，并观察图像变化，直到图像清晰为止。消除像散后，正焦时电子束斑尺寸最小，图像清晰度最高。

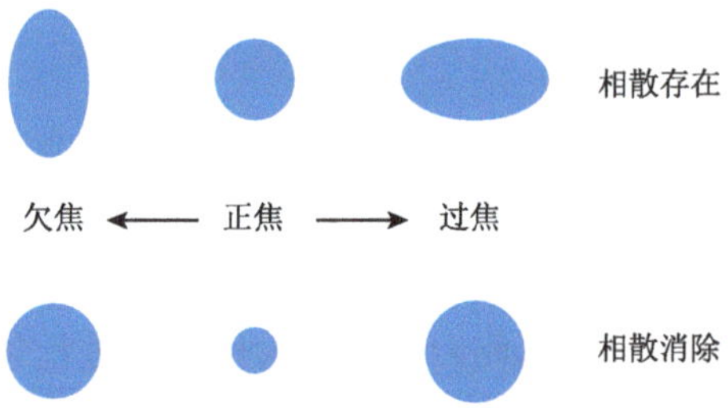

图 3-3　电子束斑在聚焦过程中及相散调整过程中的变化

（3）图像选择及衬度调整

图像的选择与参数调整应依据样品的研究需求和图像的最终用途进行优化。首先，应选用与研究目标相匹配的放大倍数，因为低倍观察有助于获取样品的整体形貌，而高倍观察则适用于细节分析。确保图像视野足够覆盖关键区域，同时注重样品构图，使画面结构均衡且协调，增强视觉美感。

在图像参数优化方面，可通过调整光电倍增管电压来改变图像的最大亮度与最小亮度之间的差值，从而提升视觉效果，使样品边界和特征更加清晰突出。同时，通过调节电信号的直流成分可控制图像的整体亮度水平。合理的亮度设置不仅能避免过曝或过暗，还能保留更多样品细节，为后续分析提供更为清晰的图像数据。

（4）实况调整

扫描速度的调整，应根据样品的性质和具体的观察需求进行优化。通常，在低倍观察时使用快速扫描，以便迅速获取样品整体形貌，而在高倍观察和追求高分辨率图像时，则需要采用慢速扫描，以提高图像的清晰度和细节还原度。对于导热性和导电性较差的高分子材料，为避免电子束造成的热损伤或荷电效应，建议优先采用快速扫描模式，以减少电子束在样品上的停留时间。对于表面较为光滑的样品，可以通过适当调整样品台的角度，优化二次电子的信号逃逸路径（图 3-4），从而增强信号强度。这种方法能够显著改善图像的衬度和分辨率，使样品的特征更加鲜明突出[1]。

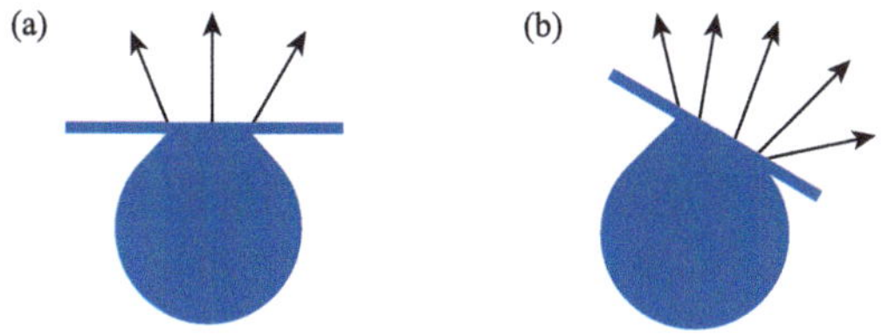

图 3-4　样品台在平行状态（a）和倾斜状态（b）下二次电子的逃逸情况

（5）拍摄操作

在实际的样品观察和拍摄过程中，通常先采用低倍率模式对整个样品进行全面的浏览，以初步了解样品的整体形貌，确定感兴趣的区域后再放大进行详细观察。为了确保图像清晰度，需遵循“高倍聚焦、低倍拍照”的原则，即在高于目标放大倍率的状态下对图像进行精确聚焦，然后再调整到所需倍率进行拍摄，这样可以显著提升图像的细节表现力和清晰度。

为了获得具有代表性的图像，建议对选定区域采用多种放大倍率逐步拍摄，拍摄顺序按照从高倍率到低倍率的顺序进行，以便充分记录不同尺度下的样品特征。在此过程中，无须频繁调整焦距，以减少人为误差带来的影响。此外，为确保样品信息的完整性和可靠性，应对样品的不同区域进行多点观察和拍摄，从而获得更全面的表征数据。

3.2.4　表征示例

在高分子材料的表征中，二次电子和背散射电子是常用的信号电子，这两种电子的产生并不对样品的厚度有特殊要求。接下来将通过实例说明这两种电子在SEM成像中的应用。当高能电子与样品原子相互作用时，会导致原子电离并释放出二次电子。由于二次电子的能量较低，只有来自样品表面或亚表面区域的二次电子能够离开样品并到达探测器。因此，二次电子在SEM成像中广泛使用，其产生的形貌衬度能够清晰地反映样品表面的微观结构。表面形貌对二次电子的产额有显著影响，特别是在尖端、倾斜面和颗粒等区域，这些区域能够释放更多的二次电子，从而形成显著的亮度差异[2]。

例如，图3-5展示了增容剂P[(S-*co*-GMA)-*g*-MMA]对热力学不相容共混体系PVDF/PLLA（50/50）的增容效果[3]。图3-5（a）中的扫描电镜图像显示，未加入增容剂的共混体系具有较大的分散相尺寸和较差的界面黏附性，表明该体系在热力学上是完全不相容的。在这种情况下，由于分散相较大且与基体材料的界面结合不良，产生了明显的相分离现象。而图3-5（b）则显示了加入反应性接枝共聚物作为增容剂后的效果。可以看到，增容剂的加入显著减小了分散相的尺寸，并且形成了双连续相结构，说明增容剂在改善相容性方面发挥了重要作用。同时，界面黏附性也显著增强，显示出更强的界面相互作用，这有助于提高相间的黏结力，减少界面能量，从而提高共混物的整体性能。在这一实例中，SEM成像为分析增容剂对共混体系相容性、分散相尺寸及界面结合性的影响提供了有力支持。

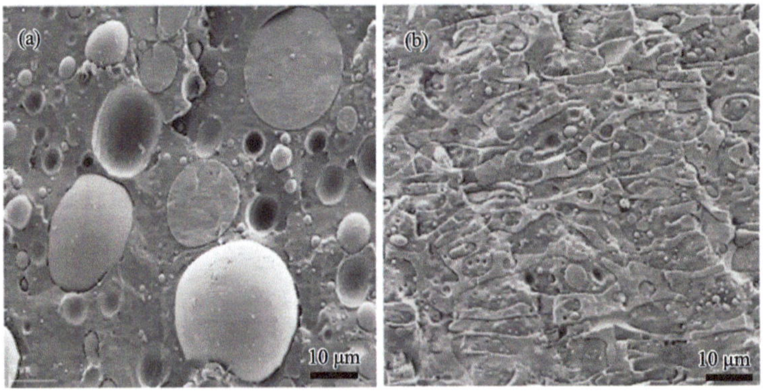

图3-5 PVDF/PLLA（50/50）共混体系表面形貌

（a）无增容剂；（b）含增容剂

图3-6展示了不同晶型的聚丙烯在不同倾斜角度下SEM的二次电子成像[4]。在这些SEM图像中，明显可见两种聚丙烯球晶结构的衬度差异，其中较暗的区域为α-球晶，而较亮的区域则为β-球晶。这种对比效果的产生，源于电子束照射到样品不同表面形貌时，二次电子的产额差异。具体来说，α-球晶的片晶结构沿径

向和切向交织排列，形成一种互锁的结构。这种结构在刻蚀后通常呈现较为平整的表面，导致电子束入射时，径向扩散较弱，二次电子的产额较低，因此在扫描电镜图像中表现为较暗的区域。相对而言，β-球晶由弯曲的片晶和束状片晶组成，其表面相对粗糙。这样，在刻蚀后，能够产生更多的二次电子，这些电子被探测器接收并转化为亮度较高的区域。通过调整样品台的旋转角度，可以进一步强化这种衬度差异。样品台的旋转会改变表面形貌，从而影响二次电子的产额，使得图像亮度的对比更加明显，进而清晰地区分 α-球晶和 β-球晶。这种方法不仅有助于分析聚丙烯样品的晶型结构，也为研究其形态特征提供了更为精确的可视化手段。

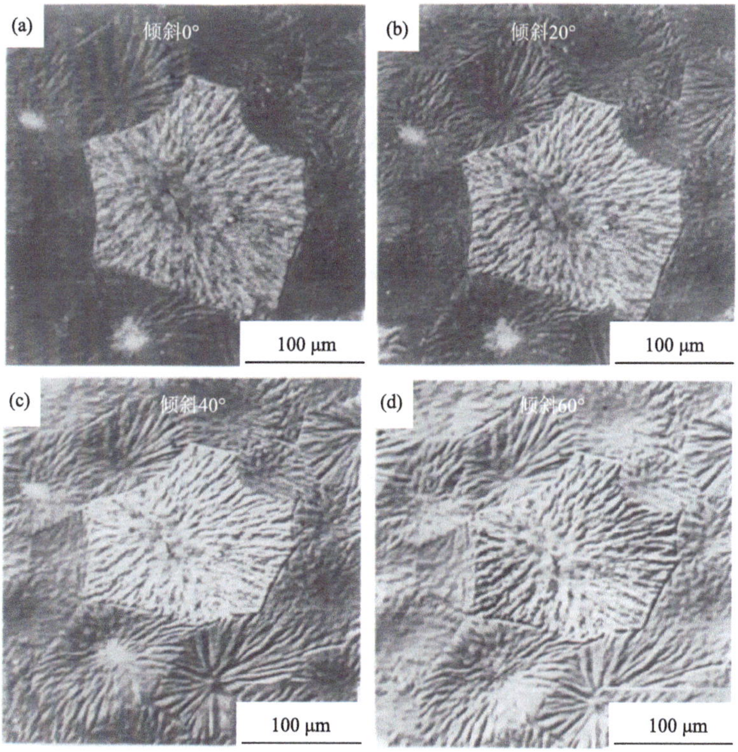

图 3-6　不同倾斜角度下的聚丙烯 SEM 图像

（a）样品台倾斜 0°；（b）样品台倾斜 20°；（c）样品台倾斜 40°；（d）样品台倾斜 60°

高能入射电子在扫描电镜中与样品原子核发生散射，产生的大角度反射电子被称为背散射电子（BSE）。背散射电子的数量受样品倾斜角度和原子序数的影响，原子序数越高，背散射电子的产量越大，因此图像的亮度也会相应增加[5]。当使用背散射电子进行成像时，由于原子序数差异导致的图像亮度差异被称为成分衬度，这种衬度可以用于揭示高分子材料的整体相形态，同时还能够展现细微的片晶结构。背散射电子成像不需要超薄样品，也不需要像二次电子成像或原子力显微镜那样的高压环境。BSE 成像具有较高的衬度、分辨率和信息量，能够提供丰富的结构细节。例如，图 3-7 展示了不同分辨率下，高抗冲聚丙烯共聚物的背散射电子成像图[6]。在图 3-7（a）中，以较低分辨率展示了聚丙烯共聚物的总体相形态，而图 3-7（b）则在更高分辨率下呈现了更细致的片晶结构。这些细节可以通过BSE图像的成分衬度清晰地观察到，有助于深入理解材料的微观结构和性能。

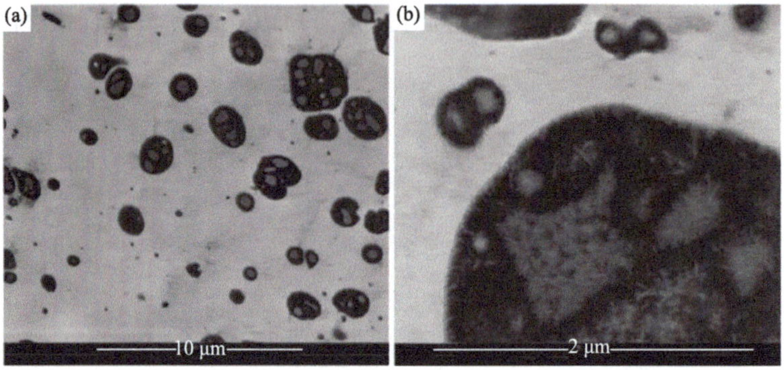

图 3-7　不同分辨率下，高抗冲聚丙烯共聚物的背散射电子成像

（a）低分辨率；（b）高分辨率

3.3 先进扫描电子显微表征

SEM 是一种强大的材料表征工具，通过电子束扫描样品表面并利用二次电子、反射电子、X 射线等信号获取样品的结构和组成信息。除了常规的表面形貌观察，SEM 还具备多种功能，可以用于材料的定性和定量分析，涵盖了表面形态、元素成分、微观结构等多个方面。以下是几种常见的先进 SEM 类型及其应用的详细阐述：

3.3.1 扫描透射电子显微镜

当样品的厚度小于 100 nm 时，高能入射电子有可能穿透样品并从样品的下表面逸出，这部分电子被称为透射电子。这些透射电子携带了样品内部的结构信息，因此能够提供关于样品内部的详细分析。扫描透射电子显微镜（STEM）是一种结合了 SEM 和透射电子显微镜特点的新型显微技术。STEM 利用位于样品正下方的探测器接收透射电子信号，能够获得比传统 SEM 更丰富的内部信息，同时保持较高的空间分辨率，兼具 TEM 的高解析度和 SEM 的表面成像优势。

在高分子材料的表征中，STEM 可以用于获得样品的内部形貌、化学成分以及晶体结构等多方面的信息。例如，STEM 能够揭示高分子材料的细微结构、分子链的排列情况、不同相区之间的界面结构，如图 3-8 所示，图像清晰表明，由于聚苯乙烯嵌段和聚酰亚胺嵌段的热力学不相容性，聚苯乙烯和聚酰亚胺的嵌段共聚物发生微相分离，微观形貌呈现出层状排列的结构[7]。而且，结合能谱分析（EDX），STEM 还能提供元素分布和化学组成的空间分辨图谱，为研究材料的成分和微观结构提供重要的支持。因此，STEM 在高分子科学研究中，尤其是在研究复杂微观结构和材料性能之间的关系时，发挥着不可替代的作用。

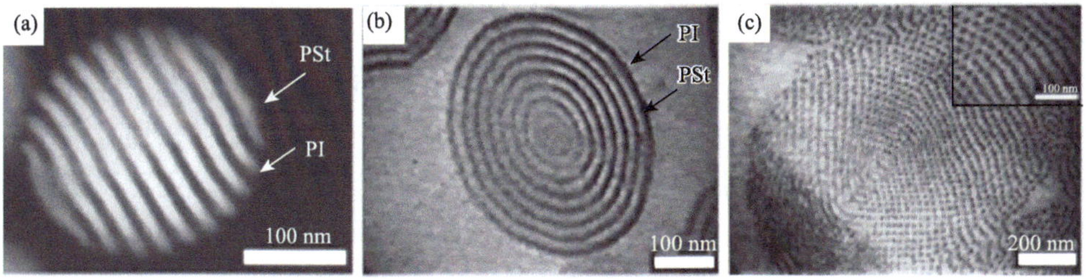

图 3-8　PSt-PI 嵌段共聚物的透射电子成像图

（a）TEM 的暗场模式成像；（b）、（c）为不同分辨率的横截面图像

3.3.2　X 射线能谱分析

高能入射电子作用于样品时，部分入射电子会与样品原子的外层电子发生碰撞，使得原子内层电子（如 K 层）被激发并从原子中脱离，形成电子空穴。与此同时，邻近的外层电子（如 L 层）会填补这些空穴，从而释放出特征的 X 射线（图 3-9）。由于不同原子壳层之间的能量差异，产生的特征 X 射线具有特定的能量，且每种元素的内层电子能量差值是独特的。这种特征 X 射线的能量可以通过**能量色散 X 射线光谱仪**（EDS）进行分析，进而用于研究样品的元素组成及其相对含量。EDS 技术可以高效地提供定性和定量的元素分析，尤其适用于 SEM 等显微技术的联用，帮助研究人员深入了解样品的化学成分、元素分布以及材料的微观结构特性。

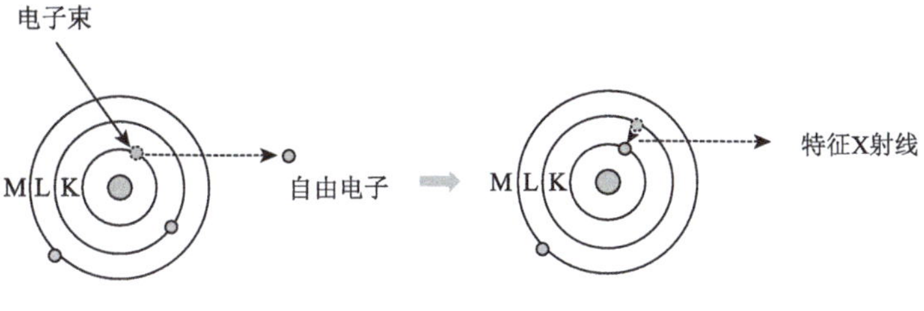

图 3-9　特征 X 射线产生机理

EDS 包括 3 种主要的分析方法，即：点分析、线扫描分析和面分布分析。

（1）点分析

点分析方法是将高能入射电子固定在样品的某一特定点上进行定性或定量分析。对于需要检测的元素含量较低时，通常采用点分析方法进行详细的定量分析。这种方法可以精准地分析样品中某一位置的元素组成及其浓度。

（2）线扫描分析

线扫描分析方法用于分析样品中特定元素浓度随特征显微结构的变化。电子束沿着一条线逐点扫描，通过记录每个点上产生的特征 X 射线的强度，获得元素分布的沿线变化。这种方法有助于揭示不同元素在样品表面或结构中的分布规律。

（3）面分布分析

面分布分析（也称为 Mapping 图）是指高能入射电子在样品的某一区域内进行光栅式扫描，生成元素的空间分布图。每个区域的元素浓度不同，通过设置不同颜色来区分各个元素，并根据元素的富集程度调整颜色深度，从而可以获得彩色的元素分布图。Mapping 图能够直观显示样品中各元素的空间分布，帮助研究人员分析不同元素在样品中的相对分布和相互关系。如图 3-10 所示，通过对聚丙烯酸接枝聚偏二氟乙烯聚合物的形貌图像以及元素衬度图像的综合观察，可以深入了解各类元素在样品中的分布情况。这种综合分析有助于揭示材料的成分、结构和性能之间的关系，为高分子材料的研究提供有力的数据支持[8]。

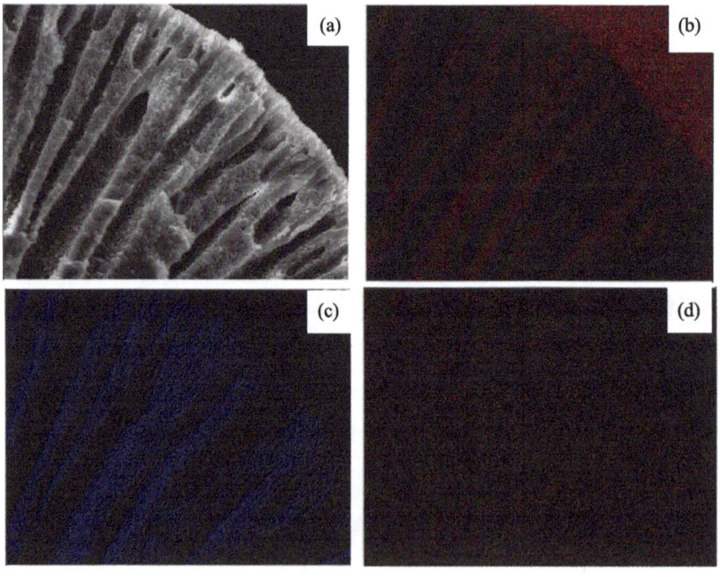

图 3-10 聚丙烯酸接枝聚偏二氟乙烯（G-PVDF）的（a）SEM 图像以及（b）C、（c）F、（d）Ti 元素的 EDS 成像

3.3.3　低温扫描电子显微镜

常规的 SEM 通常要求样品处于干燥状态，无水分。这一要求虽然有助于确保样品在成像过程中不受水分蒸发的影响，但却可能会破坏样品的真实结构，尤其是对于水凝胶等含水样品，常规 SEM 无法直接观察其原始状态，从而限制了其在某些领域的广泛应用。然而，随着 SEM 技术的不断发展，特别是在高压冷冻法（high pressure freezing，HPF）[2]的引入下，研究人员能够以新的视角研究水合软物质的微观结构。高压冷冻法被广泛认为是观察水合软物质（如水凝胶、聚合物水合物和细胞等）的理想技术。该方法通过在极短时间内迅速冷冻样品，有效避免了水分蒸发带来的结构损伤，并能够在低温下冻结样品中的水分。这样，样品的原始水合作用和空间结构得以保持，从而能够在水合状态下获得高质量的 SEM 图像。

高压冷冻法的一种常见操作是将样品迅速投入液氮中冷冻。这是一种相对简单且常用的技术，但对较薄的样品（如几十纳米厚的水膜）效果最好。对于较厚的样品，液氮冷却的效果则大大降低。在常规大气压下，液氮在−196℃时会沸腾，然而，由于莱顿弗罗斯特效应，从样品到液态冷冻剂的热传导效率较低。为了提高冷却效率，可以将样品投入液态乙烷中，这种方法能实现更为高效的冷却，并通过液氮包围液态乙烷，将温度降低至沸点（−89℃）以下，减少了气体层的形成，从而显著提高了冷却速率。此外，通过增加压力，可以实现更有效的玻璃化过程。在冻结过程中施加的压力（通常为 210 MPa）抵消了水结晶时的膨胀效应，将水的熔点降低至−22℃。更重要的是，在此压力下，3000℃/s 的冷却速率足以使水合材料玻璃化。这意味着高压冷冻法能够将几百微米厚的水合样品非晶化，因此在低温扫描电子显微镜（LT-SEM）研究中具有重要应用，如图 3-11 所示。

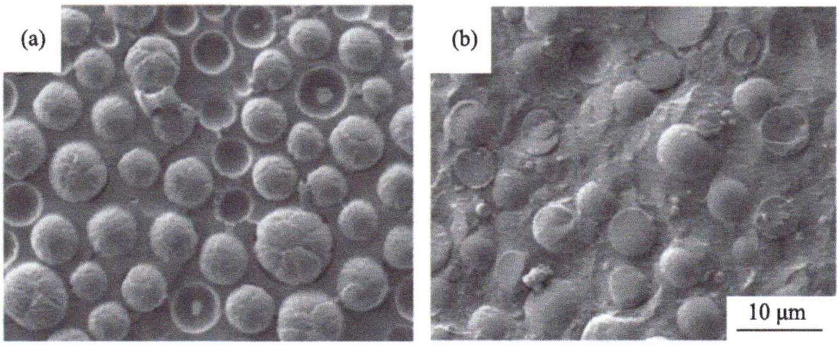

图 3-11　冷冻水合微凝胶的低温扫描电镜图像

（a）浸入液氮会导致水结晶和假象；（b）高压冷冻保存了固有的微凝胶结构

图 3-11 展示了冷却速率不足对聚（乙二醇）-*co*-聚（丙烯酸）水合微凝胶形

态的影响[9]。将样品浸入液氮中会导致水结晶，包括微凝胶内部和周围的缓冲液，见图 3-11（a）。水结晶产生了微凝胶的大量变形，其变形尺度远大于固有的凝胶网络结构。这种现象常常在文献中被误解。相比之下，高压冷冻法则有效保持了水合微凝胶的原始结构，防止了结晶现象的发生，见图 3-11（b）。

3.3.4 环境扫描电子显微镜

SEM 常常需要对样品进行“预处理”，以提高其表面导电性，避免观察过程中出现表面带电现象。然而，许多样品（如湿样品或绝缘材料）在进行传统 SEM 观察时，由于无法有效预处理，可能会导致成像困难。为了解决这一问题，20 世纪 80 年代末，Electroscan 公司推出了第一台商用环境扫描电子显微镜（ESEM），使得观察未经任何表面处理的湿样品或绝缘样品成为可能。ESEM 的标称试样室压力可高达 25 Torr（3300 Pa），这为研究原始状态下的样品提供了极大便利。

ESEM 技术的核心优势在于其能够在试样室中保持较高的气体压力，从而避免了传统 SEM 中对样品表面进行涂层或预处理的要求。与常规 SEM 不同，ESEM 允许在更高的气压下工作，使其能够观察湿润、非导电或者含有挥发性成分的样品，而不必进行表面处理，极大地拓展了其应用范围。目前，最先进的 ESEM 系统可以在 30 kV 的加速电压下，达到 1.3 nm 的二次电子图像分辨率，试样室的最大压力可达到 4000 Pa。这一性能使得 ESEM 成为对湿润、非导电或复杂样品进行高分辨率成像的理想选择。

根据试样室的真空度不同，ESEM 通常有 3 种工作模式：高真空（HiVac）模式、低真空（LoVac）模式和 ESEM 模式。具体介绍如下：

（1）高真空（HiVac）模式

此模式下，腔体的典型压力范围为 $10^{-4}\sim10^{-2}$ Pa，ESEM 在该模式下的工作条件与传统 SEM 非常相似，适用于常规样品分析。

（2）低真空（LoVac）模式

在 LoVac 模式下，试样区域的气压范围通常为 10～130 Pa。该模式适用于观察裸样品（无涂层）和非导电样品。LoVac 模式通过引入少量气体（如水蒸气或氮气）帮助减少样品表面的充电效应，同时保持较高的分辨率。

（3）ESEM 模式

在 ESEM 模式下，试样区的压力可以高达 10～4000 Pa（具体压力取决于实验的需求）。ESEM 模式更适合观察天然样品（含有挥发性成分）。在这一模式下，腔体内的气体环境可以保持样品的天然状态（例如湿润或具有挥发性成分的样品），不需要进行任何表面处理。试样室的压力通常通过使用内置的水蒸气储器或辅助气体入口来调节，并可根据实验需求调整。

如图 3-12 所示，通过改变试样室的气压以及温度，可以表征聚醚砜滤膜从湿润状态到干燥状态下的形貌变化[10]。

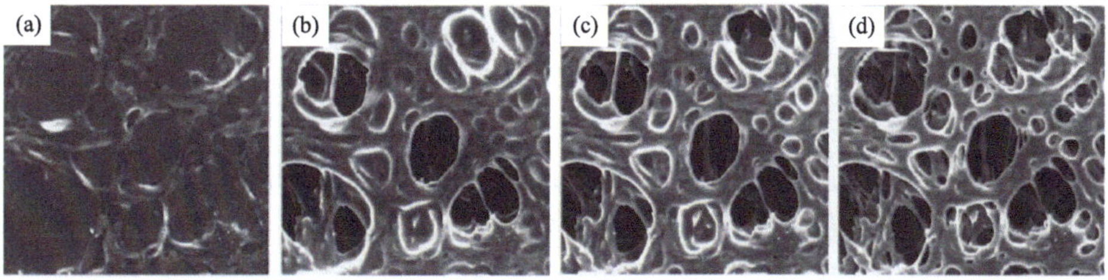

图 3-12　聚醚砜滤膜从（a）湿润状态到（b）～（d）逐渐干燥状态的形貌图

ESEM 的最大优势之一是能够在不进行表面处理的情况下，直接观察湿润、非导电或含挥发性成分的样品。这使得 ESEM 特别适合研究复杂的自然样品，例如生物样品、湿润的聚合物或纳米材料等。传统 SEM 无法直接观察这些样品，而 ESEM 在这一点上提供了极大的便利。在特定实验中，ESEM 还可以独立或与其他功能性附件结合使用，例如温度控制单元、气氛调节单元等，这使得 ESEM 成为一个可以模拟和分析各种复杂实验条件的微型实验室。

总之，ESEM 提供了一种全新的工作模式，使得湿润、非导电或含挥发性成分的样品能够在不进行表面处理的情况下进行高分辨率成像。通过其独特的气体环境调节功能，ESEM 不仅能够观察静态样品，还可以实时监测样品在动态实验中的行为。这些特性使得 ESEM 在材料科学、生物学、化学以及纳米技术等领域具有广泛的应用前景。

3.4 本章小结

扫描电子显微镜（SEM）是一种广泛应用于材料科学、生命科学、电子学等领域的重要表征工具。其独特的工作原理和高分辨率能力，使其在微观结构分析和缺陷检测方面具有不可替代的优势。

SEM 通过电子束扫描样品表面，与样品相互作用产生各种信号，包括二次电子、背散射电子以及 X 射线等。这些信号被探测器接收并转换成图像，为研究人员提供样品表面形貌、化学成分及物理性质等多方面的信息。相比传统光学显微镜，SEM 具有更高的分辨率，能够清晰地揭示纳米级的表面细节和微观结构。

扫描电子显微镜的图像质量受多个因素影响，包括加速电压、工作距离、束流、光阑孔径等操作参数。通过调整这些参数，可以在不同分辨率和对比度下获得所需的图像信息。此外，SEM 不仅能提供表面形貌的高分辨率图像，还能够通过能谱分析（EDS）进行元素分析，结合不同的模式如二次电子成像（SEI）、背散射电子成像（BSEI）和 X 射线成像，进一步提升对样品的分析能力。

总的来说，扫描电子显微镜是研究微观世界的强大工具，尤其在材料表征、纳米技术、生命科学等领域应用广泛。随着技术的发展，SEM 的分辨率和分析能力将不断提升，未来在多功能和高精度的研究中将发挥越来越重要的作用。结合计算模拟技术，未来的 SEM 不仅能够提供精确的微观图像，还将能够揭示材料的电子结构、分子排列和力学行为等深层次的性质。此外，随着自动化和智能化技术的不断进步，未来 SEM 的操作将更加简洁、方便和高效，从而适应更复杂的材料分析需求。综合来看，SEM 将在高分子材料的表征和研究中发挥越来越重要的作用，为揭示材料的微观结构与性能之间的关系、推动新材料的设计与研发提供强有力的技术支持。

参考文献

[1] JOY D C. A model for calculating secondary and backscattered electron yields[J]. Journal of Microscopy，1987，147：51-64.

[2] JOY D C. Beam interactions，contrast and resolution in the SEM[J]. Journal of Microscopy，1984，136：241-258.

[3] WANG H，DONG W，LI Y. Compatibilization of immiscible polymer blends using in situ formed janus nanomicelles by reactive blending[J]. ACS Macro Letters，2015，4：1398-1403.

[4] ABOULFARAJ M，ULRICH B，DAHOUN A M，et al. Spherulitic morphology of isotactic polypropylene investigated by scanning electron microscopy[J]. Polymer，1993，34：4817-4825.

[5] ROBINSON V N E. Imaging with backscattered electrons in a scanning electron microscope[J]. Scanning，1980，3：15-26.

[6] BAR G，TOCHA E，GARCIA-MEITIN E，et al. New routes to high resolution and automated polymer morphology microscopy via scanning electron microscopy[J]. Macromolecular Symposia，2009，282：128-135.

[7] HIGUCHI T，TAJIMA A，YABU H，et al. Spontaneous formation of polymer nanoparticles with inner micro-phase separation structures[J]. Soft Matter，2008，4：1302-1305.

[8] ZHANG F，ZHANG W，YU Y，et al. Sol–gel preparation of PAA-*g*-PVDF/TiO_2 nanocomposite hollow fiber membranes with extremely high water flux and improved antifouling property[J]. Journal of Membrane Science，2013，432：25-32.

[9] LIANG J，XIAO X，CHOU T-M，et al. Analytical cryo-scanning electron microscopy of hydrated polymers and microgels[J]. Accounts of Chemical Research，2021，54：2386-2396.

[10] REINGRUBER H，ZANKEL A，MAYRHOFER C，et al. A new in situ method for the characterization of membranes in a wet state in the environmental scanning electron microscope[J]. Journal of Membrane Science，2012，399-400：86-94.

第4章

高分子材料的透射电子显微表征方法

要深入理解高分子材料的本质，仅仅依靠对其表面形态的观察是不足够的，我们必须进入微观层面，探寻其内部的精细结构和隐藏的奥秘。正是在这种需求的驱动下，透射电子显微镜（transmission electron microscopy，TEM）表征方法应运而生，成为揭示高分子材料微观世界秘密的强大工具。

本章将从电子与物质相互作用的基本物理原理入手，循序渐进地讲解 TEM 的基本原理及其核心构造，为即将展开的微观探索之旅奠定坚实的理论基础。随后，将深入探讨影响 TEM 分辨率的关键因素。分辨率，虽然是一个看似简单的术语，实则直接决定了我们能观察到的微观结构的精细程度。通过分析这些影响因素，理解如何优化实验条件，以获得更加清晰、精准的 TEM 图像，为高分子材料的表征提供有力的支持。

在掌握 TEM 的基本原理和优化策略之后，将进一步聚焦于聚合物的常规透射电子显微表征方法。此部分可以领略 TEM 的广泛应用，从形态观察到结构分析，再到缺陷检测，TEM 凭借其独特的优势，在高分子科学的各个领域发挥着不可替代的作用。最后，简要介绍几种新兴的透射电子显微表征技术。这些技术不仅在传统 TEM 的基础上实现了突破，还在高分子材料的表征中展现了前所未有的潜力。通过对这些前沿应用的综述，读者将感受到高分子科学创新的魅力，领略 TEM 在高分子材料研究中的无限可能。

4.1 透射电子显微表征基础

随着现代科学技术的不断发展，显微分析技术日益精进，尤其是在微观粒子和物质波粒二象性研究方面取得了显著进展。电子作为一种具备波粒二象性的粒子，其波长远小于可见光，因此，电子显微镜能够观察到远小于光学显微镜所能分辨的结构，具备纳米级的分辨率。根据 Bragg 方程（$n\lambda = 2d_{hkl}\sin\theta$），电子的波长（$\lambda$）越短，能够表征的晶体面间距（$d_{hkl}$）就越小，从而可以观察到更细微的物质结构。TEM 正是利用这一原理进行显微分析的技术。在高压加速下，电子束充当了类似“光源”的作用，借助电子波长极短的特点，TEM 能够深入表征尺度从 1 nm～10 μm 范围内的材料微观结构，揭示出高分子材料等复杂物质的微观形态和细节。因此，TEM 作为电子显微分析技术的代表，具备了显著的优势，能够打破传统光学显微镜的分辨率限制，为微观世界的探索提供了强大的工具。

TEM 通过高能电子束与样品相互作用来获取样品的结构信息。当加速后的电子束穿透样品时，电子与样品内部的原子发生碰撞和相互作用，从而产生多种类型的电子信号。常见的信号类型包括透射电子、二次电子、背散射电子、X 射线、俄歇电子等。在这些信号中，TEM 主要收集透射电子信号，这些透射电子是直接穿透样品后未发生散射的电子。除了透射电子，电子束与物质相互作用时还会产生衍射现象。通过电磁透镜系统对这些衍射电子进行处理，可以得到反映样品周期性结构的电子衍射谱。电子衍射谱能够揭示样品的晶体结构、晶面间距等重要信息，是研究样品微观结构的重要手段。同时，电子束与样品的相互作用会导致样品因电子密度差异而产生不同程度的衬度。通过对透射电子信号进行成像处理，TEM 能够显示出样品的微观结构，并通过电子显微衬度像展示出细微的结构差异。这种图像能够有效揭示样品的形貌、组成、缺陷及其他微观特征，从而为材料科学、纳米技术等领域的研究提供重要依据[1]。

4.1.1 发展概述

1931 年，来自德国柏林大学的 Ernst Ruska 和 Max Knoll 首次提出了 TEM 的概念[1]，并在两年后成功研制出了世界上第一台透射电子显微镜。初期的 TEM 分辨率约为 500 nm，仅是当时光学显微镜分辨率的 4 倍，这一水平使得它能够观察到比光学显微镜更为细微的结构。随着现代科学技术的飞速发展，透射电子显微镜在电子源、成像技术、透镜系统等方面不断得到改进，使得 TEM 的分辨率大幅提升。如今，透射电子显微镜的分辨率已经可以达到 1 Å（0.1 nm），甚至更高，这使得它能够观察到原子级别的细节，成为研究纳米材料、晶体结构、微观缺陷等领域的强大工具。

一般来说，电子散射可分为两种类型：非弹性散射和弹性散射。非弹性散射是一种电子-电子相互作用，被原子核外电子散射的电子会损失大量能量。弹性散射可视为一种电子-核相互作用，其中原子电子云只是屏蔽库仑势，而对于小散射角 θ 的电子束，转移到原子核上的能量可以忽略不计，因此电子在散射时没有明显的能量损失（图 4-1）。在聚合物材料中，这种小角度弹性散射是形成电子衬度图像的所有相互作用中最重要的一种。散射角越大，电子能量越高，电子与原子核之间的弹性相互作用就会产生明显的能量转移。如果能量转移超过了阈值能量

（10～30 eV），这些电子-原子核碰撞可能会导致样品损坏，从而使原子从晶体中的原始位置转移到间隙位置[2]。

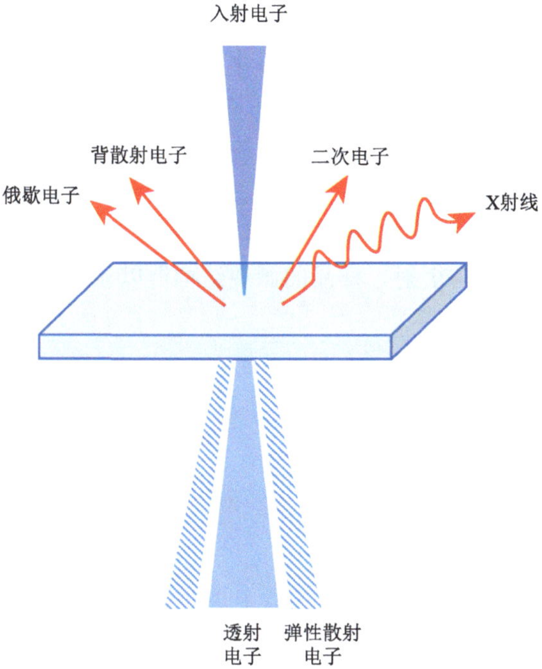

图 4-1　入射电子与样品发生相互作用产生的电子信号

透射电子显微表征技术是基于电子衍射的显微分析技术，使用极短波长的聚焦电子束作为照明源，适用于对电子束透明的薄膜样品。其基本成像过程是通过透过薄膜样品的透射电子束或衍射电子束，来分析样品内部的显微组织形貌及晶体结构。TEM 结合了明场（bright field）、暗场（dark field）以及电子衍射（electron diffraction）等模式，提供了多角度的显微成像和表征手段。

由于透射电子束经过薄膜样品时遵循阿贝成像原理，并且样品对电子束的散射能力相较于 X 射线强度高出 10^4 倍以上，这使得 TEM 在观测细微显微结构时具有显著优势。电子束的强散射能力使得 TEM 能够在较小尺度上实现高分辨率的显微组织形貌观察和晶体结构分析，具备双重功能，适用于材料的深入分析。

4.1.2　基本原理

在 TEM 中，电子通过热发射或场发射从电子源发射出来，随后通过高压（通常为 80～300 kV）加速，最终到达样品。当加速后的电子束与样品相互作用时，大部分入射电子会穿透样品，并以相对较小的角度向前散射。散射电子携带着样品的结构和化学信息，这些信息与入射电子的振幅、相位、动量和能量的变化密切相关。因此，散射电子不仅揭示了样品的形貌，还提供了关于其微观结构、成分和晶体取向等方面的重要信息。

尽管透射电子显微镜采用的是加速电子束作为光源，但由于电子具有波粒二象性，其成像原理与光学显微镜相似。电子既可以看作一种粒子，也可视为一种电磁波，遵循阿贝成像原理。不同之处在于，光学显微镜使用可见光作为光源，而透射电子显微镜则采用电子束作为光源。为了聚焦电子束并通过其传递信息，透射电子显微镜使用的是电磁透镜，而非传统的玻璃透镜。成像过程如图 4-2 所示，通过电子束的调制与衍射，样品的微观结构得以显现。

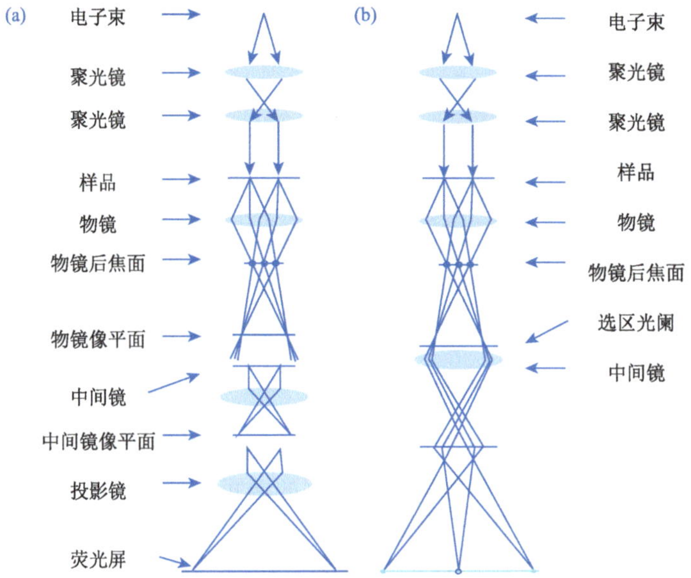

图 4-2 透射电子（a）显微镜成像与（b）选区电子衍射的基本过程

透射电子显微镜具有双重功能：电子显微成像和电子选区衍射，二者均源于入射电子的不同散射方式。首先，电子显微图像的形成依赖于图像衬度，而图像衬度主要由两个过程决定：样品中的电子散射和电子光学成像过程，后者包含了显微镜像差。图像形成过程大致如下：入射电子束与样品相互作用时，电子发生衍射，样品不同位置的同级衍射信号在物镜后焦面处形成弗朗和费衍射图样（用于选区电子衍射）；同一点的不同级衍射信号在物镜像平面上形成物像（用于显微观察）。接下来，我们将详细介绍电子显微成像和选区电子衍射的具体过程。

（1）电子显微成像

在 TEM 中，显微图像（即电子衬度像）是通过电子束透过样品后与样品内部不均匀地相互作用产生强度变化，最终形成不同强度的电子显微图像。这种强度变化反映了样品的结构特征，且根据波动理论，入射电子束通过样品时会分为透射电子波和散射电子波，它们携带了样品的结构信息。波函数的振幅和相位决定了这些信息的传递，从而产生不同类型的衬度。

振幅衬度，是由透射电子波的振幅变化引起的，通常在样品厚度较大（大于 10 nm）时起主要作用。振幅衬度可分为衍射衬度和质量厚度衬度两类。

衍射衬度，也称为 Bragg 衬度，主要出现在晶体样品中，由电子与晶体结构的衍射相互作用引起。衍射衬度能够揭示晶体的取向和晶格结构，是晶体结构分析中的一个重要特征。衍射衬度的产生源于不同样品或样品不同区域对 Bragg 方程条件的满足程度。当电子束与样品相互作用时，电子束与晶体结构中的原子发生衍射。如果样品的晶体结构或取向满足特定的衍射条件（即 Bragg 条件），就会产生不同强度的衍射图样，最终在电子显微图像中表现为不同的明暗对比。衍射衬度通常用于晶体样品中，帮助揭示晶体的取向、晶面间距等信息。

质量厚度衬度，也称为吸收衬度，是由样品不同区域的厚度和质量差异引起的。由于样品不同部位的电子密度（即质量密度）和厚度不同，电子束在穿透样品时会经历不同程度的散射。散射强度的变化导致透过样品的电子束强度不同，从而在电子显微图像中产生明暗差异。质量厚度衬度常用于非晶态或较厚的样品中，能够有效显示样品的形貌和结构。例如，聚乙烯（PE）片的晶区由于质量厚度较大，显示为较暗的区域，而非晶区则较亮。

相位衬度，主要出现在样品厚度小于 10 nm 时。相位衬度产生的原因是电子波在穿透样品时，由于与样品的相互作用，电子波的相位发生变化。当样品非常薄时，厚度导致的散射信号强度差异非常微弱，因此衍射衬度和质量厚度衬度无法发挥作用。此时，电子波与样品原子外层电子的相互作用导致散射电子的能量发生 10～20 eV 的变化，进而引起电子波的频率和波长发生变化，从而产生相位差异。相位差异最终表现为相位衬度，使得图像中不同区域的对比度得以增强。相位衬度通常用于观察极薄样品（如纳米薄膜），能够更精细地显示样品内部的细节，如形态、缺陷等，尤其在非晶材料或薄膜的观察中非常重要。

TEM 的图像形成不仅依赖于电子束的传播和样品的散射特性，还与样品的厚度、结构及电子密度差异密切相关。通过调整成像模式和优化样品厚度，研究人员可以选择适当的衬度类型，以获得最佳的显微图像，揭示材料的微观结构和性质。

（2）选区电子衍射

当样品是晶体时，电子束会与样品作用产生能够反映晶体周期性结构信息的衍射信号。在晶体结构中，组成原子的几何排列是有规律的，每组相应的晶格平面都由三重米勒指数 h、k、l 和相邻晶格平面之间的晶面间距 d_{hkl} 来描述。与无定形样品中的非相干散射不同，在晶体物体中，入射电子在原子阵列上以明确的方向相干散射，即衍射，根据 Bragg 定律：

$$n\lambda = 2d_{hkl}\sin\Theta \tag{4-1}$$

其中，λ 是入射电子的波长，n 是整数，决定了衍射的阶次，Θ 是 Bragg 角，是散射角 θ 的一半，即 $\theta = 2\Theta$。相对于晶格平面，入射角和 Bragg 角 Θ 相等。这意味着晶体材料中的衍射严格来说是一种干涉现象，可以解释为入射电子在晶格平面上的反射。由于 TEM 中使用的电子波长 λ 比 d_{hkl} 的典型值低两个数量级，因此相应的 Θ 值非常小。这说明在实际应用中，电子束只会从与电子束几乎平行的晶格平面产生强烈的衍射。一方面，由于电子衍射的 Θ 比 X 射线小得多，所以使得电子衍射图形的几何形状比 X 射线衍射图形简单得多。另一方面，由于 Bragg 角的数值相对较小，因此通过电子衍射进行结构分析的准确性受到很大限制。衍射图样在物镜后焦面上形成，其中每个衍射光束根据其斜平行光束的形状被聚焦成相应的光斑，即弗朗和费图样（第一级衍射谱）。借助随后的中间透镜和投影镜，衍射图样被放大并显示在观察屏幕上。通常会利用选区电子衍射模式来显示缩小的样品区域的衍射图样。

4.1.3 结构组成

TEM 通常由多个系统和部件组成（图 4-3），以下是其主要结构组成部分[3]：

（1）电子光学系统

电子光学系统，是透射电子显微镜的核心部分。其中，照明系统的作用是通过高压加速电子，获得极短波长的电子束，从而为成像提供亮度高、相干性好且束流稳定的照明电子束。照明系统通过不同的照明条件将电子从电子枪的交叉点转移到样品上。一般来说，照明系统会使用弱的聚光电磁透镜，将电子枪中的电子交叉点投射到样品平面上的聚焦点或未聚焦的圆盘上。无论放大倍率如何，样品区域的照射范围应尽量与观察屏保持一致，以减少因加热引起的样品漂移和降低未照射区域的辐射损伤和污染。

现代 TEM 的照明系统通常由多个透镜组成。至少包括两个聚光透镜，其中一个强的第一透镜将电子束交叉点缩小至约 1 μm，另一个较弱的第二透镜则将其投射到样品上。现代 TEM 照明系统的透镜数量通常较多，常见配置包括三个聚光透镜，以及物镜上方的物镜前场透镜。这是因为，一方面，在普通 TEM 模式下需要确定的照明孔径范围，从用于中等放大倍率的约 1 mrad 到用于小角度电子衍射和全息实验的约 0.1 mrad；另一方面，现代 TEM 通常也用于分析研究，因此必须借助照明系统制作一个适合 X 射线显微分析、会聚束电子衍射技术或扫描透射模式的小型电子探针。有时，第三个聚光透镜与物镜前场透镜之间还会增加一个聚光微型透镜。

此外，电子束的对准也非常重要。对准过程包括光束的平移和倾斜，确保光束在参考平面上的位置不变。通常，通过一对扫描线圈来实现光束的精确偏移和调整，这些线圈还可以用于扫描模式、特殊衍射技术中的电子探针扫描、摇摆以及暗场 TEM 模式。

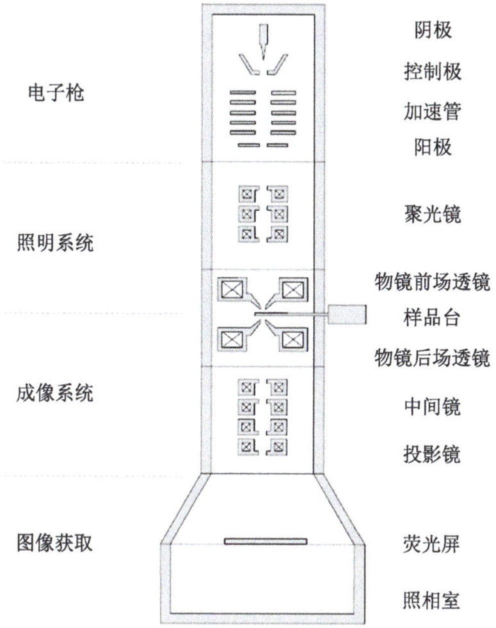

图 4-3　透射电子显微镜的基本构造

（2）物镜和样品台

物镜和样品台的组合在 TEM 中至关重要，它们直接影响显微镜的分辨率和成像质量。具体而言，物镜的设计和样品台的运动系统决定了成像的精度和灵活性。物镜是 TEM 成像系统中的关键部件，其像差直接决定了分辨率的高低。为了确保高分辨率，必须对物镜进行像散矫正。像散矫正器能够校正物镜产生的像散，从而提高成像质量。此外，物镜的镜场作用区域需要尽可能小，以减少球差（即因透镜的曲率产生的成像误差）。减少镜场作用区域可以有效提高成像清晰度，减少图像的失真。

样品台是支持和定位样品的重要部件，其设计决定了样品的移动范围和成像精度。样品台必须能够在样品平面上提供正交的 x 和 y 方向运动，这通常是通过使样品台在显微镜轴中心位置向外移动约 1 mm 来实现的。这样的运动范围保证了选择样品中感兴趣区域进行精确成像。对于晶体材料的定向和样品的层析成像研究，还需要一个具有倾斜旋转或双倾斜运动功能的偏心测角平台。这样的平台可以使样品在多个角度进行观察，适应不同的实验需求，特别是对于高分辨率的晶体结构分析和材料科学研究。

在高分辨率 TEM 中，物镜极片之间的空间非常有限，这使得物镜的设计和样品台的运动需要高度精密。在这种情况下，物镜之间的间隙狭窄，限制了样品的倾斜角度，尤其是在高分辨率极片 TEM 中，倾斜角度的范围常常受到严格的限制。为了确保成像的清晰度，必须在物镜设计时考虑这一点。在 TEM 中，常用的样品平台有两种类型：顶入式平台和侧入式平台。顶入式平台的样品架从上方进入物镜孔。这种设计的优点是对振动和热漂移的敏感性较低，能够提供更为稳定的成像效果。尽管顶入式平台在某些方面存在一些缺点，例如倾斜度有限、不适合分析附件以及难以与气闸和防污染装置结合使用，但它仍在少数高分辨率透射电子显微镜（HRTEM）中得到了应用。侧入式平台的样品夹具呈扁平杆状，从物镜极片的侧面进入。现代侧入式平台具有与顶入式平台相似的性能，且更加常用。其主要优点是易于与气闸装置、冷冻屏蔽装置以及样品的原位操作系统（如加热、冷却、拉伸）结合使用。侧入式平台适合多种应用，尤其是在进行分析研究和原位实验时，能够有效减少样品污染，保持样品的完整性。在进行 TEM 研究时，样品需要制备成超薄膜，特别是高分子超薄膜样品，通常会在直径为 3 mm 的细金属网格上进行成膜。这种样品制备方式能够确保样品的均匀性和适用于透射电子显微镜的要求。总结而言，物镜和样品台的设计对 TEM 的性能至关重要，特别是高分辨率和原位分析要求下，物镜的像差校正、样品台的精确运动以及平台的选择都会直接影响成像质量和研究的精度。

（3）成像系统

TEM 的成像系统由多个透镜组成，最基本的成像系统包括物镜、中间透镜和投影透镜，构成了其核心成像结构。每个透镜在成像过程中都有特定的功能，通过组合和调节这些透镜，可以获得清晰的图像或衍射图样。

物镜是 TEM 成像系统中的核心透镜，其主要作用是通过样品背面的后场透镜来形成照射样品区域的图像。物镜的前场透镜则与照明系统相互作用，决定了电子束如何照射样品并影响最终的图像质量。物镜的光圈位于透镜后焦平面的中心，这样可以调节和控制透过样品的电子束的散射，影响成像的对比度（图 4-2）。

中间透镜的作用是通过减少激发来放大在该透镜前方形成的第一个中间像，或者放大物镜后焦平面上形成的第一个衍射图样。中间透镜对图像的放大起着至关重要的作用，它将物镜产生的图像进行初步放大，提供更加清晰的视野。具体来说，中间透镜可以在两个模式下工作。在中间像模式图 4-2（a）模式下，中间透镜放大的是由物镜后场透镜形成的样品图像。在衍射图样模式［图 4-2（b）］下，中间透镜将物镜形成的第一个中间像平面上的衍射图样放大。

投影透镜是将中间透镜形成的图像或衍射图样进一步放大，并投射到观察屏幕上的透镜。投影透镜起到最终图像放大的作用，确保最终显示的图像或衍射图样能够清晰地呈现给观察者。在 TEM 中，常见的两种成像模式是明场模式和选区电子衍射模式。在明场模式下，物镜光圈位于透镜后焦平面的中心。由于该光圈会引起散射对比，明场模式非常适合用于聚合物等样品的研究。在选区电子衍射模式［图 4-2（b）］下，通过物镜形成的第一个中间像平面上的相应孔径（SAD 孔径）来选择感兴趣的区域。该区域的衍射图样将被放大并投射到观察屏幕上，便于观察样品的晶体结构和其他衍射特性。

（4）观察与记录系统

TEM 通过观察与记录系统将最终的图像传递给研究人员。TEM 图像通过投射到观察室内的荧光屏上来显示，观察者可通过专门的铅玻璃窗口观察到图像。这种设置能有效隔离高能电子束与外部环境，保障操作安全。

长期以来，TEM 的图像记录方式经历了不同技术的变迁。最初，电子显微镜图像通过曝光在对电子敏感的负片上来记录，这种方式依赖光敏感材料的化学反应来生成图像。随着科技的进步，慢扫描 CCD 相机和影像板成为主要的图像记录手段。慢扫描 CCD 相机能够在较长时间内积累电子信号，从而提高成像质量，尤其在低对比度图像的捕捉上具有显著优势。影像板则通过感光材料的快速反应来记录图像，为高分辨率观察提供了更好的记录方式。

（5）真空系统

TEM 的真空系统在显微镜操作中起着至关重要的作用，主要有两个方面的功能：减少电子束散射和防止污染物影响样品与电子束的质量。电子束在显微镜中传输时，必须通过大气环境。如果环境中存在空气分子，这些分子会与电子发生碰撞，导致电子的散射，进而影响成像质量。因此，为了保证电子束从电子枪到达样品，再从样品到达观察屏，必须清除显微镜柱中的大部分空气分子。为此，TEM 的真空系统提供了一个相对适中的真空度，通常保持在 10^{-3} Pa 或更高的压力，以减少电子与气体分子碰撞的概率。

在 TEM 操作中，除了电子束散射外，残留的气体分子（如碳氢化合物和水蒸气）与电子束的相互作用可能会产生污染物，这些污染物不仅会影响成像质量，还可能污染样品、孔径和电子枪部件。因此，真空系统必须提供足够低的压力，以避免污染物对显微镜系统和样品造成不良影响。通常来说，真空度越高，污染越低。

为了实现这一目的，现代 TEM 中大多采用由溅射离子泵提供的高真空度（约 10^{-6} Pa），特别是在样品室和电子源室中，确保显微镜的这些关键部分具有清洁的工作环境。此外，为了进一步提高样品周围的真空度，通常还会使用冷冻泵系统。

冷冻泵通过使用液氮冷却靠近样品的金属部件[2]，将气体分子冷凝并清除，从而进一步降低污染风险。

（6）供电与控制系统

TEM 的供电与控制系统确保了显微镜各个部件的正常工作。这个系统主要包括以下几个部分：电子枪供电、电磁透镜供电、自动控制与计算机系统。电子枪需要高电压供电来加速电子，产生电子束。该系统通常会使用小电流高压电源来为电子枪提供稳定的高电压，以保证电子束具有足够的能量，能够通过显微镜系统并与样品进行交互。电磁透镜用来聚焦电子束，因此它们需要大电流低压电源来驱动。这些透镜需要非常精确的电流控制，以确保电子束能够聚焦在正确的位置，从而获得清晰的图像。

现代 TEM 通常配备了自动化控制系统，这些控制系统通过计算机程序来调节显微镜的各项参数，如聚焦、对准、图像采集等。计算机系统还能够实现高效的数据处理和图像分析，支持实时成像和记录，极大提升了 TEM 的使用效率和精度。

4.1.4 分辨率

TEM 因其高分辨率能力，成为显微分析中最强大的工具之一，尤其是在材料科学、纳米技术和生物学等领域。TEM 的分辨率通常可以达到亚纳米级别，甚至更高，这使得它在研究微观结构时具有无可比拟的优势。影响透射电镜分辨率的因素有很多，首先考虑像差，这是在透射电子经过物镜、中间镜、投影镜、物镜光阑到达像平面的过程中产生的，像差包括球差、像散、场弯曲、畸变、各向异性像差、色差等，但实际上只有球差、色差和像散会严重影响透射电镜的分辨能力，因此下面简要介绍以上三种像差的定义以及它们如何影响透射电镜成像的分辨率。

像差的产生，一方面是由于透镜本身的像差，另一方面是衍射误差，这是光圈（diaphragms）存在导致的。像差限制了显微镜的分辨率或分辨能力。下面，只采用简化的方法来描述 TEM 的分辨能力。它与两个相邻的自发光物体点的图像有关，这两个点的辐射完全相互独立（非相干散射）。即使没有透镜像差存在，单点也不会被成像为点。透镜的有限尺寸导致光线在透镜的最外层收集角衍射，通常由一个数值孔径来定义。这种衍射导致一个点被成像为圆盘，它的强度可通过艾里函数描述，因此被称为艾里圆盘。瑞利准则用于定义图像中两个目标点之间最接近的距离。当一个点的最大值位于另一个点的第一个最小值时，满足瑞利条件。在这种情况下，两个非相干点之间的距离被定义为透镜的理论分辨率 r_{th}，并由艾里圆盘的半径 r_{th} 给出

$$r_{th} = 0.61\frac{\lambda}{\alpha_0} \tag{4-2}$$

（1）球面像差

球面像差（球差，spherical aberration）是指透镜无法将所有来自点光源的入射光线聚焦到同一点上。这种缺陷源于透镜场对离轴光线作用的不均匀性。球面像差的影响如图 4-4 所示。在 TEM 中，由于成像物体的区域通常非常小，成像电子与电子光学轴之间的距离也很小，因此在所有几何像差中，球面像差是最需要关注的。球面像差与射线和电子光学轴之间的距离无关，它通过导致电子光学轴上的像点模糊来限制可达到的分辨率。

为了更好地理解这一点，可以将真正的高斯像平面定义为准轴成像条件下的像平面。在准轴成像条件下，射线与电子光学轴的夹角非常小，几乎沿着光轴传播。而在图 4-4 中可以看到，电子越偏离电子光学轴，弯曲的程度就越强，焦距也随之减小。因此，最终在高斯像面上形成的物点将呈现出一个像盘。高斯像面上像差盘的半径 r_s 取决于孔径角 α_0，其表达式为

$$r_s = C_s\alpha_0^3 \tag{4-3}$$

C_s 是球差系数，是一个特性常数，其长度决定了电子透镜的质量。TEM 物镜的典型 C_s 值约为 3 mm，而 HRTEM 的 C_s 值则降至约 1 mm。对于在物镜后面的电磁透镜，入射光线的孔径小于入射到物镜中的光线的孔径，其系数由物镜的放大倍数决定。因此，在评估显微镜的分辨率极限时，只需考虑物镜的球差。

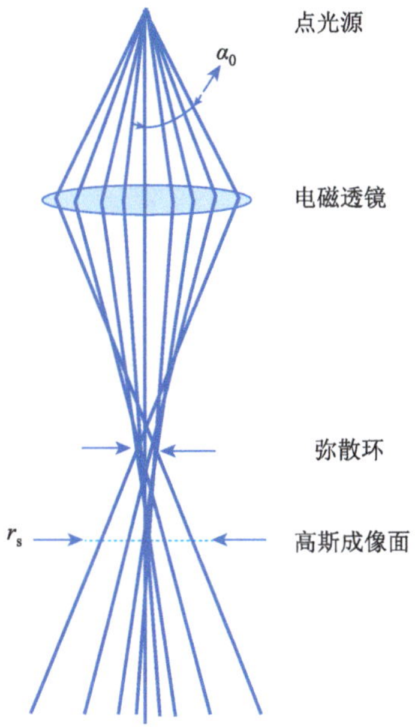

图 4-4　由于球差形成的弥散环

（2）色差

影响 TEM 性能的另一个像差是色差（chromatic aberration）。类比光学透镜中焦距随光波长变化的效应，电子透镜的焦距也会随着电子能量的变化而发生变化。具体来说，透镜对能量较低的电子弯曲作用较强，这导致来自样品中某一点的电子在高斯像面上形成圆盘状的像。这种现象类似于光学系统中由于不同波长的光聚焦位置不同而产生的色差效应，因此，色差会影响透镜的成像精度，降低电子显微镜的分辨率。圆盘的半径 r_c 由以下公式给出：

$$r_c = C_c \frac{\Delta E}{E} \alpha_0 \tag{4-4}$$

其中，C_c 是透镜的色差系数（与 C_s 一样是长度），ΔE 是电子能量与其平均值 E 的偏差，α_0 同样是透镜的孔径角。磁性物镜的色差系数 C_c 在数值上通常略小于焦距。色差是一种透镜缺陷，当电子束中的电子不再是单能量时，它就会使图像质量下降。这可能是由于电子从发射枪中发射时能量分散，或加速电压随时间波动，或电子束通过样品时因碰撞而损失能量。在现代仪器中，加速电压以及对色差有类似影响的透镜电流的稳定性都非常好，因此不必担心照明系统造成的色差，因为与电子穿过样品时的能量损失相比，色差是微不足道的。

（3）像散

像散（astigmatism）是电子透镜中一种影响分辨率的常见缺陷，它发生在透镜的圆柱对称性不完美时。其根本原因通常是透镜极片加工精度不足，尤其是孔径的形状不圆、极面的不平整，以及透镜材料磁性的不对称性。像散的特征是，电子光束从两个垂直的平面（这些平面包含光学轴）离开物体后，会在不同的像平面上交汇。像散的大小通常通过这两个平面焦距的差异来衡量。

幸好，像散是电子透镜中少数几种可以进行校正的缺陷之一。在 TEM 中，有两个透镜需要进行像散的常规校正：首先，第一聚光透镜需要进行像散校正，以确保在样品上产生圆形的入射电子束；其次，物镜的像散也必须通过像散校正器来消除，以提高分辨率。像散校正器通过引入一个与透镜像散效应垂直的平衡圆柱透镜场，来补偿这种不对称效应。当样品非常薄且显微镜处于理想工作条件下（如物体位置稳定、电子光学系统对准良好、聚焦准确等），电子显微镜的分辨率极限将主要受到衍射像差和物镜的球差的限制[1]。

为了克服这些像差，现代 TEM 通常配备像差校正器，这些校正器能够修正球差、像散等问题，从而显著提高分辨率。例如：球差校正器（spherical aberration correctors）通过微调电子束的路径，使电子束在整个透镜系统中能保持相同的聚焦能力，从而减少或消除球差。像散校正器（astigmatism correctors）调整透镜形状和焦点，使得图像的各个部分能够被均匀聚焦，从而减小像散效应。

4.2 常规透射电子显微表征

对于高分子材料而言，TEM 是一项极其重要的晶体形貌观察与物相分析技术。然而，人们直到 1955 年才开始使用 TEM 直接观察高分子材料的晶体结构[4]。当时，Jaccodine 首次报道了低分子量线性聚乙烯在苯和二甲苯的稀溶液中螺旋状生长出菱形薄片晶体的现象，即单晶体。他们在 TEM 下观察了聚乙烯单晶体的形态。特别是 Keller[5]，他明确指出，分子链的长度远远超过薄片的厚度（约 10 nm）时，必须在薄片表面来回折叠。因此，他们提出了链折叠的概念，这一理论与 Herrmann 等提出的传统“缨状胶束”模型形成鲜明对比，后者一直被用来解释明胶的结构。然而，随后 Fischer 和 Kobayashi 等[6]也通过 TEM 独立发现，曾被认为具有缨状胶束结构的熔融生长的球粒实际上是由单晶状薄片组成的。从此，具有链折叠结构的薄片晶体被认为是结晶聚合物固体的基本结构成分，这一发现引起了高分子物理领域的巨大轰动。

在使用 TEM 进行研究时，主要目的是在中低倍率下观察聚合物材料的形态。因此，实践中，大多数 TEM 测试并不使用特殊技术，而是通过质量厚度衬度形成对比。一般来说，聚合物材料主要由密度相近的低原子序数元素组成，因此在 TEM 图像中，局部密度的本征变化往往不会导致明显的衬度。未经化学处理的聚合物的质量厚度衬度通常由局部样品厚度的变化引起。一方面，在电子束的作用下，如果多组分聚合物的某一部分因聚合物链挥发部分的蒸发而变薄，不同部分之间便会因电子束损伤而出现对比。另一方面，如果样品被拉伸，产生的应变诱导对比会导致原本厚度均匀的薄片出现厚度差异，从而使不同应变区域通过相应的厚度变化显现出来[3]。

4.2.1 样品制备

TEM 是一种高分辨率成像技术，能够观察样品的微观结构、晶体结构以及化学信息。TEM 的制样是实现高质量图像的关键步骤，不同类型的样品需要采用不同的制样方法。以下是常见的 TEM 制样方法：

（1）薄膜样品的制备

适用于已经是薄膜状或可加工成薄膜的材料（厚度通常小于 100 nm）。将薄膜样品切割成适合 TEM 样品台的尺寸（通常 3 mm 直径），直接装载到样品支架上。对难以直接制备薄膜的样品，可以通过在硅基或碳基膜（例如碳膜、氮化硅膜）上沉积材料制备。

（2）块体样品的制备

适用于块体材料，如金属、陶瓷或半导体。机械研磨：将样品研磨至 30～50 μm 厚的薄片。离子减薄：使用离子束轰击样品，进一步将其减薄到电子束能够透过的厚度（通常小于 100 nm）。电解抛光：适用于导电样品，通过电解液对样品进行溶解减薄。通常用于金属或合金的 TEM 制样。

（3）粉末样品的制备

适用于颗粒状或粉末状样品。溶液分散法：将粉末分散在挥发性溶剂中（如乙醇）。在超声处理后，将分散液滴在碳膜铜网或硅膜样品载网上，待溶剂挥发后直接观察。嵌入与超薄切片：将粉末样品嵌入环氧树脂中，固化后切片制备。适用于纳米颗粒、纳米线或二维材料。

（4）生物样品的制备

适用于细胞、病毒或其他生物材料。化学固定：使用戊二醛或甲醛固定样品结构。脱水与包埋：将样品脱水后嵌入树脂中（如环氧树脂）。超薄切片：使用超薄切片机将嵌入后的样品切成 50～100 nm 厚的薄片，放置在铜网上进行观察。

冷冻切片（Cryo-TEM）：对于不耐固定或高温的样品，通过快速冷冻保持样品的原始状态，然后用低温切片技术制备薄片。

（5）聚合物复合材料的制备

适用于复合结构材料。低温超薄切片：使用冷冻切片技术将嵌入后的样品切割成超薄片，防止样品因热效应损坏。离子减薄或超声分散：根据材料硬度与结构特性选择适当方法[7]。

（6）聚焦离子束（FIB）制备

适用于局部区域观测或复杂形状样品。使用 FIB 对感兴趣的样品区域进行精确切割和减薄。制备薄膜样品，并将其转移至铜网或支撑膜上。适用于含有微观缺陷或需要高精度定位的样品制备，如半导体器件的横截面分析。

（7）原位 TEM 实验制样

适用于研究动态过程（如加热、拉伸或电化学反应）。微加工样品：将样品加工至适合原位样品台的尺寸，通常需要结合 FIB 技术。电极制备：用于电化学或纳米力学实验的样品通常需要电极连接和特殊设计。

此外，还有几点注意事项。TEM 要求样品厚度小于 100 nm，以保证电子束的透过性。需要防止样品在制备过程中被污染或氧化，可以使用真空环境或惰性气体保护。保证样品表面平整，以获得清晰的 TEM 图像。总之，通过合适的制样方法，可以显著提高 TEM 实验的成功率和数据质量，从而更好地揭示样品的微观结构和性质。

以下是 TEM 的具体实验方法，涵盖了实验前的准备、操作步骤以及实验后的数据分析：

（1）实验前准备

根据样品的类型（如薄膜、块体、粉末、生物样品等），选择适合的制备方法（如机械研磨、离子减薄、超薄切片等）。确保样品厚度小于 100 nm，以便电子束透过。电镜校准：调整电压、光束对中、物镜焦距和像差补偿。真空环境：确保 TEM 样品室真空度符合要求，通常为 10^{-6}～10^{-7} Torr（1 Torr = 133.332 Pa）。电子束强度：根据样品耐受性调整电子束强度，以避免热损伤或辐照损伤。

（2）TEM 实验操作方法

TEM 实验通常按照以下步骤进行：首先，将制备好的样品稳固地固定在样品杆上，确保无移位，并小心插入 TEM 样品舱，避免触碰透镜或损坏样品。随后开启电子束，根据样品需求设置加速电压（通常为 80～300 kV），确保电子束亮度均匀，并对中光束以避免图像畸变。进入成像阶段，可选择不同的模式：明场成像适合观察整体结构与形态；暗场成像通过衍射角电子束提供高对比度微观特征；高分辨率成像（HRTEM）用于观察晶格结构；选区电子衍射（SAED）分析特定区域的晶体结构信息。此外，结合电子能量损失谱（EELS）和能量色散 X 射线谱（EDS）可以解析化学组分与元素组成；扫描透射成像（STEM）则结合高分辨成像与化学分析。对于动态过程，还可进行原位实验，研究如加热、冷却或力学应力下样品的实时变化。这些方法综合应用，使 TEM 成为解析材料微观结构与性质的重要工具。

（3）数据采集与保存

利用高灵敏度的 CCD 相机或直接探测器记录图像。保存数据时，需标明实验条件（如加速电压、放大倍数、样品区域等），以便后续分析。

在 TEM 实验过程中，需要注意以下几点：① 辐照损伤：对敏感样品应控制电子束剂量，降低加速电压或使用低剂量模式，以避免损坏样品；② 样品污染：防止样品因电子束辐照导致分解或镜筒污染；③ 成像稳定性：通过减小机械振动、磁场干扰和热漂移，提高成像质量；④ 环境条件：维持恒定的实验室温度和适宜湿度，确保电镜设备的稳定运行。通过这些措施，可以显著提升 TEM 实验的可靠性与精确性，为多学科领域提供高质量的数据支持。

4.2.2　数据解析

TEM 图像的解析方法是材料科学、生物学和化学等领域中用于分析样品微观结构和性质的重要手段。以下是对 TEM 图像解析方法的详细描述：

（1）图像观察与初步分析

首先，对 TEM 图像进行整体观察，了解图像的整体特征和细节。注意图像的明暗分布、衬度变化以及可能存在的衍射图样或特征结构。使用 TEM 的放大功能，逐步放大图像，以便更清晰地观察样品的微观结构。在放大过程中，注意保持图像的清晰度和分辨率。

（2）衬度分析

质量厚度衬度是由于样品不同区域的质量厚度差异导致的。在图像中，质量厚度较大的区域会显得较暗，而质量厚度较小的区域则较亮。通过分析质量厚度衬度，可以初步了解样品的厚度分布和微观结构特征。当电子束通过晶体样品时，由于晶体的衍射作用，不同晶面的衍射强度不同，从而产生衍射衬度。在图像中，不同晶面的衍射图样会呈现出不同的明暗分布。通过分析衍射衬度，可以推断出样品的晶体结构和取向。相位衬度是基于电子波的相位变化产生的，主要用于高分辨成像。在 HRTEM 图像中，可以观察到样品的晶格条纹和原子排列。通过分析相位衬度，可以进一步验证样品的晶体结构，并观察可能存在的晶格缺陷或位错。

（3）衍射图样分析

选区衍射图（SAED）是通过在 TEM 中选择特定区域进行电子衍射得到的图样。通过分析 SAED 图样中的衍射点位置、强度和分布，可以推断出样品的晶体结构、晶带轴方向和晶面间距等信息。在 SAED 图样中，衍射环和斑点的出现与样品的晶体结构和取向密切相关。通过测量衍射环的半径和斑点的位置，可以计算出晶面间距和晶带轴的方向。

（4）高分辨率成像分析

在高分辨率 TEM 图像中，可以清晰地观察到样品的晶格条纹和原子排列。通过测量晶格条纹的间距和角度，可以验证样品的晶体结构，并观察可能存在的晶格缺陷或位错。通过分析原子序数衬度，可以了解样品中不同元素的分布和含量。

（5）结合其他分析技术

EFTEM 可以用于分析样品中不同元素的化学态和分布。通过调整电子束的能量，可以选择性地激发样品中的特定元素，从而获得关于元素化学态的信息。

EELS 可以测量电子在穿过样品时的能量损失，从而提供关于样品电子结构和化学组成的信息。通过分析 EELS 谱，可以了解样品中不同元素的化学态、化学键类型和电子结构等信息。X 射线能谱分析（EDS）可以用于分析样品中元素的种类和含量。通过检测样品在电子束激发下产生的 X 射线，可以确定样品中存在的元素及其相对含量。

（6）图像校正

在解析 TEM 图像时，可能需要对图像进行校正以消除畸变和误差。这包括几何校正、亮度校正和对比度校正等步骤。

综上所述，TEM 图像的解析方法是一个综合性的过程，需要综合考虑图像的整体特征、衬度原理、衍射图样、高分辨率成像以及其他分析技术的结果。通过深入分析这些信息，可以获得关于样品微观结构、晶体结构、化学组成和元素分布等方面的全面认识。使用图像分析软件（如 digital micrograph 或 ImageJ）增强对比度，消除噪声，精确测量样品尺寸。

4.2.3 表征示例

作为一种重要的电子显微学形貌表征方法，TEM 已经成为高分子材料领域常用的表征手段，广泛应用于聚合物的晶体结构、相分离结构等形貌的表征，并为分析材料的力学、介电性能等提供有力支持。特别是在共轭聚合物的微观形貌表征中，TEM 发挥了关键作用。共轭聚合物由于其特殊的 π-π 共轭离域结构，使得原本定域在单个 π 键范围内的电子能够在 π-π 共轭离域范围内自由移动，从而赋予了这些材料导电特性[8, 9]。作为一类有机光电材料，共轭聚合物可以作为有机光伏电池的活性层，负责实现电池的光电转换功能。目前有机光伏电池中的活性层结构主要是由给受体组成的本体异质结结构。受限于给体材料中的激子扩散距离（有机共轭聚合物的激子在给体和受体的界面处通过给体材料向阳极和阴极扩散，激子扩散距离大约为 10 nm），为了确保激子能够成功传输到阴阳两极，必须调控活性层中给体和受体材料的相分离结构。此外，调控共轭聚合物的结晶性也有助于实现更优异的光电性能。

在热塑性弹性体增韧的有机光伏体系（PM6：N3：SEBS）中，Peng 等[10]采用 TEM 对共混薄膜的形貌进行了详细分析。如图 4-5 所示，在 PM6：N3 二元共混膜中，只有明显的“纤维”结构，而在三元共混膜中则观察到了清晰的亮区，并且这些亮区的尺寸随着 SEBS 含量的增加而增大。根据 SEBS 与 PM6/N3 之间化学结构的显著差异，推测这些亮区是由 SEBS 相区所形成的。为了定量分析共混膜中 SEBS 相区的尺寸和相分离程度，可以对 TEM 图像进行了傅里叶变换分析，并得到功率谱密度（PSD）分布，如图 4-5（b）所示。无论 SEBS 的含量如何变化，PM6 和 N3 相的分离情况保持一致，且其相区尺寸大约为 17 nm。然而，随着 SEBS 含量的增加，SEBS 相区的尺寸发生了显著变化。具体而言，如图 4-5（c）所示，SEBS 含量为 2%、5%、10%、20%和 30%的共混膜中，SEBS 相区的尺寸分别增大为 24 nm、48 nm、134 nm、217 nm 和 242 nm。显然，薄膜本体中 SEBS 相区的尺寸变化趋势与表面形貌变化趋势一致，尽管数值上略有差异。当 SEBS 含量较低（≤5%）时，SEBS 相区呈孤立的球状分布；而当 SEBS 含量较高（≥10%）时，SEBS 相区则转变为不规则形状，并且开始相互连通，形成了更为复杂的相分离结构。这些 TEM 结果进一步验证了 SEBS 在共混薄膜中的相分离行为，并揭示了其在薄膜微观结构中的演变规律，为理解共混膜的形态特征及其在器件中的性能提供了重要的结构性依据。这些发现有助于优化共混膜的组成与结构，以实现更好的力学和电学性能。

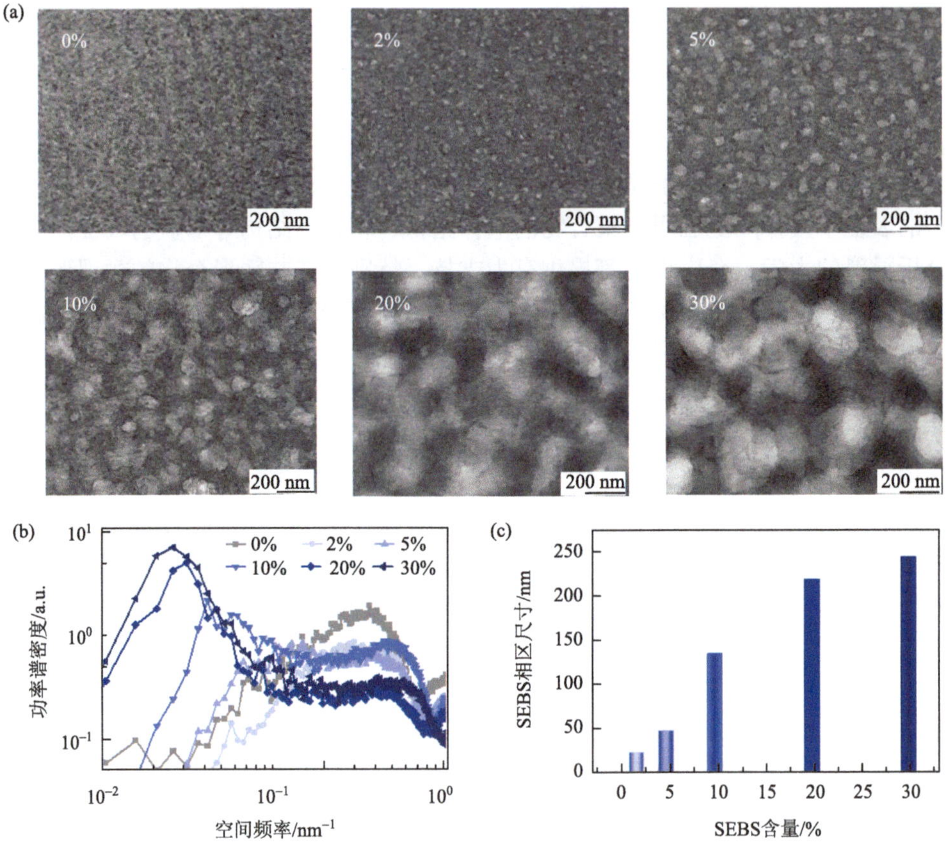

图 4-5 不同 SEBS 含量的有机光伏三元共混体系：(a) TEM 图像；(b) TEM 图像提取的功率谱密度曲线；(c) SEBS 相区尺寸

随着 TEM 技术的不断进步，特别是高分辨率透射电子显微镜的出现以及图像解读和处理技术的发展，无机晶体中原子结构的分辨率已经达到 0.1 nm 以下。然而，由于聚合物材料的特殊性质，如高电子辐照灵敏度（容易被电子束破坏）和低衬度等问题，聚合物的最佳分辨率远低于无机材料。尽管各种聚合物（包括单晶体）的固体结构已通过 TEM 进行了研究，但 TEM 的应用在聚合物固体的形态研究中仍然存在局限性。这不仅是因为 TEM 分辨率不足以区分聚合物固体中的单个原子或分子，还因为聚合物材料易受到电子辐照的破坏。因此，通常只能通过低倍成像和/或选区电子衍射来观察聚合物的形态。在这种情况下，即使是少量的电子辐照也足以获得有效图像。

然而，近年来，TEM 与多种新兴制样方法和信号收集技术的结合，大大扩展了其在聚合物材料表征中的应用。例如，采用快速冷冻法制备样品以观察水合状态的样品、收集 TEM 中非弹性散射电子信号以获取能量损失谱图，以及通过优化电子显微镜组件实现亚纳米尺度的高分辨率成像等，这些技术极大地提升了 TEM 在聚合物表征中的能力。接下来的第三小节将简要介绍几种新兴的 TEM 表征方法，并探讨它们在高分子材料表征中的重要应用。

4.3 先进透射电子显微表征

4.3.1 冷冻透射电子显微镜

冷冻透射电子显微镜（cryo-TEM）是一种利用快速冷冻技术（通常采用液氮冷却）制备样品的方法，旨在保持样品原始的溶液状态。这使得溶液相样品可以在接近其原始溶液状态下进行成像，从而反映出材料在真实溶液环境中的结构。冷冻透射电子显微镜最初主要用于表征生物大分子在接近原始状态下的原子分辨率结构。然而，自 20 世纪 60 年代以来，科学家们开始探索冷冻电子显微镜技术在生命科学之外的应用。20 世纪 90 年代，材料科学领域的研究人员对冷冻电子显微镜技术进行了大量的探索，重点研究了表面活性剂、聚合物及其与其他材料的相互作用[11]。尽管当时技术的局限性制约了空间分辨率的提升，但该领域仍取得了重要进展。随后，Sommerdijk 和 Libera 等学者作出了重大贡献，推出了具有纳米级分辨率的非生物材料冷冻电子断层扫描（cryo-ET）和冷冻-扫描透射电子显微镜-电子能量损失光谱（STEM-EELS）技术[12, 13]，极大地拓宽了冷冻电子显微镜在材料科学中的应用

cryo-TEM 的样品结构表征原理与普通 TEM 相同，都是通过电子束与样品中的纳米级结构相互作用来获得成像信号。然而，传统的 TEM 成像通常需要完全脱除样品中的溶剂，以确保显微镜柱内的高真空环境。然而，许多活性或弱结合的材料在电子束辐照或暴露于环境条件下可能会降解，产生伪影，从而限制了对不稳定材料在原始状态下的原子结构和化学性质的精确表征。因此，表征溶液态样品的结构显得尤为重要。cryo-TEM 采用液氮、液态丙烷或液氦等在至少−170℃的低温下对样品进行快速冷冻，避免样品中水分子结晶，从而保持水化和自然溶液状态的样品。这种方法有效减少了水去除带来的伪影，并且能够显著降低电子束对样品的损伤。总的来说，cryo-TEM 具有多个优点，包括能够观察接近原始状态的溶剂中的物质结构、避免溶剂干燥造成的伪影、实现高分辨率（可达 0.02 Å）成像，并且样品制备相对简便[14]。

将功能高分子材料的机械、电子和光学等特性与其分子结构和化学性质相联系，对于基础研究和工程设计至关重要。由于大多数聚合物材料的元素组成与生物分子相似，它们在 TEM 下同样会受到电子束诱导的辐射损伤。因此，如何有效表征聚合物的结构成为一个重要课题。冷冻电子显微镜作为一种强有力的生物大分子结构表征技术，自 20 世纪 90 年代起便引起了材料科学家对聚合物材料应用的广泛关注。

（1）固体聚合物电解质

在冷冻下对聚合物进行冷冻和成像，不仅可以保护样品免受光束引起的损伤，还能研究聚合物的原始状态。Weber 等[15]利用冷冻电子显微技术首次揭示了水合 Nafion 纳米结构的三维重建，该结构呈现出相互连接的通道型网络，相间距约为 5 nm（图 4-6）。这种直接成像方法可为质子在这种离子聚合物中的传输提供分子动力学模拟，从而在机理上理解离子传输和未来离子聚合物的设计原理。

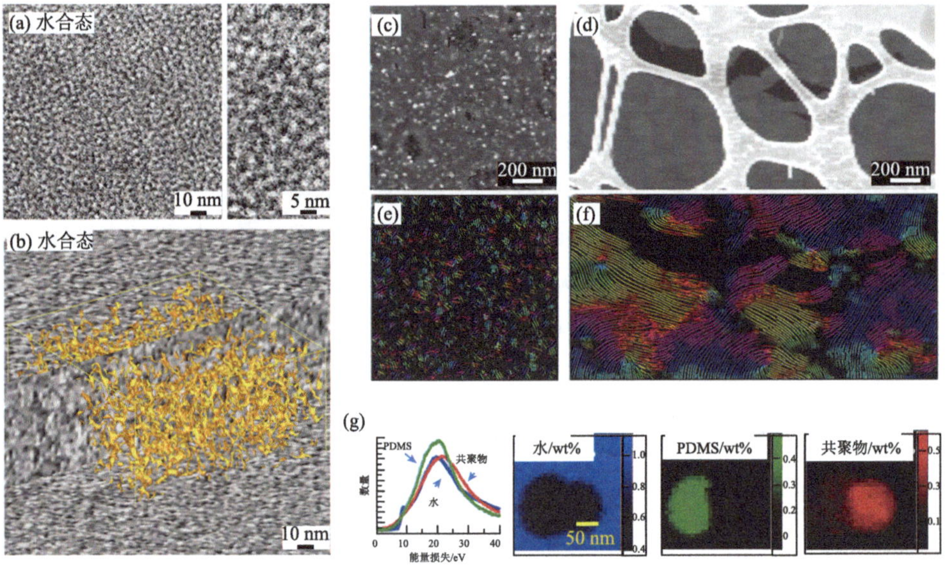

图 4-6　高分子材料的冷冻电子显微镜图像

（a，b）冷冻水合铸态 100 nm Nafion 膜的 cryo-TEM：（a）右边显示有放大区的亮场 cryo-TEM（二维投影）；（b）冷冻透射电镜三维重建；（c、d）对应于退火前（c）和退火后（d）的共轭高分子 PBTTT 薄膜的虚拟暗场重构；（e，f）对应于未退火前（e）和退火后（f）的 PBTTT 薄膜的流线图；（g）纯无定形冰，纯电子能量损失谱（PDMS）和纯共聚物的低损耗聚二甲基硅氧烷（EELS）光谱以及通过 EELS 成像以 10 nm 空间分辨率收集的分叶结构纳米颗粒的组成图

（2）共轭聚合物组装体

除了在玻璃冰中冷冻的样品外，Wirix 等[16]通过冷冻 TEM 研究了玻璃化有机溶剂中聚（3-己基噻吩）（P3HT）的组装行为，揭示了其共轭骨架堆叠形成的三

维片状结构（图 4-7），间距为 1.7 nm，并发现纳米线体表现出有序性增强的趋势。在使用成熟的速冻法对有机溶剂进行玻璃化时，需要特别注意避免伪影的产生。研究已表明，通过控制速冻条件，可以在各种有机溶剂（如正癸烷、甲苯、1, 2-二氯苯等）中成功实现玻璃化冷冻，从而为研究不同溶剂环境下的材料组装行为提供了可靠手段[16-19]。

P3HT的3D可视化cryo-ET

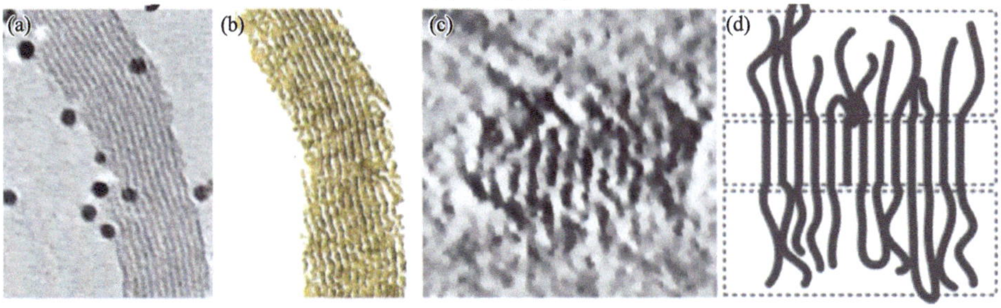

图 4-7　有机溶剂中 P3HT 的三维片状结构

（a）P3HT 纳米线的层析重建中生成的等值面；（b）冷冻透射电镜图像；（c）断层扫描重建切片导线的横截面；（d）描绘有序块体和无序边缘的示意图

（3）有机硅金属聚合物

可结晶的聚合物或 π-π 堆积分子双亲的溶液自组装作为制造一维（1D）纳米纤维和二维（2D）血小板胶束以及更复杂形态的一种途径，正在吸引越来越多的关注。由于高度散射富电子的铁中心的存在提供了极好的 TEM 衬度，如图 4-8 所示，Manners 等[20]观察了结晶性聚二茂铁二甲基硅烷（PFS）核心的纳米纤维。通过场发射枪冷冻 TEM 与直接电子探测器的结合，实现了对核心晶格和 PFS_{24}-*b*-P_4VP_{192} 纳米纤维的电晕链和结晶的纳米纤维核心（*d* 间距，约 0.65 nm）原位形态的清晰观察，见图 4-8（a）～（d），表明了高分辨冷冻 TEM 表征聚合物胶束的潜力。

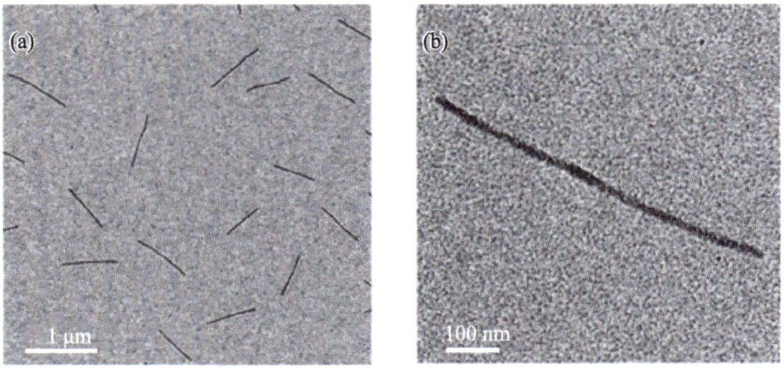

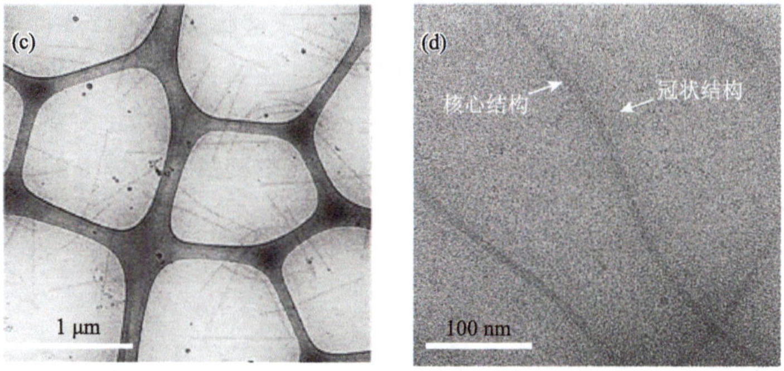

图 4-8 (a)、(b) PFS 纳米纤维；(c)、(d) 分别为低倍率 (c) 和高倍率 (d) 的 PFS 纳米纤维在约 90 K 的玻璃化异丙醇溶液中的冷冻 TEM

(4) 与其他技术结合

在早期的研究中，4D-STEM 被用于绘制聚合物混合物中晶体的分布图。后来，通过将 4D-STEM 与冷冻相结合，Minor[21]等证明了有机系统中的结构-性能关系可视化，并将加工/化学添加剂改善的设备性能与聚合物中纳米结晶相的分布和取向联系起来，如图 4-6 (c) ～ (f) 所示。Libera 等[22]通过研究聚苯乙烯中 π-π* 转变的衰减，报道了 EELS 低损耗区的光束损伤，并将这种衰减归因于损伤后的键合和共轭差异。为了克服这一问题，他们将样品保持在冷冻状态，成功获得了叶形聚合物聚集体的低损耗 EELS 图谱，见图 4-6 (g)。

4.3.2 高分辨透射电子显微镜

当散射电子束由单晶体的衍射作用形成一个尖锐而清晰的光点时，若这些电子束与未散射的电子束重新组合，便会形成由 Bragg 衍射产生的晶体面图像。进一步地，当多个电子束重新组合时，便可得到晶体结构的图像。这种基于相位衬度成像的技术被称为高分辨透射电子显微镜 (HRTEM)。对于常规的聚合物 TEM 研究，分辨率通常不低于几个纳米；而借助高能电子束作为"光源"的高分辨率透射电子显微镜 (HRTEM)，则能够实现原子级的成像，观察分子在晶格中的局部堆积、缺陷及界面等细节。为了实现这一目标，TEM 需要具备精准的光束准直，并且由于电子束的穿透力有限，对样品的厚度要求非常薄，这使得其适用于薄弱相物体的成像。此外，还需要采用最佳的离焦条件 (Scherzer 焦点)。近年来，HRTEM 在无机材料晶体结构研究中的应用已非常广泛，但在高分子材料中的应用仍然较为有限。

(1) 传统聚合物

一般来说，具有高熔点的高芳香聚合物和分子是 HRTEM 最适用的对象，因为它们对辐射损伤的敏感度较低。通过 HRTEM，研究人员已成功获得了多种聚合物的晶体衍射图样，包括聚丙烯［图 4-9（a）］[23]、聚苯乙烯［图 4-9（b）］[24]等。另外，还有直接观察聚（对苯基苯并异噁唑）（PBZO）链的 3.5 Å 堆积［图 4-9（c）］，能够显示骨架的局部取向并识别纤维内的缺陷[25]。这种排列和缺陷群对 PBZO 纤维的高模量和强度非常重要。此外，分别在 5.4 Å 和 3.8 Å 处对聚（间苯二胺）（MPDI）的（210）和（001）平面进行成像［图 4-9（d）］，对于揭示聚（间苯二胺）（MPDI）晶体的扭曲也很重要，证明了非手性分子产生螺旋结构的可能性[26]。

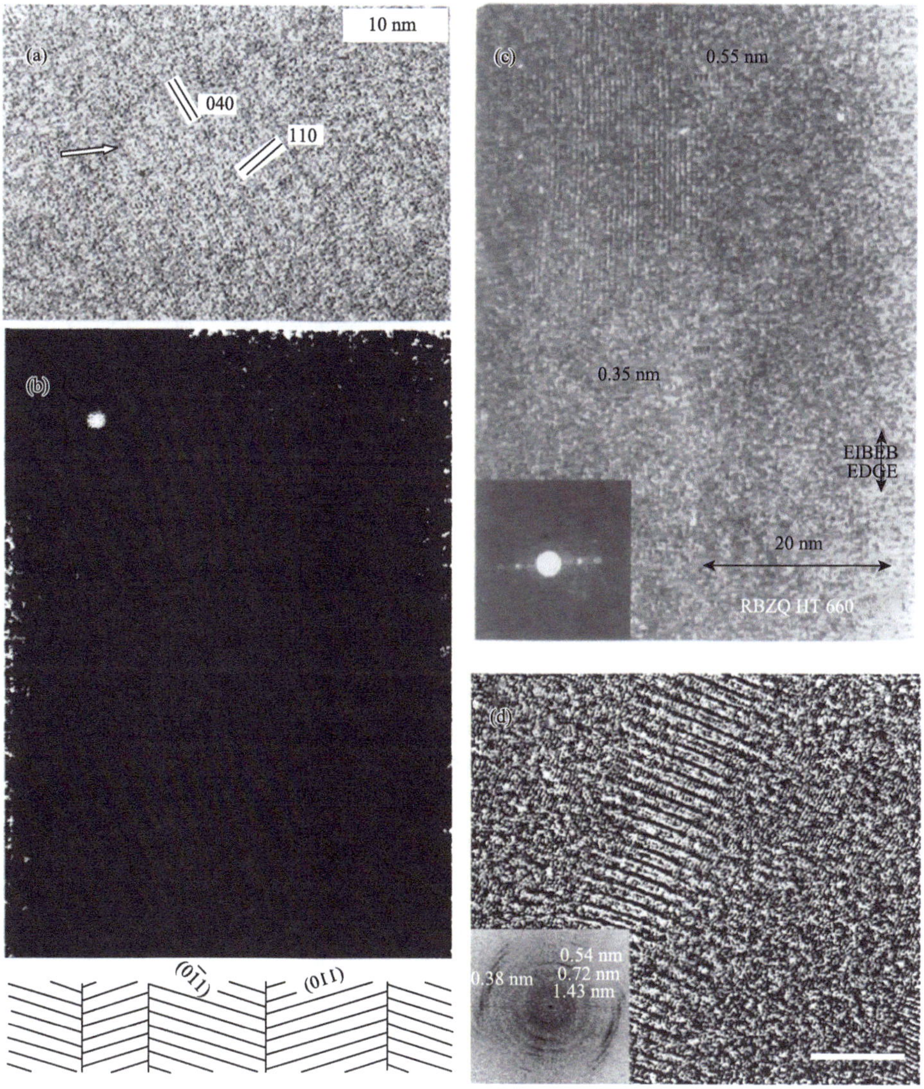

图 4-9　（a）聚丙烯的 HRTEM 图；（b）聚苯乙烯的 HRTEM 图；（c）纺丝后的 PBZO 的 HRTEM 图；（d）小面积扭曲纤维的冷冻 HRTEM 图像

（2）共轭聚合物

在电子束照射期间对聚合物造成的辐射损伤取决于电子和分子之间的相互作用，包括链断裂、自由基形成、交联和晶体有序性的破坏。虽然一些材料在电子束下具有显著的稳定性，但大多数 HRTEM 研究受到样品可以处理的电子剂量的限制（即样品厚度非常薄）仍然会受到光束损伤。有研究报道，聚合物材料产生光束损伤的机理可能与二次反应物的扩散有关，自由基清除剂可以用来减少辐照对聚合物的影响。

在可溶液加工的共轭聚合物材料中引入抗氧化剂已被证明能够有效降低有机太阳能电池的光束损伤。通过加入抗氧化剂丁基羟基甲苯（BHT），可以利用其作为受阻酚类化合物的稳定特性来防止紫外线辐射引发的降解。实验结果表明，即使抗氧化剂 BHT 不会改变或融入聚合物的晶体结构，其加入仍显著提升了材料的光束损伤临界剂量，表明抗氧化剂的存在增强了材料的稳定性。这一改进使得在室温下，能够利用 HRTEM 成像实现对共轭聚合物 PffBT4T-2OD 中 *d* 间距为 3.6 Å 的 π-π 堆叠结构的解析，而这一观察在此前的仪器条件下难以实现（图 4-10）。通过降低 TEM 表征过程中光束损伤的风险，BHT 的添加为稳定观察和研究共轭聚合物的微观结构提供了重要的技术保障。

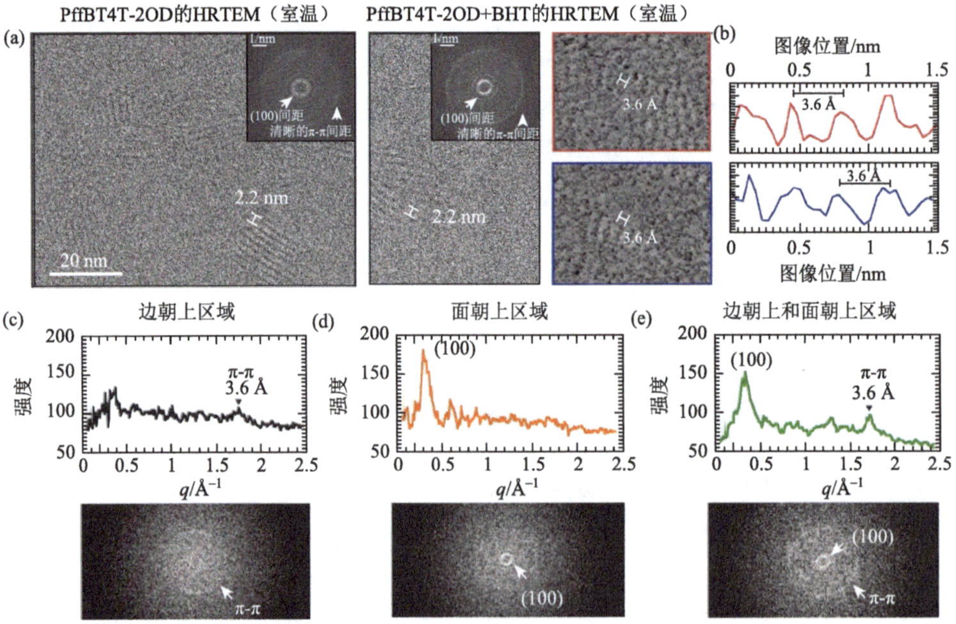

图 4-10　PffBT4T-2OD 及其共混体系在室温下的 HRTEM

（a）材料的 HRTEM 图像（插图：快速傅里叶变换图像）；（b）GIWAXS 的一维图像；快速傅里叶变换一维曲线（径向积分）上排和二维图像（下排）；（c）边朝上区域；（d）面朝上区域；（e）边朝上和面朝上区域

对可溶液加工的共轭聚合物链堆积进行成像，是理解电荷传导结构特征的关键，这一特性直接关系到有机光电子技术的性能优化。这类材料相较于聚丙烯、聚苯乙烯等传统聚合物，对光束具有更高的敏感性，因此 HRTEM 的研究多集中在片晶烷基堆叠（15～20 Å）的成像[27]。例如，通过对聚（3-己基噻吩）（P3HT）的 HRTEM 表征，揭示了其晶体在纤维内的有序排列，以及分子量对晶体薄片延伸的影响[28]。研究发现，当区域规整型 P3HT（Rr-P3HT）的重均分子量增加 10 倍时，材料的结构发生了显著变化，包括：（i）片层厚度波动增大，但聚合物在结晶区的平均长度保持不变；（ii）Rr-P3HT 链结晶堆积的无序度增加；（iii）晶体之间以及晶体与链之间的连接性增强。这些变化共同促进了片晶之间的连通性，如图 4-11 所示，进一步提升了材料的电荷传输性能。

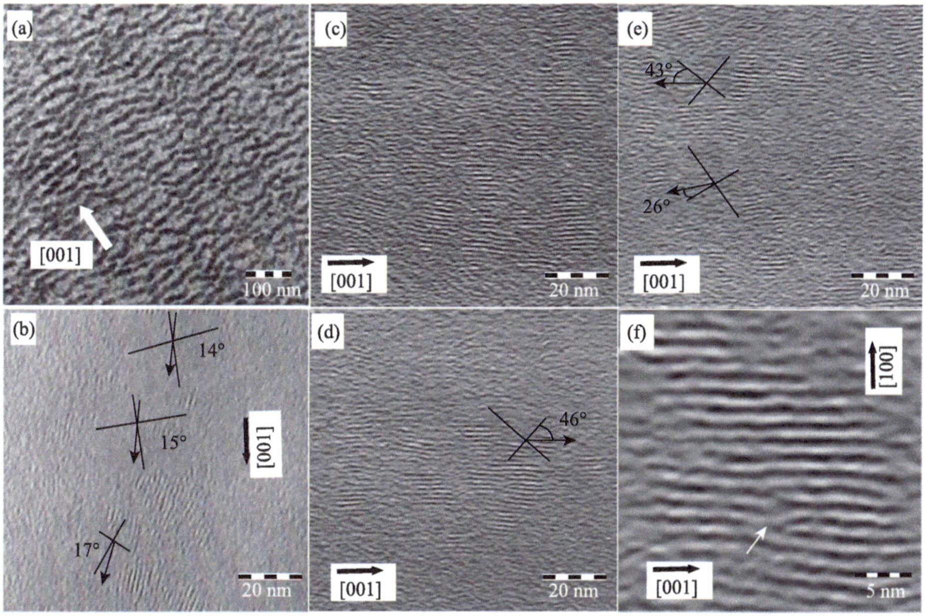

图 4-11　Rr-P3HT 取向薄膜的薄片区域欠聚焦 BF-TEM 图像

（a）Rr-P3HT（分子量 M_w = 18.8 kDa）取向薄膜薄区域的欠聚焦 BF TEM 图像；（b）相同区域的低剂量 HR-TEM 图像；（c）M_w = 69.6 kDa 的高分子量 Rr-P3HT 的低剂量高分辨透射电子显微镜（HR-TEM）；（d）π-堆叠的 Rr-P3HT 链连接连续的主要晶体薄层图像；（e）黑色箭头显示晶层中的分子链取向，实线描绘某些晶畴的边缘；（f）白色箭头指向两个层状晶体连接处的结构缺陷

最近的研究还考察了高性能光电器件中使用的 D-A（给体-受体）材料，揭示了高度有序的片状纳米结构[29]。本体异质结有机光伏器件的性能在很大程度上取决于活性层的形态。该研究报道了两种电子显微镜技术的组合，以定量表征 P3HT：PCBM 体异质结太阳能电池活性层的分子水平结构和介观结构相形态。其中，低

剂量高分辨电子显微镜（LD-HREM）提供了 P3HT 晶体及其在富 P3HT 结构相内取向的直接图像。这些晶体的高迁移率[010]晶体学方向与 P3HT 纤维轴重合。此外，P3HT 微晶的宽度与富含 P3HT 的原纤的宽度一致，并且小于纯 P3HT 薄膜中 P3HT 晶体的宽度（图 4-12）。

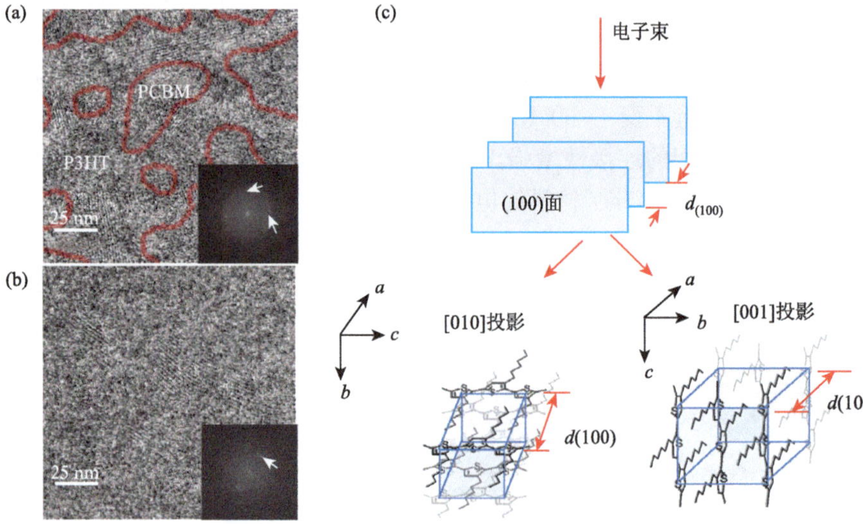

图 4-12　P3HT 晶体 1.6 nm（100）晶格平面的低剂量 HRTEM

（a）100 nm 厚 P3HT：PCBM 的 HRTEM 图像；（b）来自 100 nm 厚纯 P3HT 的 HREM 图像显示了层状晶体的（100）条纹；（c）P3HT 含噻吩（100）平面的示意图

4.3.3　能量过滤透射电子显微镜

由于高分子材料均是由低原子序数的原子组成，对电子的散射作用差异不明显，而且这部分用于成像的电子信号是弹性散射电子，为提高图像衬度，人们往往需要对样品进行物理或者化学修饰以获得高衬度，但是含有能量损失的非弹性散射电子信号没有被收集用于分析观察，能量过滤透射电子显微镜（EFTEM）正是利用了这部分信号，这部分信号可以用来反映样品的化学和电子结构信息，非弹性散射电子的产生是入射电子与样品内核外电子相互作用损失能量的结果，当入射电子与靠近核的电子发生非弹性散射时，由于越靠近核的电子具有的能量越高，所以入射电子损失的能量就越高，当入射电子与核外靠近壳的电子发生相互作用时，由于远离核的电子具有的能量较低，导致入射电子的能量损失较低。TEM 可以将这些信号以能量损失-能量损失强度的函数的形式记录下来，得到电子能量损失谱（EELS），如图 4-13 所示，EELS 中的高能量损失区可以用来定量元素组成，低能量损失区用来表征样品的电子结构。能量滤波透射电镜可以通过在谱仪后的狭缝选择具有一定能量损失的电子用于成像，从而进行元素或价位映射。这可以在 TEM 模式下的特定能量损失处收集图像，或者在 STEM 模式下，在每个像素处收集 EELS 光谱。样品的组成会影响 EFTEM 实验的效果，被映射元素的比重越高，衬度就越高[30]。

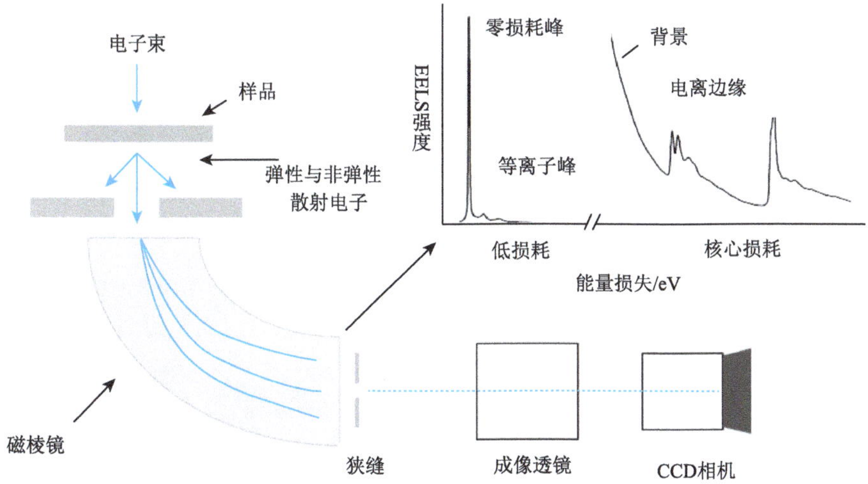

图 4-13　能量滤波透射电镜（EFTEM）示意图[31]

EFTEM 元素映射图谱是一种高效技术，能够准确分析聚合物体系中具有显著成分对比的结构特征。该方法广泛应用于聚合物电解质中离子的成像、固体-电解质界面的元素分布绘制，以及有机半导体混合物中纳米级相分离的研究。同时，能量过滤电子断层扫描（EFTEM tomography）进一步揭示了共轭聚合物/富勒烯混合物的三维结构。

由于 EFTEM 元素图谱的分析需要较高的电子束剂量，实验过程中需注意尽量减少原子扩散的影响。研究表明，EFTEM 和元素图谱技术对于相尺寸大于约 5 nm 的材料，能够有效揭示其中尺度结构特征。此外，该方法为绘制聚合物体系的纳米级元素组成提供了重要机遇，例如图 4-14 所示，其结果清晰展现了纳米级分布，为深入理解聚合物体系的结构与功能关系提供了可靠依据。

Kuei 等[32]以聚合物/富勒烯共混物中硫元素的 EFTEM 映射为例，提出了一种优化的聚合物元素映射方法。在 EFTEM 中，通过磁性棱镜分离不同能量损失的散射电子，并利用狭缝选择特定能量损失的电子来生成图像。当选择零能量损失信号时，可以获得对比度增强的零能量损失图像［如图 4-14（b）］，特别适用于有机材料，这比未滤波图像［如图 4-14（a）］具有更高的可视化效果。进一步，通过结合零能量损失图像和未滤波图像，可以计算出厚度图［如图 4-14（c）］。

由于聚合物的质量对比度通常较低，增强图像对比的常用方法是采用重元素的化学或物理染色。此外，三窗口法是一种有效的元素映射技术，该方法基于能量窗口的优化选择。对于 P3HT/PCBM 混合物，选择能量窗口为 128 eV、150 eV 和 185 eV，每个窗口宽度设为 20 eV（±10 eV）。通过获取两幅前边缘图像，如图 4-14（d）和 4-14（e）和一幅后边缘图像，如图 4-14（f）所示，利用两幅前边缘图像生成背景，并从后边缘图像中减去背景，可以获得硫元素的高对比度映射图，如图 4-14（g）所示。

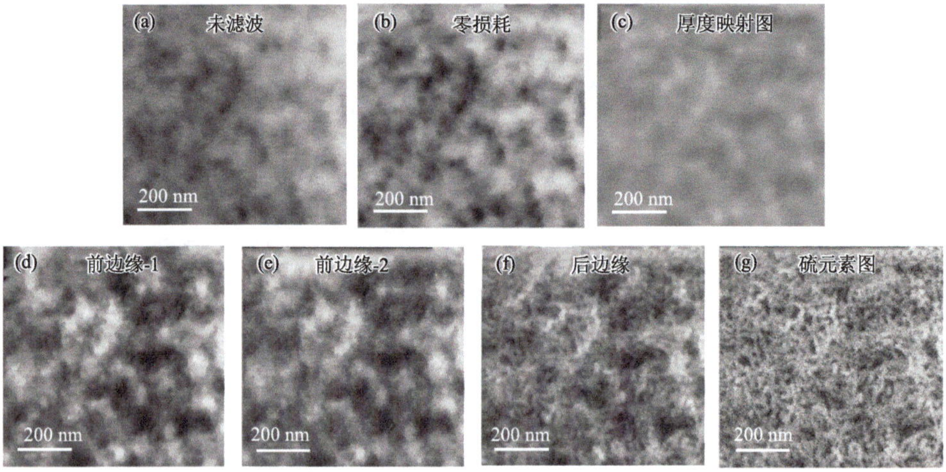

图 4-14　P3HT/PCBM 薄膜的透射电镜图像

（a）未经过滤的图像，由弹性和非弹性散射电子组成；（b）零损耗像，仅由弹性散射电子组成；从未滤波的零损耗图像中，可以生成厚度图（c）；虽然聚合物材料的零损耗图像不能显示太多的结构，但可以通过三窗口方法生成元素图，如硫元素图（g）；该方法使用两个前边缘图像（d，e）来估计从后边缘图像（f）中减去的背景

研究表明，元素图中的信号强度与硫元素的量成正比，这不仅能够区分薄膜内成分的空间分布，还可以通过厚度图与元素图的差异，揭示硫元素在薄膜内的局部富集情况。这种方法为聚合物/富勒烯共混物等复杂材料的纳米级成分分布研究提供了强有力的工具。

此外，研究表明，通过合理使用物镜光圈，可以显著增强聚合物材料元素图的对比度（图 4-15）。物镜光圈的主要作用是筛选并排除高角度散射电子，从而降低背景噪声并提高成像质量。非相干散射（如多重散射）与散射角度无关，会在图像中引入额外的背景信号或噪声。根据贝特理论，非弹性散射的微分截面会随着散射角的增加而急剧减小[33]。通过物镜光圈排除高角度散射电子，减少非相干散射对成像的干扰，能够显著提高图像的信噪比。在聚合物材料的元素图像中，尤其是依赖于非弹性散射电子的成像过程，这种高角度散射电子的比例可能更为显著。因此，物镜光圈在优化元素图像对比度和显微分析的精确性方面发挥了重要作用。

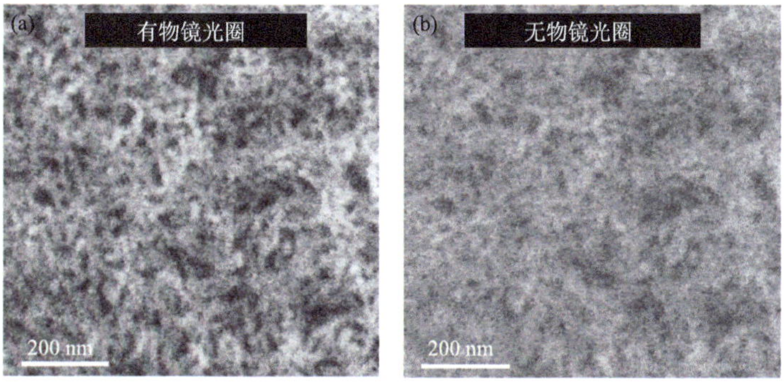

图 4-15　有物镜光圈（a）和无物镜光圈（b）的 P3HT/PCBM 薄膜的硫元素图

冷冻电镜（cryo-EM）技术在过去几十年取得了革命性的进展，尤其是在生物分子结构研究中的广泛应用。然而，中国在冷冻电镜仪器方面仍面临一系列“卡脖子”问题，这些问题制约了技术的进一步发展和广泛应用。

4.4 电镜的“卡脖子”问题

如前所述，创新科学仪器对于高水平的实验科学研究和理论科学的发展至关重要，是推动科学进步的核心动力。冷冻电镜的发明和发展，极大地推动了分子生物学、材料科学等领域的突破，尤其在生物大分子、病毒、蛋白质复合物等研究中发挥了至关重要的作用，成为生物医学和药物研发的不可或缺的工具。然而，尽管冷冻电镜技术取得了巨大的成功，当前我国的冷冻技术仍然在多方面面临严重的技术瓶颈，尤其是在设备采购、核心零部件自主制造以及技术研发能力等方面，仍然高度依赖进口。当前，我国的高端冷冻电镜设备主要依赖于国外厂商，如 FEI、JEOL 等。这些设备价格昂贵，通常需要上千万甚至上亿元人民币才能购买一台高性能的冷冻电镜。此外，由于这些设备复杂的操作界面和精密的工作原理，设备的维护和操作技术要求极高，需要经过专门的技术培训才能熟练操作，而这些培训及设备更新的技术支持也往往需要依赖于设备供应商本身，进一步加大了维护和更新的成本。此外，冷冻电镜的核心零部件，如电子枪、电子透镜系统、低温控制系统以及扫描探测系统等，仍然高度依赖进口。尤其是在电子透镜、探测器等关键部件上，国内生产能力尚未完全能够与国际一流技术接轨。

冷冻电镜的一个核心难点在于样品的制备，特别是在如何保证样品在冷冻过程中避免形态变化、冰晶形成以及污染问题方面。我国在冷冻样品制备技术上的积累和发展相对较慢，虽然已有部分实验室在该领域有所突破，但在高通量、高精度的冷冻样品制备技术上仍存在差距。冷冻样品制备设备（如液氮冷却装置、自动化样品制备平台等）主要依赖进口，国内自制设备的技术水平和应用范围还有待提高。

冷冻电镜产生的超高分辨率图像需要强大的计算能力来进行图像重建、三维结构解析和数据处理。中国在这方面的研究已经取得了一定进展，但与国际领先水平相比，仍然面临较大差距。尤其是数据处理软件、算法的自主开发能力不足，以及高性能计算平台的支持，限制了冷冻电镜技术的广泛应用和推广。需要更多针对冷冻电镜数据处理的专门技术和计算资源。

冷冻电镜技术涉及多个学科的交叉[34]，包括电子显微学、低温物理学、化学、计算机科学等。虽然近年来中国加大了相关领域的人才培养力度，但与欧美等技术领先国家相比，冷冻电镜领域的高水平研究人员和技术人员相对较少。冷冻电镜的操作与维护要求较高，尤其是设备调试、数据采集与处理、图像重建等操作需要丰富的经验和专业技术。人才的不足，使得很多高端冷冻电镜设备无法得到充分利用。冷冻电镜设备的高昂价格和复杂的维护要求使得许多科研机构难以承担。

4.5 本章小结

本章简要介绍了透射电子显微表征（TEM）的基本原理及其在高分子材料分析中的应用。首先，对 TEM 的基本构造进行了概述，解释了其工作原理及核心组件如何协同作用以实现高分辨率成像。通过对 TEM 成像原理的理解，读者可以更加深入地掌握这一工具在高分子材料研究中的重要性与优势。

其次，本章详细分析了影响 TEM 成像分辨率的主要因素，诸如电子束的加速电压、物镜的数值孔径以及样品厚度等。这些因素的合理控制不仅影响显微镜的分辨率，也决定了成像质量及其对高分子材料微观结构的观察精度。通过对这些影响因素的讨论，读者能够更好地理解如何优化 TEM 实验条件，从而提高实验结果的可靠性与准确性。

进一步地，本章介绍了当前透射电子显微镜的最新发展，并对应用在聚合物表征中的几种前沿技术进行了系统的概述。这些技术包括但不限于 HRTEM、EFTEM 等，每种技术都具备独特的优势与局限性。在此基础上，本章分析了它们各自适用的具体对象，并举例说明了这些技术如何在不同结构和形态的聚合物研究中发挥作用。例如，在聚合物薄膜、聚合物纳米复合材料等领域的实际应用，TEM 技术展现了其无可替代的优越性。

通过这些内容的介绍，读者可以获得对高分子材料透射电子显微表征的基本了解，为进一步深入研究该领域提供了理论支持。同时，本章也为初入高分子表征方法的读者提供了实用的指南，帮助他们更好地掌握 TEM 技术在高分子材料研究中的应用，进而为其后续研究和实验设计提供坚实的基础。

目前，我国在冷冻电镜仪器方面存在“卡脖子”问题，主要表现在设备和核心技术的自主研发能力不足、关键零部件依赖进口、样品制备技术的困难、高性能计算资源的缺乏以及高水平科研人才的匮乏等方面。要解决这些问题，亟需加大对冷冻电镜技术的研发投入，特别是在核心部件、数据处理和自动化样品制备等关键领域实现自主突破，同时培养更多的高水平技术人才，并加强与国际先进技术的合作与交流。

参考文献

[1] WILLIAMS D B，CARTER C B. The Transmission Electron Microscope[M]//Transmission electron microscopy：A textbook for materials science. Boston：Springer US，2009：3-22.

[2] MICHLER G H. Transmission Electron Microscopy：Fundamentals of Methods and Instrumentation[M]//Electron microscopy of polymers. Berlin：Springer Berlin Heidelberg，2008：15-51.

[3] MICHLER G H. Transmission Electron Microscopy：Conventional and Special Investigations of Polymers[M]//Electron microscopy of polymers. Berlin: Springer Berlin Heidelberg，2008：53-85.

[4] JACCODINE R. Observations of spiral growth steps in ethylene polymer[J]. Nature，1955，176（4476）：305-306.

[5] KELLER A. A note on single crystals in polymers：Evidence for a folded chain configuration[J]. The Philosophical Magazine：A Journal of Theoretical Experimental and Applied Physics，1957，2（21）：1171-1175.

[6] FISCHER E W. Notizen：Stufen-und spiralförmiges kristallwachstum bei hochpolymeren[J]. 1957，12（9）：753-754.

[7] 王绍娟，辛瑞，扈健，等. 透射电子显微镜在聚合物不同层次结构研究中的应用[J]. 高分子学报，2022，53（3）：289-306.

[8] CHIANG C K，FINCHER C R，PARK Y W，et al. Electrical conductivity in doped polyacetylene[J]. Physical Review Letters，1978，40（22）：1472-1472.

[9] GUO X，FACCHETTI A. The journey of conducting polymers from discovery to application[J]. Nature Materials，2020，19：922-928.

[10] PENG Z，XIAN K，CUI Y，et al. Thermoplastic elastomer tunes phase structure and promotes stretchability of high-efficiency organic solar cells[J]. Advanced Materials，2021，33（49）：2106732.

[11] LI Y，HUANG W，LI Y，et al. Opportunities for cryogenic electron microscopy in materials science and nanoscience[J]. ACS Nano，2020，14（8）：9263-9276.

[12] POUGET E M，BOMANS P H H，DEY A，et al. The development of morphology and structure in hexagonal vaterite[J]. Journal of the American Chemical Society，2010，132（33）：11560-11565.

[13] KIM G，SOUSA A，MEYERS D，et al. Diffuse polymer interfaces in lobed nanoemulsions preserved in aqueous media[J]. Journal of the American Chemical Society，2006，128（20）：6570-6571.

[14] GHEZZI M，PESCINA S，PADULA C，et al. Polymeric micelles in drug delivery：An insight of the techniques for their characterization and assessment in biorelevant conditions[J]. Journal of Controlled Release，2021，332：312-336.

[15] ALLEN F I，COMOLLI L R，KUSOGLU A，et al. Morphology of hydrated as-cast nafion revealed through cryo electron tomography[J]. ACS Macro Letters，2015，4（1）：1-5.

[16] WIRIX M J M，BOMANS P H H，FRIEDRICH H，et al. Three-dimensional structure of P3HT assemblies in organic solvents revealed by cryo-TEM[J]. Nano Letters，2014，14（4）：2033-2038.

[17] HOLLAMBY M J，KARNY M，BOMANS P H H，et al. Directed assembly of optoelectronically active alkyl－π-conjugated molecules by adding n-alkanes or π-conjugated species[J]. Nature Chemistry，2014，6（8）：690-696.

[18] CUI H，HODGDON T K，KALER E W，et al. Elucidating the assembled structure of amphiphiles in solution via cryogenic transmission electron microscopy[J]. Soft Matter，2007，3（8）：945-955.

[19] OOSTERGETEL G T，ESSELINK F J，HADZIIOANNOU G. Cryo-electron microscopy of block copolymers in an organic solvent[J]. Langmuir，1995，11（10）：3721-3724.

[20] TIAN J，XIE S-H，BORUCU U，et al. High-resolution cryo-electron microscopy structure of block copolymer nanofibres with a crystalline core[J]. Nature Materials，2023，22（6）：786-792.

[21] PANOVA O，OPHUS C，TAKACS C J，et al. Diffraction imaging of nanocrystalline structures in organic semiconductor molecular thin films[J]. Nature Materials，2019，18（8）：860-865.

[22] SIANGCHAEW K，LIBERA M. Energy-loss measurements of polymer microstructure and polymer interfaces：Issues and opportunities[J]. Microscopy and Microanalysis，1997，3（6）：530-539.

[23] PLUMMER C J G，GENSLER R D，KAUSCH H H J C，et al. Lattice imaging in melt crystallized polypropylene thin films[J]. Colloid and Polymer Science，1997，275：1068-1077.

[24] TSUJI M，FUJITA M，SHIMIZU T，et al. Fine structures of curved edge-on lamellae in crystalline thin films of isotactic polystyrene as revealed by transmission electron microscopy[J]. Macromolecules，2001，34（14）：4827-4833.

[25] MARTIN D C，THOMAS E L. Ultrastructure of poly(p-phenylenebenzobisoxazole) fibers[J]. Macromolecules，1991，24（9）：2450-2460.

[26] KÜBEL C，LAWRENCE D P，MARTIN D C. Super-helically twisted strands of poly(m-phenylene isophthalamide)（MPDI）[J]. Macromolecules，2001，34（26）：9053-9058.

[27] KUEI B，GOMEZ E D. Pushing the limits of high-resolution polymer microscopy using antioxidants[J]. Nature Communications，2021，12（1）：153.

[28] BRINKMANN M，RANNOU P. Molecular weight dependence of chain packing and semicrystalline structure in oriented films of regioregular poly(3-hexylthiophene) revealed by high-resolution transmission electron microscopy[J]. Macromolecules，2009，42（4）：1125-1130.

[29] DRUMMY L F，DAVIS R J，MOORE D L，et al. Molecular-scale and nanoscale morphology of P3HT：PCBM bulk heterojunctions：Energy-filtered TEM and low-dose HREM[J]. Chemistry of Materials，2011，23（3）：907-912.

[30] VERBEECK J，VAN DYCK D，VAN TENDELOO G. Energy-filtered transmission electron microscopy：An overview[J]. Spectrochimica Acta Part B：Atomic Spectroscopy，2004，59（10）：1529-1534.

[31] KUEI B. Pushing the resolution limits for imaging conjugated polymers in the transmission electron microscope[D]. The Pennsylvania State University，2020.

[32] KUEI B，KABIUS B，GRAY J L，et al. Strategies for elemental mapping from energy-filtered TEM of polymeric materials[J]. MRS Communications，2018，8（3）：1321-1327.

[33] EGERTON R F. Bethe theory for high incident energies and anisotropic materials[M]. Electron energy-loss spectroscopy in the electron microscope. Boston，MA；Springer US，2011.

[34] TIAN J，XIE S，BORUCU U，et al. High-resolution cryo-electron microscopy structure of block copolymer nanofibres with a crystalline core[J]. Nature Materials，2023，22（6）：786-792.

第5章

高分子材料的透射 X 射线散射表征方法

X 射线作为一种高频、高能的电磁波，凭借其卓越的穿透能力和与物质相互作用的独特方式，成为揭示材料内部结构的重要工具。特别是在高分子材料的微观结构研究中，透射 X 射线散射技术已经发展成为一种至关重要的分析手段。由于 X 射线能够穿透物质并与原子、分子发生相互作用，它可以深入样品内部，提供有关高分子材料的详细信息，尤其在探讨晶体结构、相变行为、晶体缺陷等方面具有无可替代的优势。X 射线散射技术能够以非破坏性的方式，揭示高分子材料的三维结构及其内部的微观特征，因此，它对于新材料的设计、制备以及性能改进具有重要的技术支持作用。

透射 X 射线散射技术的发展推动了高分子材料研究的深入，可以帮助研究人员实现了对高分子材料微观结构的精准表征。无论是微观还是介观尺度，这些技术都能够揭示出材料内部的微结构特征，并帮助研究者理解这些特征如何与材料的物理化学性质和宏观性能之间相互作用。通过精确的结构分析，研究人员能够进一步优化高分子材料的设计，推动材料的创新与应用。

本章将系统讲解透射 X 射线散射技术的理论基础，重点介绍广角 X 射线散射（WAXS）、小角 X 射线散射（SAXS）、共振软 X 射线散射（RSoXS）、共振韧 X 射线散射等多种重要表征方法。这些技术不仅能够为研究高分子材料的微观结构提供深入的分析，也有助于揭示高分子链构象、材料的结晶与相分离行为、聚合物的自组装过程等关键信息。通过本章的学习，读者可以系统掌握透射 X 射线散射技术的基本原理与应用方法，理解其在高分子材料研究中的广泛应用，希望能够利用这一强大的工具推动高分子科学的进一步发展。

5.1 透射 X 射线散射基础

5.1.1 X 射线的产生及其性质

X 射线的产生涉及 3 种常见机制：带电粒子的加速、离散能级间的原子跃迁以及某些原子核的放射性衰变。每种机制都会产生具有特征性的 X 射线光谱。根据经典电磁学理论，加速的电荷会发射电磁波。在实际应用中，最常见的 X 射线源是 X 射线管，它通过高能电子束撞击固体目标产生 X 射线。当高速电子与目标的电子和原子核相互作用时，它们由于偏转和减速释放能量，这种能量以轫致辐射的形式表现为一个连续的电磁辐射谱，其峰值位于 X 射线区域。在 X 射线管中，大部分辐射能量都以这种连续光谱的形式释放。

更强大且更大型的连续 X 射线源是同步加速器和存储环，其中带电粒子（通常为电子或正电子）被加速到极高能量，并在强磁场的引导下沿闭合轨道运动。当带电粒子在磁场中被偏转并加速时，产生的辐射称为同步辐射，其性质由磁场强度和粒子能量决定，呈现为连续谱。

除了连续辐射光谱外，X 射线管还会产生与靶材料相关的离散 X 射线发射线光谱，称为特征辐射。当目标材料暴露在初级 X 射线束下时，会产生特征 X 射线辐射。早期科学家发现，X 射线发射线的波长与目标元素的原子序数之间存在关系——波长与原子序数的平方成反比。因此，X 射线成为原子物理学中确定原子序数的重要工具。如今，X 射线荧光技术广泛应用于识别材料的元素成分。

X 射线和光一样，都是电磁波，具有波粒二象性，但 X 射线的波长比可见光更短。X 射线的波长为 0.01～100 Å 不等，如图 5-1 中所示，在聚合物的 X 射线衍射实验中，使用的 X 射线波长通常为 0.05～0.25 nm。最常用的是 CuKα 射线，波长为 0.1542 nm，这个波长与聚合物微晶单胞的尺寸相当，使其在聚合物研究中尤其有用。

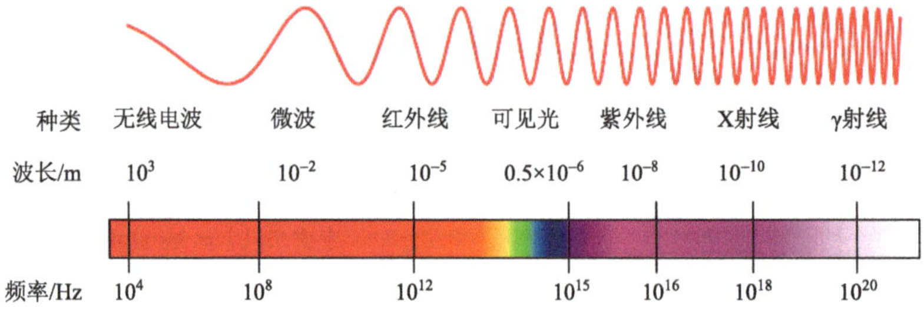

图 5-1　电磁波的波长范围

5.1.2　X 射线谱

具有连续波长成分的 X 射线通常被称为“白色”X 射线，见图 5-2。这种 X 射线的生成源于 X 射线管内的电子束。当加速的电子束撞击到靶材（阳极）时，电子的运动会突然受到制止，从而产生极大的负加速度。由于这一剧烈的加速变化，周围的电磁场也发生了迅速变化，进而激发出电磁波——即 X 射线。白色 X 射线的一个显著特点是它包含了多个不同波长的成分。这是因为在 X 射线管内，不同的电子与靶材物质的相互作用程度不同。一部分电子穿透靶材的深度较浅，而另外一些则穿透得更深，动能也因此有所不同。结果，电子损失的能量不一，导致了 X 射线的不同波长成分的产生。这种具有连续波长的 X 射线通常用于实验中进行材料的分析，特别是通过衍射和散射等方法来研究物质的微观结构。

当保持原来电子动能并转为 X 射线光子时，具有最短波长 λ 短波限（或 λ_0），故有

$$\mathrm{e}V = h\nu_{\text{上限}} = hc/\lambda_0 \tag{5-1}$$

$$\lambda_0 = hc/\mathrm{e}V = 12400/V \tag{5-2}$$

式中，e 为电子电荷；V 为电子通过两极的电压降；h 为 Planck 常量，等于 6.626×10^{-34} J·s；λ_0 为 X 射线短波极限（Å）；ν 为 X 射线频率（s^{-1}）；c 为 X 射线速度，等于 3×10^{8} m/s。

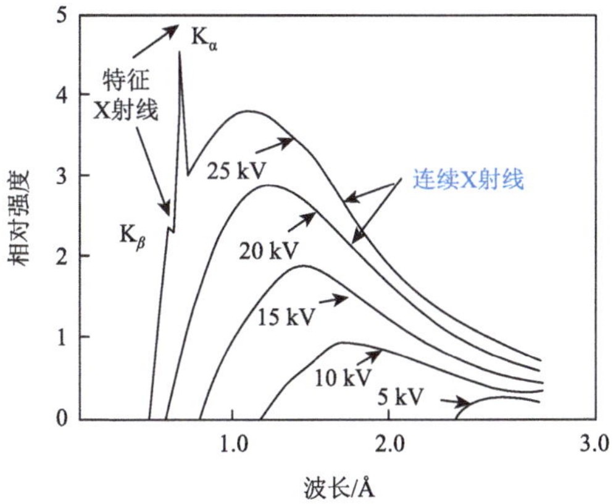

图 5-2　钼的 X 射线光谱及其与电压的关系

特征 X 射线是由阳极物质的原子序数决定的，具有特定波长的 X 射线。它们的产生过程如下：当高速电子流撞击到阳极物质时，这些电子携带的能量足够大，可以击出阳极物质原子内层（如 K 层或 L 层）的电子。由于原子内层电子被击出，原子形成了一个空穴，导致原子总能量升高。

为了恢复到能量较低的状态，原子外层的电子会跃迁到空位处，填补这个内层电子的缺失。在电子跃迁过程中，由于外层电子的位能较高，跃迁到内层时会释放出特定波长的 X 射线。这些 X 射线的波长是由跃迁前后两个能级之间的能量差决定的，因此具有很强的特定性。每种元素的原子能级结构不同，所以特征 X 射

线的波长也有所不同。高序数的元素（即具有较大原子序数的元素）其内层电子与外层电子之间的能量差较大，因此所发射的特征 X 射线波长较短，能量较高。图 5-3 是特征 X 射线产生的机理，其波长见表 5-1。如图 5-3（a）所示，靶的 K 层电子被击出后出现空位，L 层电子具有最大的迁入概率，产生的 X 射线称为 K_α。L 层内有三个不同能级，由量子力学选择定则有两个能级电子允许迁入 K 层，故 K_α 是由 $K_{\alpha1}$ 和 $K_{\alpha2}$ 组成，$K_{\alpha1}$ 强度为 $K_{\alpha2}$ 的 2 倍，波长较 $K_{\alpha2}$ 也短 0.004 Å，当分辨率低时，$K_{\alpha1}$ 与 $K_{\alpha2}$ 分不开，如图 5-3（b）所示。

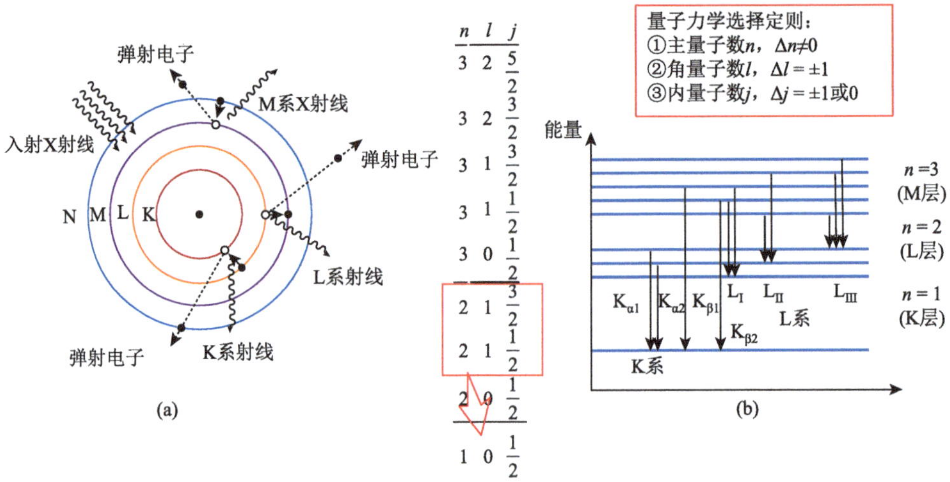

图 5-3　特征 X 射线产生机理（a）电子跃迁；（b）原子能级及电子跃迁图

由 M 层电子跃迁入 K 层空位，发生的 X 射线称 K_β 线。K_β 线由 $K_{\beta1}$ 和 $K_{\beta2}$ 组成，$K_{\beta2}$ 因强度太弱常常被忽略。对聚合物 X 射线衍射最有用的是 Cu K_α 线，见表 5-1。

表 5-1　常用 X 射线特征波长数据及滤波条件

靶材料		靶面发射的 X 射线				滤波			操作电压/kV	被 K_α 强烈吸收及散射的元素
原子序数	元素	K_α 平均值/Å	$K_{\alpha1}$/Å	$K_{\alpha2}$/Å	$K_{\beta1}$/Å	原子序数	元素	K 吸收限/Å		
24	Cr	2.2907	2.29361	2.28970	2.08487	23	V	2.2691	30～40	Ti，Sc，Ca
26	Fe	1.93731	1.93998	1.93604	1.75661	25	Mn	1.8964	35～45	Cr，V，Ti
27	Co	1.7903	1.79285	1.78897	1.62079	26	Fe	1.7435	35～45	Mn，Cr，V
29	Cu	1.5418	1.54439	1.54056	1.39222	28	Ni	1.4881	35～45	Co，Fe，Mn
42	Mo	0.7107	0.71359	0.70930	0.63229	40	Zr	0.6888	50～55	Y，Sr，Ru

5.1.3　X 射线吸收

强度 I_0 的单色 X 射线，透过厚度为 l（cm）的物质，其吸收为：

$$I = I_0 e^{-\mu l}，\ 或\ \mu = \frac{1}{l}\ln\frac{I_0}{I} \tag{5-3}$$

式中，I_0 为入射 X 射线强度；I 为穿透 X 射线强度；μ 为线吸收系数（cm^{-1}）；l 为样品厚度（cm）。μ 的数值随物质的状态而变，它可由物质的化学组成、密度（ρ）、质量吸收系数（μ_m）算得，$\mu_m = \frac{\mu}{\rho}$。表 5-2 列出了一些常见聚合物及其元素的质量吸收系数。

某高分子的质量吸收系数可按式（5-4）计算：

$$\mu_m = \sum \mu_{m,i} W_i \tag{5-4}$$

式中，$\mu_{m,i}$ 为第 i 种元素原子的质量吸收系数；W_i 为第 i 种原子的质量分率，如聚乙烯 $\text{-}\!\!\left(C_2H_4\right)\!\!_n\text{-}$ 的重复单元相对分子质量 $= 2\times12.01 + 4\times1 = 28.02$；$\mu_m(H) = 0.435$，$\mu_m(C) = 4.60$（表 5-2），则为：

$$\mu_m = \frac{24.02}{28.02}\times\frac{4.60\ cm^2}{g} + \frac{4}{28.02}\times\frac{0.435\ cm^2}{g} = 4.00\ cm^2/g \tag{5-5}$$

表 5-2　元素及高分子材料对 CuK_α 的质量吸收系数 μ_m（单位：cm^2/g）

元素	μ_m	元素	μ_m	高分子材料	μ_m	高分子材料	μ_m
H	0.435	Si	60.6	聚乙烯	4.00	聚丙烯腈	5.13
C	4.60	S	89.1	聚乙烯醇	6.72	聚氯乙烯	61.9
N	7.52	Cl	106	聚丙烯	4.00	聚偏氯乙烯	78.7
O	11.5	Br	99.6	尼龙 6、尼龙 66	5.53	聚四氟乙烯	13.53
F	16.4	I	294	聚酯	6.72	纤维素	7.75

μ_m 与 X 射线波长及吸收物质的原子序数有关，$\mu_m \approx k\lambda^3 Z^3$，$k$ 为常数。但物质的这种吸收性质在某一定波长时是不连续的，会有突跃式的改变（图 5-4）。吸收突变的产生可解释为当入射 X 射线光子具有足够能量（波长较短）时，可将样品中 K 层电子击出，产生荧光 X 射线。当入射 X 射线波长逐渐增加时，对物质的穿透减少，相当于 μ_m 逐渐增加。由于 X 射线波长加长，X 射线光子能量下降；而当下降到某一数值，不足以使物质产生 K 层电子激发时，入射线光子能量除消耗一部分激发 L、M 层电子外，大部分透过，相当于 μ_m 反而降低，这就

是图 5-4 中第一个突变产生的原因，这个突变称 K 吸收限，还有 L 吸收限出现。对 Ni 而言，K 吸收限波长为 $\lambda = 1.4881$ Å（表 5-1）。当吸收物质一定时，一般地说，吸收系数随波长的减小而急剧下降，但减小到某一波长时，吸收突增，这个吸收跃增的波长称为吸收限，它是吸收元素的特征量，不随实验条件而变。

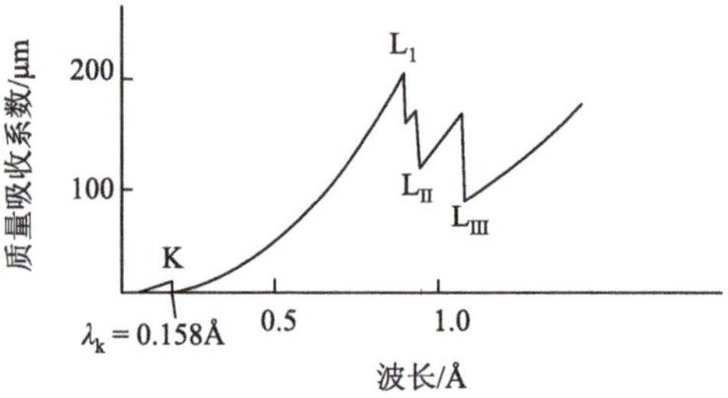

图 5-4 白金质量吸收系数与波长的关系

利用吸收限的性质，选择滤波材料的吸收限刚好在靶材料特征 X 射线 K_α 及 K_β 辐射波长之间（滤波材料一般比靶材料元素的原子序数小 1 或 2），可将大部分 K_β 辐射滤掉，而 K_α 很少损失，基本上得到 K_α 单色辐射。有关靶材料及其相应滤波材料选择见表 5-1。图 5-5 是铜靶 X 射线光谱经 Ni 滤波前后的比较示意图。这种采用对 K_β 线质量吸收系数很大，而对 K_α 线质量吸收系数较小的物质做成的 X 射线滤波片称 K_β 滤波片。目前广泛使用单色器使 X 射线单色化，单色器是利用单晶的某一晶面，如石墨的（002）晶面，将 X 射线单色化的装置。

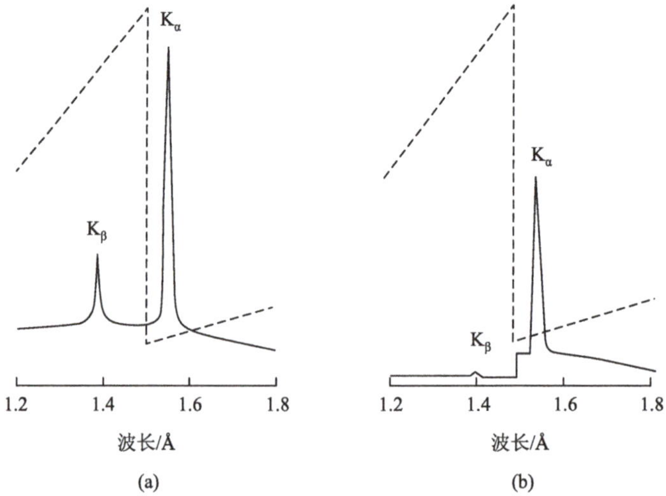

图 5-5 Cu 靶 X 射线谱示意图（a）滤波前；（b）经 Ni 滤波后；虚线表示 Ni 的质量吸收系数

5.2 广角/小角 X 射线散射

同步辐射 X 射线作为一种具有高亮度、可调光能和强大穿透力的研究工具，恰好能够满足高时间分辨率和高空间分辨率的要求，并且其可调的光能量使得对多元相互作用的直接研究成为可能。因此，无论是在解决传统高分子科学中的基础问题，还是在研究新兴的热门科学问题，先进的同步辐射 X 射线散射技术都将起到至关重要的作用。

广角 X 射线散射（WAXS）和小角 X 射线散射（SAXS）是两种重要的 X 射线散射技术，广泛用于研究材料的微观结构，它们之间的主要区别在于散射角度范围和所研究的尺度。WAXS 主要用于研究材料中的短程有序结构，适合分析晶体的局部结构、晶格常数、晶体缺陷等。WAXS 通常在较大的散射角度范围内（$2\theta>10°$）工作，可以提供关于材料结晶度和分子有序性的信息。SAXS 用于研究材料的大尺度结构，如纳米颗粒、聚合物链的构象、胶体颗粒的形态等。SAXS 在较小的散射角度范围内（$2\theta<5°$）工作，适合揭示材料的微观形态、分子间相互作用以及纳米级别的结构特征。这两种技术常常结合使用，共同提供从纳米尺度到原子尺度的结构信息，特别适用于研究高分子材料、纳米复合材料等复杂体系。同步辐射 SAXS 和 WAXS 是研究高分子晶体及其他有序结构的重要实验手段，能够为揭示高分子材料的微观结构提供强有力的支持。尤其是在 0.1～1000 nm 尺度范围内，SAXS 和 WAXS 的结合使用能够跨越 4 个数量级进行结构检测，揭示材料从宏观到微观的细致变化。同步辐射的高亮度、高空间分辨率和高时间分辨率为原位研究高分子材料在合成及成型加工过程中的结构演变提供了独特的优势。通过将纺丝、挤出、拉伸、剪切等高分子加工工艺与同步辐射 X 射线散射实验平台结合，研究人员能够实时监测加工过程中外场作用下的高分子结晶及其他有序结构变化。这不仅帮助完善了高分子在非热力学平衡状态下的基本理论，也为高分子材料的加工工艺和性能优化提供了宝贵的实验数据与指导。

5.2.1 基本原理

晶体结构解析的衍射原理和方法学主要是在 20 世纪初期建立的，其中包括布拉格定律、晶体学对称、群论以及从实空间到倒易空间的傅里叶变换等概念。在此我们将简要概述其中几个重要的概念和原理。

Bragg 公式：如图 5-6 所示，当一束单色 X 射线非垂直入射晶体后，从晶体中的原子散射出的 X 射线在一定条件下彼此会发生干涉，满足下列方程：

$$n\lambda = 2d\sin\theta,\ n = 1,2,3,\cdots \tag{5-6}$$

其中 λ 为入射光波长，d 为晶面间距，θ 为入射光与晶面的夹角。

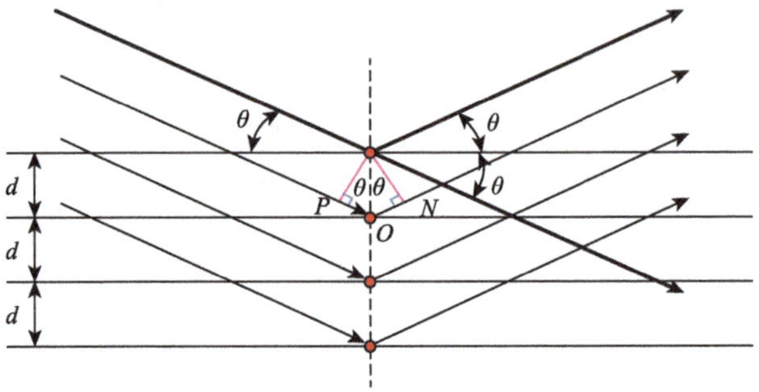

图 5-6　Bragg 的条件

Polanyi 公式：如图 5-7（a）所示，当一束波长为的 X 射线垂直入射在一维线性点阵时（例如单轴取向的纤维样品），其等同周期为 1，当满足 Polanyi 方程公式时，散射出的 X 射线间会产生强烈的衍射：

$$I\sin\Phi_m = m\lambda,\ m = 0,1,2,\cdots \tag{5-7}$$

其中，Φ_m 为第 m 层衍射的仰角。结晶高分子中分子链排列时以相同结构单元重复出现的周期长度被称为等同周期（identity period）或者纤维周期（fiber period），图 5-7（b）为全同聚丁烯-1 的（3/1）螺旋构象，可以利用 Polanyi 公式从二维 X 射线纤维图中计算等同周期。

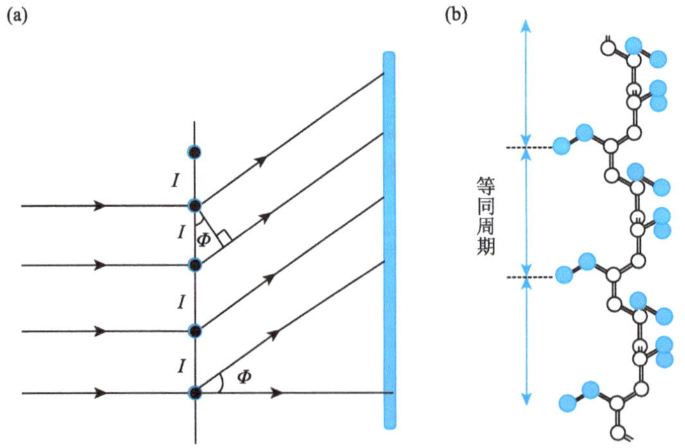

图 5-7　（a）Polanyi 的条件；（b）*it*-PB-1 的理想周期

倒易点阵是一个基于晶体结构周期性特征而抽象出的三维空间坐标体系，它作为一种简洁而高效的数学工具，被广泛应用于晶体衍射的描述中。X 射线衍射图样实际上是晶体倒易点阵的一种表现形式，而非晶体正点阵的直接反映。正点阵与倒易点阵之间存在着倒数关系，这种关系意味着在倒易点阵中，晶面指数（*hkl*）的数值越大，它所对应的实晶格中的晶面间距就越小。因此，通过倒易点阵的分析，我们可以间接地获取关于晶体内部结构的信息。如图 5-8（a）所示，假设晶体点阵中的单位矢量为 $\boldsymbol{a}_1, \boldsymbol{a}_2$ 和 $\boldsymbol{a}_3$，和它对应的倒易点阵的单位矢量为 $\boldsymbol{a}_1^*$，$\boldsymbol{a}_2^*$ 和 $\boldsymbol{a}_3^*$，其关系如下式：

$$\boldsymbol{a}_1^* = \boldsymbol{a}_2 \times \frac{\boldsymbol{a}_3}{Vd_{100}} = \frac{1}{\boldsymbol{a}_1^*}$$

$$\boldsymbol{a}_2^* = \boldsymbol{a}_1 \times \frac{\boldsymbol{a}_3}{Vd_{100}} = \frac{1}{\boldsymbol{a}_2^*}$$

$$\boldsymbol{a}_3^* = \boldsymbol{a}_1 \times \frac{\boldsymbol{a}_2}{Vd_{001}} = \frac{1}{\boldsymbol{a}_3^*} \tag{5-8}$$

其中，晶胞体积 $V = \boldsymbol{a}_1 \times (\boldsymbol{a}_2 \times \boldsymbol{a}_3)$，$\boldsymbol{a}^*$垂直于 $\boldsymbol{a}_2$ 和 $\boldsymbol{a}_3$，$\boldsymbol{a}_2^*$垂直于 $\boldsymbol{a}_1$ 和 $\boldsymbol{a}_3$，$\boldsymbol{a}_3^*$垂直于 $\boldsymbol{a}_1$ 和 $\boldsymbol{a}_2$，其长度是相应晶面间距的倒数的向量。

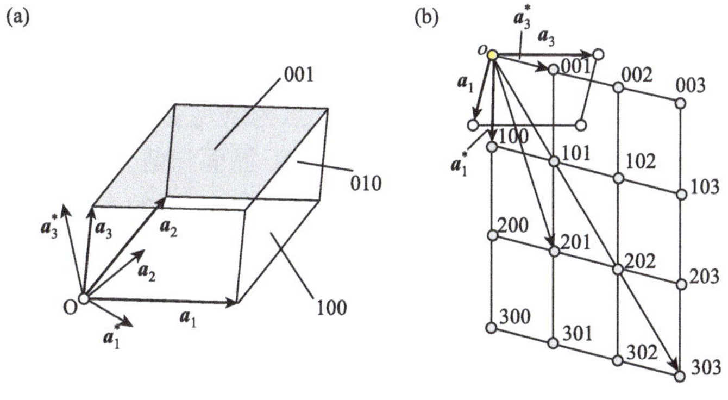

图 5-8　（a）实空间与倒易空间的关系；（b）倒易晶格和向量

倒易晶格中的任一点称作倒易点，倒易点阵的阵点与晶体学平面的矢量相关，每一组晶面（*hkl*）都对应一个倒易点，从倒易空间原点指向倒易点的矢量被称为倒易矢量 $\boldsymbol{H}_\mathrm{n}$，如图 5-8（b）所示，其关系如下：

$$\boldsymbol{H}_{hkl} = h\boldsymbol{a}_1^* + k\boldsymbol{a}_2^* + l\boldsymbol{a}_3^* \tag{5-9}$$

其中，（*hkl*）是实空间中的晶面指数，且 *h, k, 1* 均为整数。倒易矢量 $\boldsymbol{H}_{hkl}$ 垂直于正点阵中的（*hkl*）晶面，并且矢量的长度等于其对应晶面间距的倒数 $\boldsymbol{H}_{hkl} = 1/d_{hkl}$。

Bragg 公式指出，当散射矢量等于某倒易点阵矢量时就具备发生衍射的基础，如果把 Bragg 公式进行变形，可得到如下公式：

$$1/(d_{hkl}) = (1/\lambda) \times 2\sin\theta \quad (5\text{-}10)$$

以 1/2 为半径画一个球面，C 点为圆心，CP 为散射 X 射线，球面与 O 点相切，只要倒易点阵与球面相交就可以满足 Bragg 公式而发生衍射现象，这个反射球就被称为 Ewald 球，如图 5-9 所示。

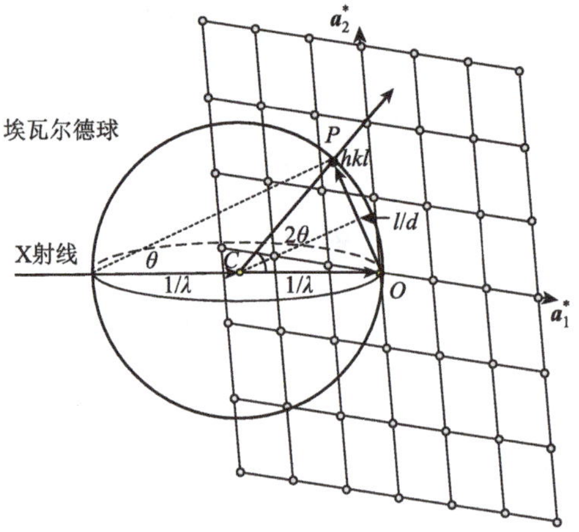

图 5-9　半径为 1/λ 的 Ewald 球与倒易晶格之间的关系

根据图中的几何关系 **OP** = 1/d，假设 O 点为倒易空间原点，**OP** 即为倒易散射矢量，P 点与倒易空间点阵的交点即为（hkl）晶面指数。随着晶体的转动，倒易点阵也会发生转动，从而使不同的倒易点与 Ewald 球的表面发生交点。Ewald 球的直径与 X 射线波长 λ 成反比，衍射点的数量由 Ewald 球与倒易空间交点的数量决定。实验中可以探测的最小 d 值取决于 Ewald 球的直径 2/λ，因此，通过减小入射光的波长，可以增加可观测的衍射点数量。

如图 5-10 所示，对于单轴取向的样品，拉伸方向平行于 c 轴方向，而 a 轴和 b 轴仍然是随机取向，所以倒易空间的（hkl）点呈同心圆分布，这一系列同心圆与 Ewald 反射球的交点就构成了一系列的 $hk0$，$hk1$，$hk2$…hkl 的倒易格子的平面。通常定义（$hk0$）层为赤道线方向，沿拉伸方向的（$00l$）为子午线方向。

X 射线的衍射强度 I 可以通过以下公式来表示：

$$I = KmpLA|F|^2 \quad (5\text{-}11)$$

其中，K 是比例因子，m 是多重性因子，p 为极化因子，L 是 Lorentz 因子，A 是吸光因子，F 为结构因子。此外，需要强调的是结构因子 F，反映了晶体内所有原子对 X 射线散射的贡献，它是由晶体结构、原子类型和原子位置共同决定的。结构因子的平方是衍射强度的主决定因素。

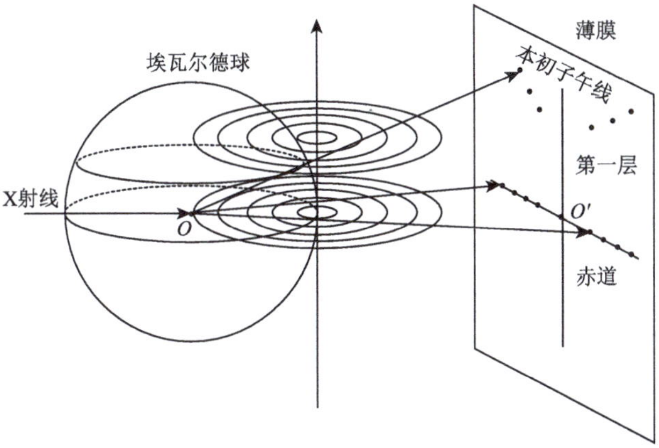

图 5-10　Ewald 球、倒易点阵点的圆形分布与衍射图样的关系

如图 5-11 所示，一束平行 X 射线经过电子 A 和 B 分别发生散射，假设 A 到 B 的距离为 r，$\boldsymbol{S}_0$ 和 $\boldsymbol{S}$ 分别为入射和散射单位矢量，其光程差为：

$$\begin{aligned}\Delta &= AN - BM = r\cos\varphi_2 - r\cos\varphi_1 \\ &= \boldsymbol{r}\cdot(\boldsymbol{S}-\boldsymbol{S}_0) = \boldsymbol{r}\cdot\boldsymbol{b}\end{aligned} \tag{5-12}$$

其中 $\boldsymbol{b}$ 即为散射矢量，与图 5-9 中 OP 矢量一致。

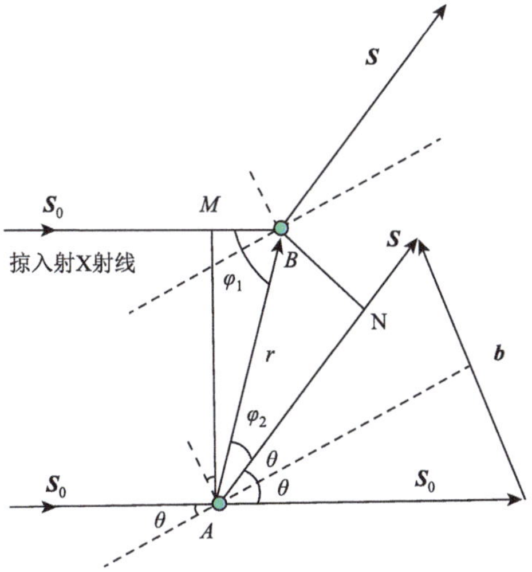

图 5-11　经典散射实验示意图

一个原子中的核外电子云呈球形分布，对环绕中心的所有可能实空间矢量的干涉进行积分可以得到一个原子周围的电子产生的相干散射：

$$f(\boldsymbol{b}) = \int_{-\infty}^{\infty} \rho(r)\mathrm{e}^{2\pi\mathrm{i}\boldsymbol{b}\cdot\boldsymbol{r}}\mathrm{d}r \tag{5-13}$$

这个公式就是 $\rho(r)$ 的傅里叶变换，其中 $\rho(r)$ 是原子的散射因子。

晶体中原子的周期排列决定了晶体中的一切都是周期的，相当于一种周期函数，这种周期函数的实质就是晶胞中的电子密度分布函数，倒易晶格就是实晶格的傅里叶变换。晶格对 X 射线的散射为晶格中每个原子散射的加和，每个原子的散射强度是其位置的函数，加和前必须考虑每个原子相对于原点的位相差。$\boldsymbol{r}$ 为实空间中的原子位置矢量，设 $\boldsymbol{r}=x_n\boldsymbol{a}_1+y_n\boldsymbol{a}_2+z_n\boldsymbol{a}_3$，$\boldsymbol{b}$ 为倒易空间的倒易矢量，$\boldsymbol{b}=H_{hkl}=h\boldsymbol{a}_1^*+h\boldsymbol{a}_2^*+h\boldsymbol{a}_3^*$，根据倒易空间的性质可以得出公式：

$$F_{\text{unit cell}}=\sum f_n \mathrm{e}^{2\pi \boldsymbol{b}\cdot \boldsymbol{r}_n}=\sum f_n \mathrm{e}^{2\pi\mathrm{i}\left(h\cdot x_n+k\cdot y_n+lz_n\right)} \tag{5-14}$$

通过此公式可以看出结构因子和原子坐标位置相关，这也就决定了系统消光现象，也就是说在不同晶系中不是所有衍射点都会出现，可以通过计算结构因子来判断。

另外由于衍射强度正比于$|F_{\text{unit cell}}|^2$，在晶体计算过程中，衍射峰的绝对强度意义不大，但是衍射峰的相对强度对最后晶体结构的确定影响很大。

5.2.2 实验方法及数据解析

（1）光源的选择

实验室常用的金属靶材为波长 1.54 Å 的铜靶（Cu）和波长为 0.71 Å 的钼靶（Mo），根据 Bragg 公式可知，利用波长小的靶材，有利于得到更多的布拉格衍射峰的数目。与实验室光源相比，同步辐射光源具有亮度高、准直性好、波长连续可调等优势，可根据测试需求选择最优波长。图 5-12 分别选用同步辐射光源和钼靶 X 射线衍射图进行对比，当选择波长为 0.3282 Å 的同步辐射光源时，可以得到接近 700 个衍射点，这种高质量的数据对得到高可信度的晶体结构非常重要。

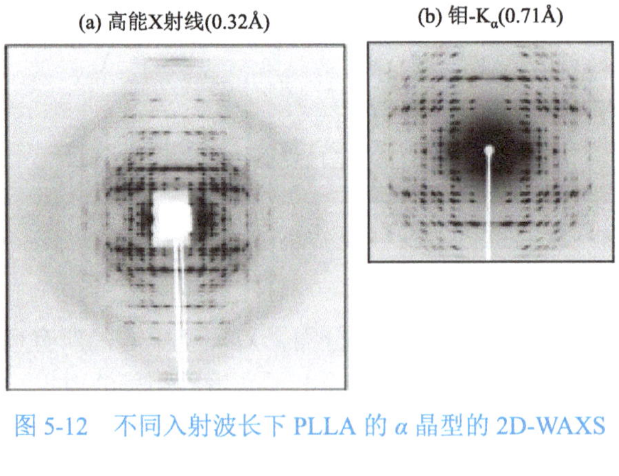

图 5-12 不同入射波长下 PLLA 的 α 晶型的 2D-WAXS

（2）探测器的选择

根据衍射谱图的维度，X 射线探测器可分为零维、一维和二维三类。在晶体结构测试中，二维探测器如圆筒成像板（image plate）被广泛应用于静态结构分析，其特点是尺寸大、采集信号范围广，像素点尺寸为 100 μm×100 μm。然而，该探测器的缺点是测试耗时较长。目前，硅元素阵列二维探测器（pilatus）在测试中应用广泛，其优势是采集速度快，特别适合对原位测试中时间分辨的结晶和相变行为进行研究。然而，由于像素点尺寸较大（172 μm×172 μm）及受探测器分段设计的限制，所以它并不适合用于高分子晶体结构分析。在实际测试中，为获得高质量的衍射点，通常对样品采用低温氮气进行冷却吹扫。这是因为低温能够抑制晶格内原子的振动，从而使晶体结构更加完美，有助于提高测试精度和结果质量。

（3）同步辐射 X 射线散射数据的处理

【晶面间距和结晶度的计算】

图 5-13（a）给出了等规聚丙烯拉伸前的二维 WAXS 图及相应的一维衍射图。从图中可以看出拉伸前的聚丙烯是高度取向的。图 5-13（b）是用 Origin 软件对一维衍射图进行多峰拟合得到的，等规聚丙烯α晶的不同晶面的 Bragg 衍射峰所对应的 2θ 分别是(010)14.1°、(040)16.9°、(130)18.6°、(111)21.6°和(−131)21.9°；通过 Bragg 公式（5.6）可以计算出相应晶面的晶面间距，晶面间距 d 越大，对应的θ越小。

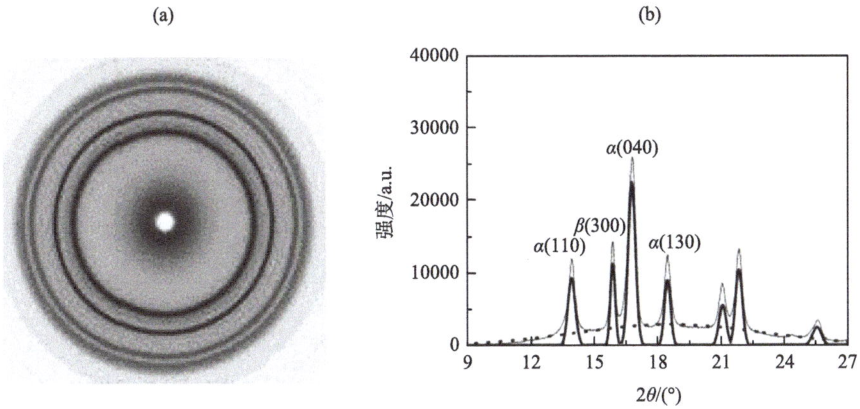

图 5-13　等规聚丙烯拉伸前的（a）二维 WAXS 图及（b）相应的一维散射图

用 Origin 软件对一维衍射图进行高斯多峰拟和就可以得到不同晶面衍射峰 A_c 和无定形峰的面积 A_a，即：

$$w = \frac{\sum A_c}{\sum A_c + fA_a} \tag{5-15}$$

式中 f 为校正因子，通常简化模型假设 $f = 1$，则结晶度就等于晶体的衍射峰面积与总面积之比，根据拟和结果可以计算出结晶度大约为 47.8%。

【取向度和片晶厚度的计算】

若取向度用取向函数 f 来表示，则有：

$$f = \frac{3(\cos^2\theta) - 1}{2} \tag{5-16}$$

其中 θ 为分子链主轴与取向方向间的夹角，即有：

$$cos^2\theta = \frac{\int_0^{x/2} I(\theta)\cos^2\theta\sin\theta \mathrm{d}\theta}{\int_0^{x/2} I(\theta)\sin\theta \mathrm{d}\theta} \tag{5-17}$$

图 5-14（a）是等规聚丙烯拉伸前的二维 WAXS 图，图中黑色圈标出了（040）晶面的衍射信号，用 Fit2D 软件对其进行积分，得到（040）晶面取向角的分布［图 5-14（b）］，图中可以看出（040）晶面沿着子午线方向有较高的取向。根据结果可以算出取向度为 0.86，将取向角随应变的变化和力学曲线关联，可以得到在拉伸过程中晶体转动的信息。

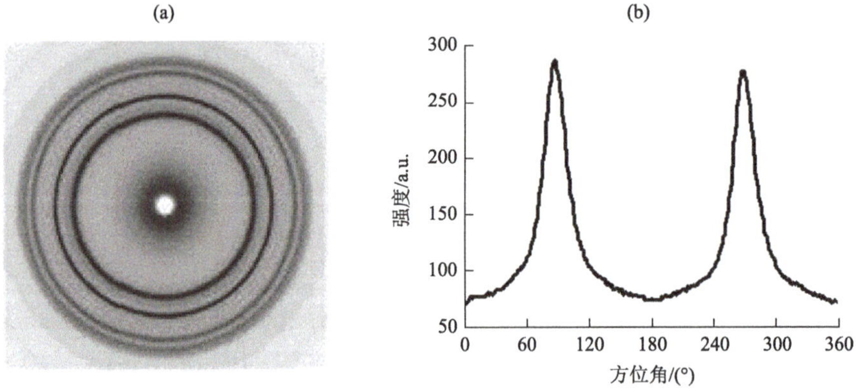

图 5-14 （a）等规聚丙烯拉伸前的二维 WAXS 图；（b）相应的（040）晶面的取向角的分布图

图 5-15（a）给出的是尼龙 12 的二维 SAXS 图。用 Fit 2D 软件对二维散射信号进行积分，就得到相应的 $I(\boldsymbol{q})$-$\boldsymbol{q}$ 曲线，$I(\boldsymbol{q})$是散射强度，$\boldsymbol{q}$ 是散射矢量的模。图 5-15（b）给出的是实验得到散射强度随散射矢量 $\boldsymbol{q}$ 的模的变化。

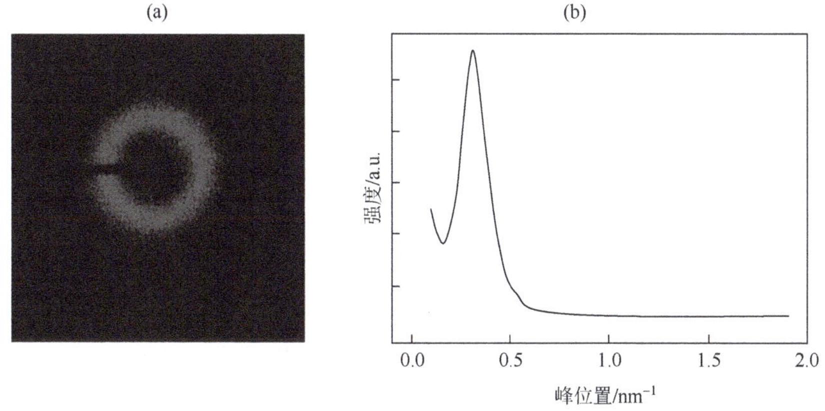

图 5-15 （a）尼龙 12 的二维 SAXS 图；（b）散射强度随散射矢量模的变化

实验得到的散射强度，$I(\boldsymbol{q})$并不只包括结构散射信号，同时还包括背底散射信号和两相界面的信号，因此在计算结构信息之前先需要把背底散射信号扣除。依据 Porod 法则，当散射矢量趋向于无穷大的时候散射强度可以表示为：

$$\lim_{q\to\infty} I_{\text{obs}}(\boldsymbol{q}) = I_{\text{b}}(\boldsymbol{q}) + \left(K/\boldsymbol{q}^4\right)\exp\left(-\sigma^2\boldsymbol{q}^2\right) \tag{5-18}$$

式中 σ 与界面厚度有关。常用的办法是把 $I(\boldsymbol{q})\boldsymbol{q}^4$ 对 $\boldsymbol{q}^4$ 做图，选择对高 $\boldsymbol{q}^4$ 区线性拟合，拟合线性的斜率就是需要扣除的散射背底强度。

但实验得到的与散射矢量相关的散射强度 $I(\boldsymbol{q})$是三维空间中各向同性的散射强度，对于片晶形态需要通过 Lorentz 修正，转化为一维散射强度 $I(\boldsymbol{q})$，式中 c 是常数。于是相关函数和界面分布函数就会变成如下形式：

$$\begin{aligned}\gamma_1(r) &= \left[\int_0^\infty I_1(\boldsymbol{q})\cos(\boldsymbol{q}r)\mathrm{d}\boldsymbol{q}\right]/Q \\ g_1(r) &= \partial\left[\gamma_1(r)\right]/\partial^2 = \left[-\int_0^\infty I_1(\boldsymbol{q})\boldsymbol{q}^2\cos(\boldsymbol{q}r)\mathrm{d}\boldsymbol{q}\right]/Q\end{aligned} \tag{5-19}$$

式中，Q 是一个不变量，即：

$$Q = \int_0^\infty I_1(\boldsymbol{q})\mathrm{d}\boldsymbol{q} \tag{5-20}$$

界面函数，$G_1(q)$，是界面分布函数的傅里叶变换，即：

$$g_1 = \int_0^\infty G_1(\boldsymbol{q})\cos(\boldsymbol{q}r)\mathrm{d}\boldsymbol{q} \tag{5-21}$$

式中，$G_1(\boldsymbol{q})$为：

$$G_1(\boldsymbol{q}) = \lim_{q\to\infty} I_1(\boldsymbol{q})\boldsymbol{q}^2 - I_1(\boldsymbol{q})\boldsymbol{q}^2 \quad (5\text{-}22)$$

上面函数式中所有积分都应该是 $0 \leqslant \boldsymbol{q} \leqslant \infty$ 区域内的积分，但在实际测量上要实现从零到无穷大的散射矢量的检测范围是不可行的，因此如果探测器的探测散射矢量范围是从 $q_1 \sim q_2$，则总的积分可以分为三个部分的总和。例如不变量 Q 为：

$$Q = \int_0^{q_1} I(\boldsymbol{q})\boldsymbol{q}^2 \mathrm{d}\boldsymbol{q} + \int_{q_1}^{q_2} I(\boldsymbol{q})\boldsymbol{q}^2 \mathrm{d}\boldsymbol{q} + \int_{q_p}^{\infty} I(\boldsymbol{q})\boldsymbol{q}^2 \mathrm{d}\boldsymbol{q} \quad (5\text{-}23)$$

其中，第一项积分是以 $\boldsymbol{q}_1$ 和 $I(\boldsymbol{q}_1)\boldsymbol{q}_1{}^2$，为底的三角形的面积；第二项是实验数据的积分；第三项是以 $\boldsymbol{q}_p(\boldsymbol{q}_p < \boldsymbol{q}_2)$ 为 Porod 区域的起始值，通过 Porod 法则来进行计算的结果。

在 Porod 区域内，如果不考虑界面厚度，散射矢量符合如下关系：

$$\lim_{q\to\infty} I(\boldsymbol{q}) = K / \boldsymbol{q}^4 \quad (5\text{-}24)$$

式中，K 是 Porod 常数，因此上面总的积分就可以写成：

$$Q = \frac{1}{2} I(\boldsymbol{q}_1)\boldsymbol{q}_1^3 + \int_{q_1}^{q_R} I(\boldsymbol{q})\boldsymbol{q}^2 \mathrm{d}_q + K / \boldsymbol{q}_p \quad (5\text{-}25)$$

对数据进行拟合处理，最后计算得到相关函数 $\gamma(r)$，如图 5-16，图中第一个正值峰对应的横坐标代表了片晶的长周期 L，A 点对应无定形区的厚度 l_a，于是片晶厚度 l_c 可以通过计算得到：

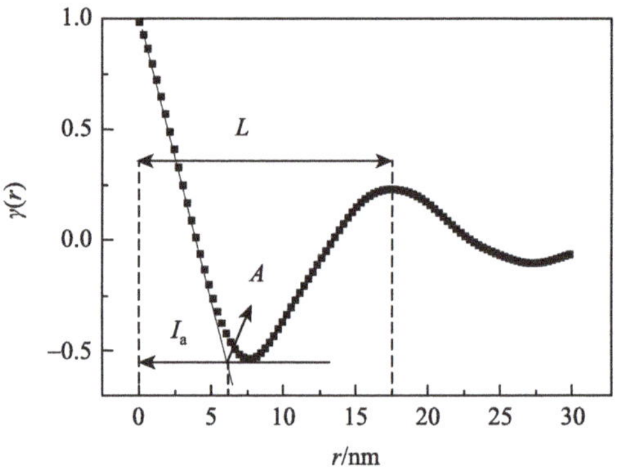

图 5-16　相关函数 $\gamma(r)$

【shish 直径和长度的计算】

高分子熔体在熔点下进行拉伸后，会形成串晶（shish-kebab）结构。图 5-17 即熔体拉伸后的二维 SAXS 图像，由于拉伸方向是水平方向，形成的 shish 结构的散射信号为竖直方向。得到的二维 SAXS 图像通过处理可以得到 shish 的长度与半径。

shish 半径的计算公式：

$$I(s)=I_{\mathrm{H}}(s)I_{\mathrm{c}}(s)\cong H\frac{1}{2s}(\Delta p)^2A^2\exp(-2\pi^2Rcs^2) \tag{5-26}$$

其中 $I(s)$为长度 H，半径 R_c 的棒状散射体的散射强度，式中 $H\gg R_c$，$s=2\sin\theta/\lambda$。$I(s)$可以分为两个部分：$I_H(s)\cong H\frac{1}{2s}$ 与棒状散射体的长度有关，$I_c(s)\cong(\Delta\rho)^2A^2\exp(-2\pi^2R^2cs^2)$与棒状散射体的截面积区域有关。如果以 $\ln I_c(s)$对 s^2 作图，根据斜率就可以得出 R_c。其中 $I_c(s)$的积分范围为方位角从 0～180°。

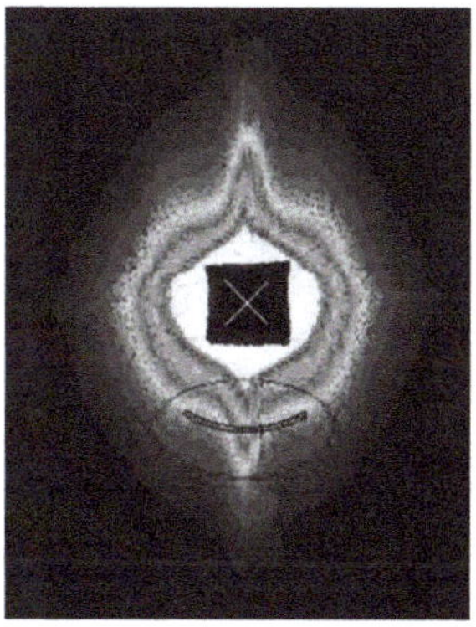

图 5-17　shish-kebab 结构的二维 SAXS 图

通过变换变量，就可以得到图 5-18，在低 q 值区 $\lg I$ 对 s^2 作图，可以得到斜率，进而换算成 R_c。

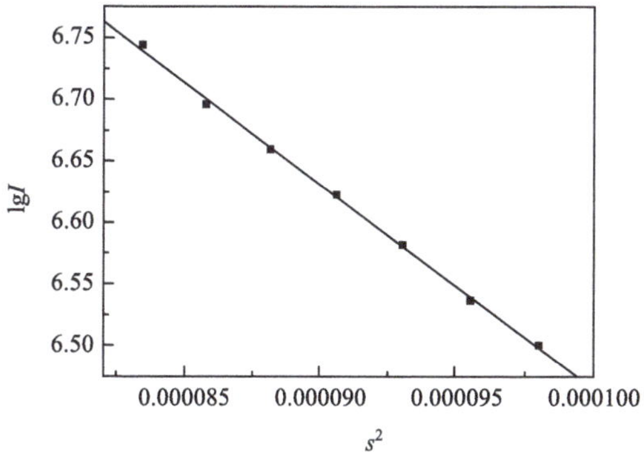

图 5-18　低 q 值区 $\lg I$-s^2 曲线

得到二维 SAXS 图像后，通过以下公式可以计算 shish 的长度：

$$I(s)=I_H(s)I_C(s)\cong B_{\mathrm{obs}}=\frac{1}{\langle L_{\mathrm{shish}}\rangle s_{12}}+B_{\phi} \tag{5-27}$$

选定 shish 的边缘，通过改变散射角或者 q 值，在不同的 q 值处对 shish 的散射信号沿方位角积分，散射强度的半高宽为 B_{obs}。s_{12} 由选定的两个 s 值得到：$s_{12}=(s_1^2+s_2^2)^{1/2}$，得到了沿方位角的积分强度后，通过 Gauss 拟合，可以得到半高宽值，以不同的 s 值对应的半高宽 B_{obs} 对 I/s_{12} 作图，进而由图算出 shish 的长度，如图 5-19 所示。

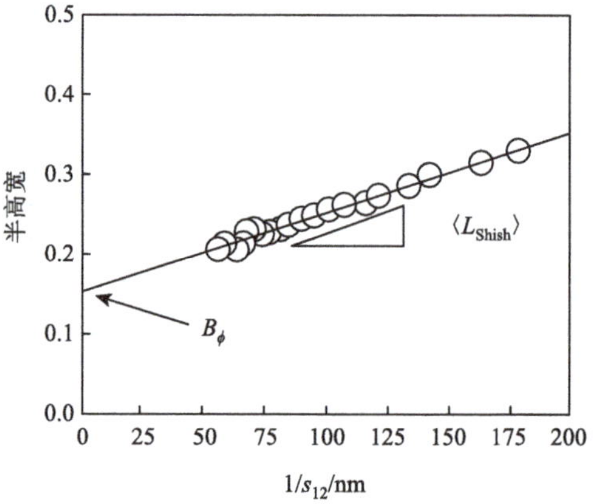

图 5-19 半高宽 B_{obs} 对 I/s_{12} 曲线[1]（B_ϕ为 shish 的取向差）

5.2.3 表征示例

（1）SAXS/WAXS 研究结晶动力学

高分子与小分子的主要区别在于其长链结构，这种特性使完全结晶的高分子材料几乎无法实现。目前，约 2/3 的传统高分子材料是结晶性高分子，例如聚乙烯和聚丙烯。由于高分子的长链结构，其结晶过程和机理相较小分子更为复杂。经过 60 多年的研究，高分子科学界在高分子晶体结构及晶体生长过程方面积累了大量数据，并建立了一系列理论体系，为深入理解高分子结晶行为提供了重要依据。以聚丙烯[2, 3]为例，图 5-20 是 iPP 在 130℃等温结晶时的 SAXS/WAXS 三维图，对应着洛伦兹修正 SAXS 强度 $q^2I(q, t)$和 WAXS 强度 $I(2\theta, t)$。结合 $I(q, t)$的最大值 q_{m}，可以通过 SAXS 数据得出特征长度 $L = 2\pi/qm$。在后期这个长度对应着半晶结构的长周期 L_{p}。在图 5-20 中，130℃完全结晶结构的最终 $L_{\text{p}} = 19$ nm。为了说明 iPP 结晶初期阶段的 SAXS 和 WAXS 数据之间的关系，从 SAXS 数据中导出的相对不变量 Q_s与 WAXS 数据中结晶峰积分强度之间可以相互比较，SAXS 的相对不变量 Q_s定义为：

$$Q_s = \int_0^\infty q^2 I(q,t)\mathrm{d}q \approx \int_{q^1}^{2} q^2 I(q,t)\mathrm{d}q \tag{5-28}$$

由于探测器只能检测一定 q 值范围的信号，所以积分只是从第一个和最后一个可信数据点的 q 值。

在该研究中，采用了 WAXS（广角 X 射线衍射）数据的多重背景叠加拟合方法，具体使用了 Pearson Ⅶ函数来分析样品的结晶峰。该拟合方法将无定形态背景下的 iPP（无规聚丙烯）单斜晶体反射考虑进来，从而得到了更加精确的结晶度分析。图 5-21 展示了高结晶度样品的 WAXS 图谱的。从图 5-21 中可以清晰地观察到，样品的 WAXS 图谱中呈现出五个明显的布拉格峰，这些峰对应于不同的

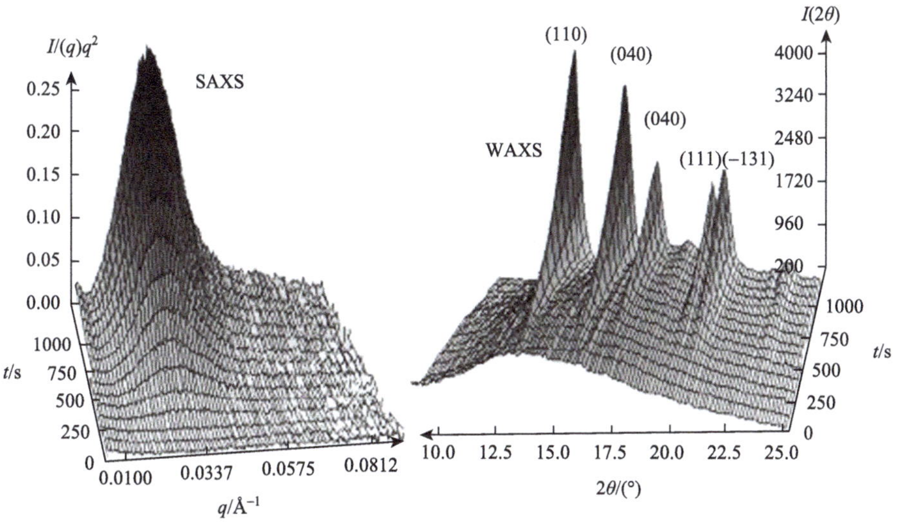

图 5-20　iPP 在 130℃等温结晶 SAXS/WAXS 图

晶面反射，分别代表了高结晶度 iPP 的晶体结构特征。通过对这些结晶峰的精确拟合，能够进一步揭示 iPP 样品的结晶行为，并评估其晶体结构的有序程度。五个布拉格峰的存在及其强度变化提供了关于样品结晶度、晶粒大小和结晶度分布等方面的重要信息。使用 Pearson VII 函数进行拟合，不仅能够有效区分不同的晶面反射，还能够在复杂的 WAXS 图谱中准确分辨出晶体和无定形部分的贡献。这种方法特别适用于高结晶度材料的分析，因为它能够细致地捕捉到结晶峰之间的微小差异，进而揭示样品的晶体结构和形态特征。

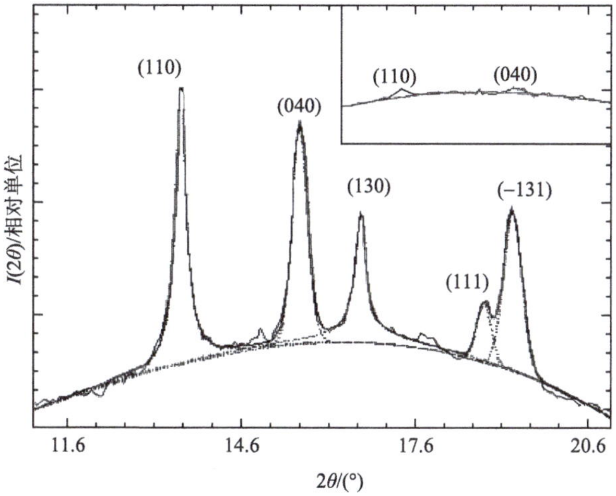

图 5-21　WAXS 结晶峰拟合成多重背景叠加下的 PearsonVII函数

图 5-22 所示的是 iPP 在一定结晶温度范围内 SAXS 不变量 Q_s 的时间演变。从这些静态结晶动力学曲线可以看出深过冷温度下的结晶速度很快，而在浅过冷温度下的结晶速度相对较慢（所需时间可达几个小时）。

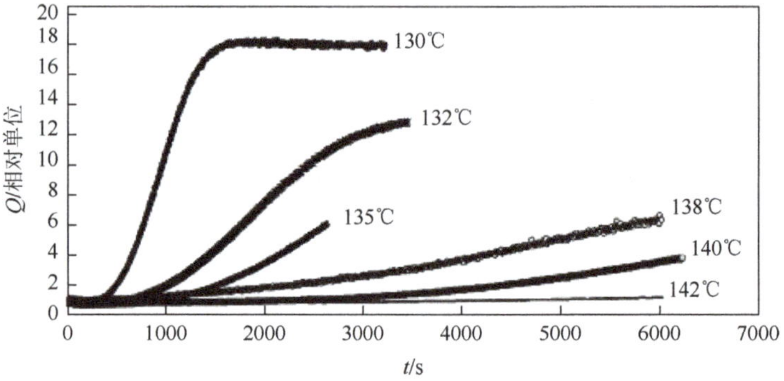

图 5-22　iPP 在不同温度下的等温结晶

（2）SAXS/WAXS 研究嵌段共聚物相变[3-5]

嵌段共聚物因其独特的分子结构，在自组装或微相分离后能够形成丰富多彩的有序对称结构。这些结构通常具有纳米尺度的周期性特征，因此非常适合使用 SAXS 技术进行研究。例如，两嵌段共聚物由两种不同的单体构成，这两种单体在一定条件下会通过相分离形成多样化的微观结构。块状结构（lamellar structure），即在适当的溶剂条件下，两种单体在相分离过程中通常会形成具有层状结构的纳米尺度晶体，其中一个单体形成厚层，另一个则形成薄层。这种结构的周期性可以通过 SAXS 进行定量分析，分析中可以获得层间距及其周期性信息。两嵌段共聚物在自组装过程中，常常会形成具有周期性的柱状结构（cylinder structure），柱体的直径和排列方式可以通过 SAXS 来分析。SAXS 图谱中，柱状结构通常表现为一系列对称的散射峰，反映了柱状体的尺寸和有序性。在某些条件下，嵌段共聚物可能会形成球状结构（spherical structure），形成颗粒状的自组装体，SAXS 实验可以用来确定球形的粒径及其排列信息。

通过 SAXS，可以很容易判别一些简单的对称结构。图 5-23 为 PEO-*b*-PBa（聚氧化乙烯-*b*-氢化聚丁二烯）两嵌段共聚物的 SAXS 曲线。散射峰的 q 值比为 1∶2∶3∶4，这对应的结构就是层状结构。同样的道理，如果是六方排列的轴结构，散射峰 q 值比则是 $1:\sqrt{3}:2:\sqrt{7}:3$，体心立方排列的球是 $1:\sqrt{2}:\sqrt{3}:2$，所以通过几个强峰就可以鉴别这些简单的对称结构。但对于更为复杂的结构，则需要更细致的分析或者制备单一相区的样品。

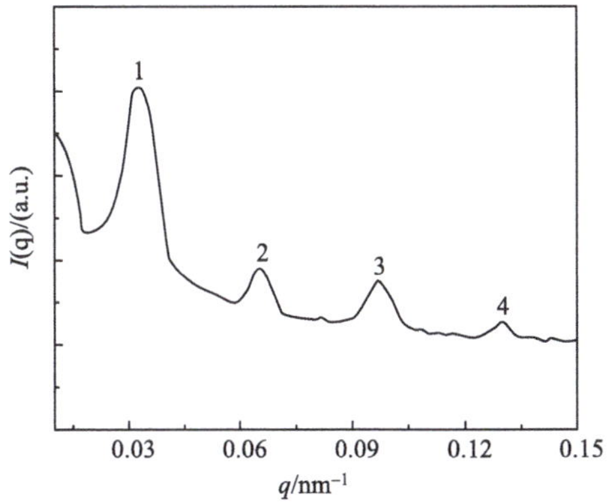

图 5-23　PEO-*b*-PB*h* 两嵌段共聚物小角 X 射线散射曲线

嵌段共聚物除了微相分离外，如果其中一段为结晶性的高分子，则需引入一个新的相变——结晶过程。研究这样的体系，需要结合高时间分辨的 SAXS 和 WAXS。图 5-24 是一个 PEO-*b*-PS 在等温结晶过程的 SAXS 和 WAXS 曲线。如果没有并行检测的 WAXS 信号，就难以得知 SAXS 散射信号是来源于微相分离还是结晶。由于 SAXS 和 WAXS 信号同时出现，就可以推测相分离是由于结晶驱动的，最后获得由结晶主导的层状结构。

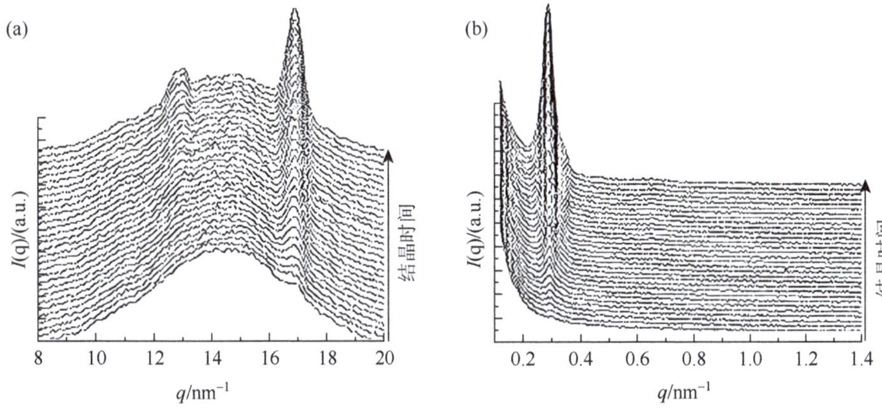

图 5-24　PEO-b-PS 共聚物结晶过程中（a）SAXS 和（b）WAXS 曲线

结合力学性能测试装置（图 5-25），X 射线散射也是研究高分子材料结构与性能关系最有效的手段之一，采用研制的微型拉力装置与 WAXS 联用，同时得到材料的力学性能曲线及对应的晶体结构的演化，从而将力学性能（如材料屈服）与微观结构的转变（如马氏体相变和晶体一介晶相转变）关联起来，建立结构与性能的关系[6]。

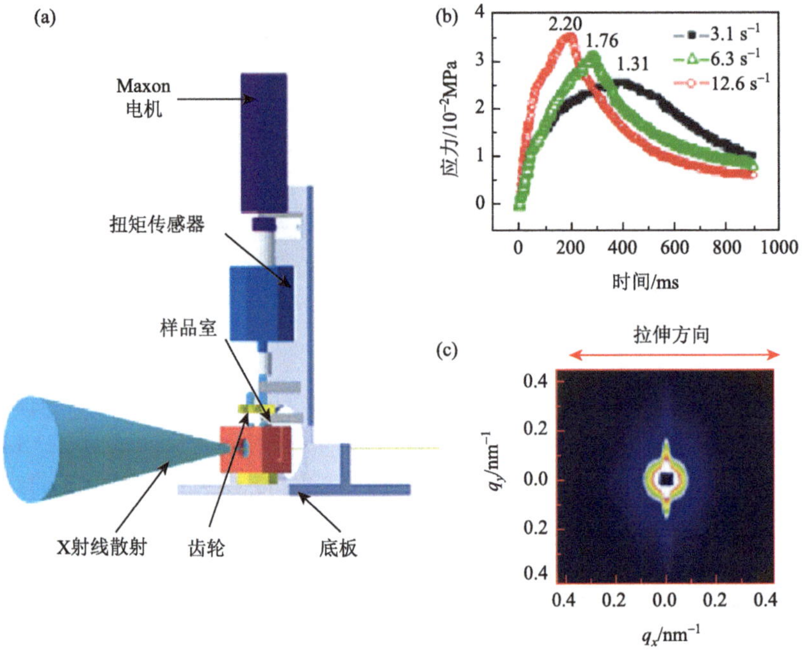

图 5-25 （a）伸展流变装置整体示意图；（b）不同拉伸速率下的应力随时间变化图；（c）结合该装置与 SAXS 方法所得的二维小角散射图案

此外，随着具有高亮度的第三代同步辐射光源和 X 射线聚焦器件的快速发展，具有几微米甚至 100 nm 光斑的同步辐射 X 射线散射方法被逐步应用于高分子领域[7, 8]，该方法通过对微米尺度的区域进行逐点扫描，即可获得纳米尺度（0.1～100 nm）的结构分布图像，与传统 X 射线光源相比，同步辐射微焦点不仅具有（亚）微米尺度的空间分辨，并且具有较高的时间分辨，可应用于高分子材料高强纤维的结构研究[9, 10]

（3）SAXS/WAXS 在共轭高分子材料中的应用

共轭高分子具有独特的物理、化学性质，受到了科研工作者的广泛关注。利用 SAXS 研究聚（3, 4-乙烯二氧噻吩）：聚苯乙烯磺酸钠（PEDOT:PSS）分子链在片层内部的排列形式。通过分析 X 射线从不同方向入射时收集的二维衍射图样，得到了分子链在片层内部的排布方式，即 PEDOT 链沿冻结方向排列的同时，其分子链骨架平面垂直于二维片层。此外，还利用同步辐射原位 SAXS 技术阐释了二维共轭聚合物片层的形成过程[11]。通过分析不同温度下收集的 SAXS 图样，获得了 PEDOT 聚合物链在冷冻过程中构象演变的信息，即在冷冻过程中 PEDOT 链解缠绕并被挤压到冰晶“边界”处而形成二维片层。系统地阐明了冷冻过程中片层的形成机理及片层内部分子链的排列方式，将所得二维片层应用于超级电容器的电极材料，得到了优异的储能性能（图 5-26）。

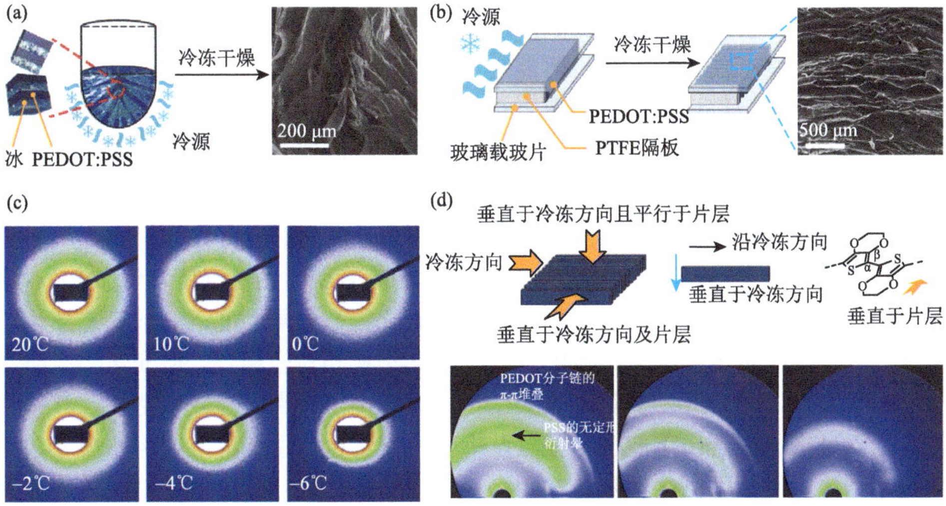

图 5-26　(a) PEDOT:PSS 片层气凝胶的制备过程；(b) PEDOT:PSS 片层阵列的制备过程；(c) PEDOT:PSS 分散液在不同温度下的原位小角 X 射线散射图样；(d) PEDOT:PSS 片层阵列的示意图及不同 X 射线入射方向时采集的二维 X 射线衍射图样

尽管有机光伏共混体系的溶液态聚集结构极为复杂，但该领域的研究正日益受到学术界的广泛关注。这是因为，通过深入了解溶液聚集行为，可以为提高有机光伏材料的光电性能提供重要的理论依据和实验支持。例如，Diao 等[12]通过小角度 X 射线散射（SAXS）和冻干溶液成像等技术，研究了 PM7 聚合物的溶液聚集结构，探讨了加工溶剂对其结构的影响。该研究揭示了溶液中聚合物分子如何在不同溶剂环境下自组装并形成具有不同微观结构的聚集体，这对优化有机光伏共混物的性能至关重要。在受体材料方面，Cheng 等[13]的最新研究表明，去除 C 形骨架中的噻二唑单元会显著破坏 Y6 的自堆积行为。通过 SAXS/WAXS 技术，他们观察到这种结构修改增强了 Y6 与 PM6 之间的络合和网络化作用。该研究进一步证明了分子结构对聚合物与小分子受体之间相互作用的重要性。去除噻二唑单元后，Y6 分子的堆积方式发生了变化，导致其在溶液中表现出更强的与 PM6 的相互作用，从而优化了光伏性能。这一发现为设计新型的高效光伏材料提供了重要的思路，即通过调控受体的分子结构来优化其在溶液中的聚集态和与电子供体材料的相互作用。

最近，叶龙等[14]通过溶液 SAXS 技术对三种具有温度依赖聚集行为的代表性共轭聚合物（PM6，PBQx-TF，PTVT-T）进行了深入的表征和解析。通过对散射数据的分析，他们发现，在中等 q 区域，三种聚合物都表现出了刚性棒状的局部结构特征。更重要的是，在低 q 区域，这些聚合物表现出向更高斜率指数过渡的趋势，这表明在更大的尺度上存在着半柔性结构或质量分形结构的特点。这一观察结果显示，尽管这些聚合物在小尺度上表现为刚性结构，但在较大尺度上，它们表现出较为复杂的聚集行为，可能是由聚合物链的柔性部分或聚集体的内部结构所主导。为了更好地描述这些聚合物的溶液聚集行为，他们基于 Guinier-Porod 模型和 cylinder 模型提出了一个新的拟合模型，该模型能够有效地拟合整个 q 值区域的数据。通过对该模型的拟合分析，研究人员成功地获得了聚合物溶液中的次级结构聚合物聚集体的纤维截面半径以及库恩长度随温度变化的趋势。

结果表明，三种聚合物在溶液中的聚集结构具有明显的温度依赖性。PBQx-TF 表现出了最为稳定的溶液聚集结构，说明该聚合物在不同温度下的聚集态变化较小，具有较强的聚集稳定性。PM6 的溶液聚集结构相对较稳定，但变化幅度略大于 PBQx-TF。而 PTVT-T 的溶液聚集结构则表现出了极高的温度敏感性，其聚集行为随温度变化显著，可能在某些温度下发生聚集体的重新组装或溶解现象。这一研究结果表明，不同共轭聚合物的溶液聚集结构在温度变化下的稳定性存在显著差异，温度敏感性的高低可能与聚合物链的柔性、分子间相互作用以及聚合物分子本身的结构特性密切相关。通过进一步的研究和优化，能够开发出具有特定温度适应性的聚合物，进而提高有机光伏器件的环境稳定性和性能。这些发现为理解和调控有机光伏材料的溶液聚集行为提供了重要的理论基础，尤其是在材料的加工和器件优化过程中，聚集结构的温度依赖性是设计高效和稳定光伏器件的关键因素之一。

（4）溶液 SAXS 在生物大分子结构解析中的应用

近年来，SAXS 技术在溶液生物大分子结构生物学领域取得了显著进展，成为分析溶液中生物大分子整体结构和构象变化的重要工具[15]。作为整合结构生物学中的关键方法，SAXS 可以直接应用于结构验证和优化。例如，金黄色葡萄球菌的耐药性常常与其形成的生物膜密切相关[16]。早期研究发现，在奶牛源金黄色葡萄球菌中存在一种名为生物膜相关蛋白（Bap）的细胞表面蛋白，Bap 在介导葡萄球菌生物膜的形成中发挥重要作用。通过溶液 SAXS 实验，研究人员验证了 Bap 蛋白 N 末端的 BSP 结构中间模块通过感应钙离子和 pH 值变化，发生从“无序到有序”的构象转变，从而赋予细菌在特定环境下响应外界信号并生存的能力。此外，溶液 SAXS 实验还验证了核酸结合 hGBPS 在溶液中处于生理条件下时，其激活状态呈现“闭合式”结构特征（图 5-27）。

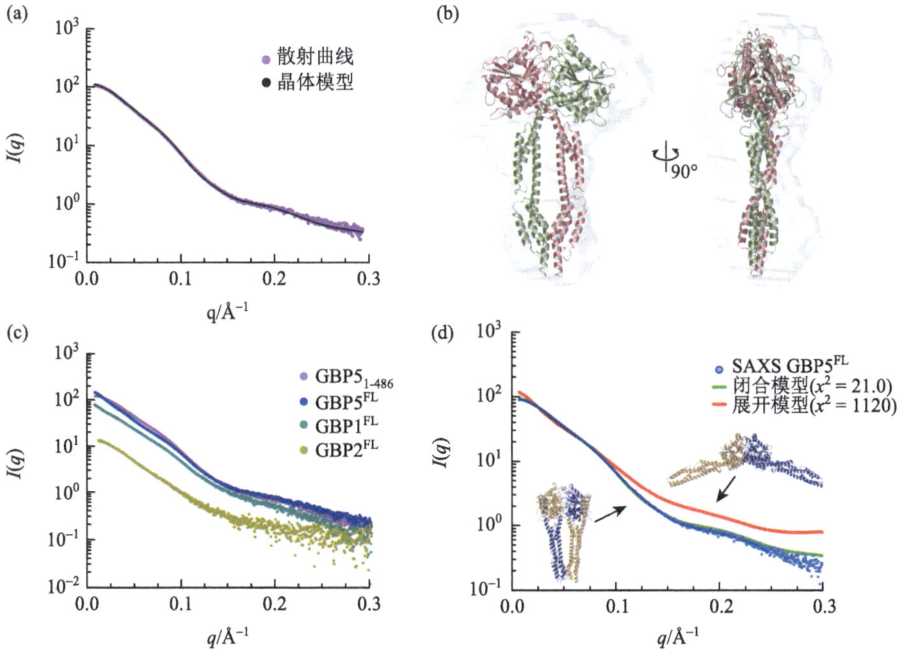

图 5-27　（a）在 GDP•AlF_3 小分子条件下，$hGBP5_{1\text{-}486}$ 二聚体实验散射数据与基于原子结构理论散射数据的一致性非常好；（b）$hGBP5_{1\text{-}486}$ 二聚体原子结构与基于溶液散射数据的散射模型拟合程度很高；（c）全长 $hGBP1^{FL}$，$hGBP2^{FL}$ 和 $hGBP5^{FL}$ 二聚体溶液散射曲线非常一致；（d）溶液小角散射数据验证了全长 $hGBP5^{FL}$ 激活状态在溶液生理状态下会呈现“闭合式”的结构特征

5.3 共振软 X 射线散射

共振软 X 射线散射（resonant soft X-ray scattering，简称 RSoXS）是一项先进的实验技术，近年来被广泛用于研究软物质材料的微纳结构。在高分子材料的表征中，RSoXS 技术利用较长波长、可调能量和可调偏振方向的 X 射线，能够探测较大尺寸的相分离结构。与其他技术相比，RSoXS 在解析复杂的相分离结构及界面取向方面具有独特优势。与 GISAXS 和 SANS 技术结合使用，三者的优势互补，共同实现了相分离结构的精准表征。

5.3.1　基本原理

在 SAXS 中，X 射线的能量通常较高，远远超过所有元素的吸收边，因此 X

射线与“自由电子”相互作用，主要表现为经典的散射行为。而在 RSoXS 技术中，软 X 射线的能量较低，不再与“自由电子”相互作用，而是与原子内的束缚电子发生相互作用。当软 X 射线的能量接近样品中某些元素或特定化学键的近边吸收能量时，X 射线的吸收和散射会达到最大值，此时就实现了共振现象。

在共振条件下，软 X 射线的能量与材料中特定元素的内层电子能级匹配，这导致内层电子被激发，并从内层轨道跃迁到更高的能级，形成激发态。这一过程被称为共振吸收，是 RSoXS 的核心。由于内层电子的结合能是元素特异性的（例如，碳的 K 边为 284 eV，氮的 K 边为 410 eV，氧的 K 边为 543 eV，氟的 K 边为 696 eV），这一共振过程对特定元素非常敏感，并且未占据的分子轨道的激发态是由化学键环境所决定的。因此，RSoXS 具有高度的化学敏感性，可以用于研究材料中不同元素的局部结构和化学状态。

这种共振吸收的特性使得 RSoXS 在解析材料的局部电子结构、相分离行为以及化学环境方面具备了强大的优势，尤其适用于复杂的材料系统，例如高分子材料中的相分离结构、界面性质等，提供了与其他技术（如 SAXS）互补的深度信息。软 X 射线与物质之间的相互作用可以用复折射率 $n(E)$来表示，即：

$$n(E) = 1 - \delta(E) + \mathrm{i}\beta(E) \tag{5-29}$$

式中，E 为光子能量，δ 为色散分量，β 为吸收分量，折射率中的这两个能量与前向散射（小角度极限）或长波极限中的复散射因子有关：

$$f = f_1 - \mathrm{i}f_2 = f_0 + \Delta f' - \mathrm{i}\Delta f'' \tag{5-30}$$

其中 $\Delta\delta^2 + \Delta\beta^2$ 决定了材料的对比度和散射强度，由于软 X 射线能量范围覆盖多种元素/化学基团的近边吸收能量（碳元素的 K 吸收边≈284 eV，氮元素的 K 吸收边≈410 eV，氧元素的 K 吸收边≈543 eV，氟元素的 K 边吸收≈696 eV），且 δ 和 β 随吸收边附近光子能量的变化而变化，使得不同 X 射线能量下组分间衬度 $\Delta\delta^2 + \Delta\beta^2$ 在接近特定元素的吸收边时达到最大，从而使得 RSoXS 图谱中的特征散射峰更明显。例如，图 5-28 描述了在软 X 射线散射过程中的基本关系和机理以及聚苯乙烯（PS）和聚甲基丙烯酸甲酯（PMMA）的光学常数 δ 和 β 值。从图中能够看出 PS 和 PMMA 这两种元素组成和电子密度十分相似，但官能团性质不同，这导致了巨大的光谱差异，特别是当光子能量接近碳的 K 吸收边 285 eV 时，这种差异更加明显。其中，δ 和 β 通过 Kramers-Kronig 变换可以相互关联，由此可以计算出 PS 和 PMMA 材料衬度。衬度因子具有能量（波长）依赖性，当光子能量与特定化学键共振时（例如 C═C，C═O），相关的强吸收将在特定的光子能量下显著增强。

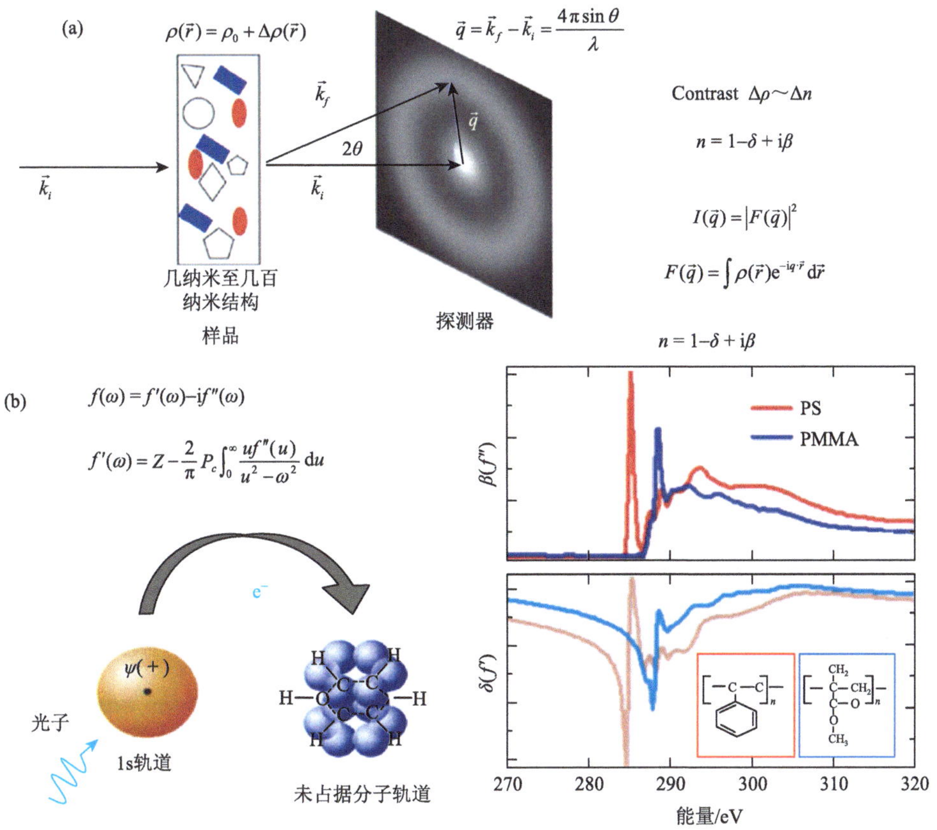

图 5-28　(a) 透射 SAXS 的原理概述；散射对比度与复折射率的关系；(b) 反常散射的基本关系和物理机制以及 PS 和 PMMA 的 δ 和 β 值

5.3.2　实验方法及数据解析

软 X 射线通常由同步加速器产生，当前大多数高分子材料的 RSoXS 表征都在一些国际知名的先进光源进行，如美国的先进光源（Advanced Light Source）11.0.1.2 光束线站以及位于美国能源部科学办公室布鲁克海文国家实验室的国家同步加速器 II（NSLS-II）SST-1 光束线站。这些光源提供了高亮度、高分辨率的软 X 射线，能够对样品进行精确的相分离结构表征。值得指出的是，美国北卡罗来纳州立大学、麻省大学、劳伦斯伯克利国家实验室，以及我国西安交通大学、上海交通大学、天津大学和中国科学技术大学等科研院所，在高分子材料的 RSoXS 表征领域展开了系统研究。近年来的研究显著推动了 RSoXS 技术在揭示高分子光电材料微观结构、相行为及性能调控机制中的广泛应用，不仅深化了对高分子材料科学的基础认知，也为相关领域的技术创新提供了宝贵的科学依据。

近年来，我国在合肥先进光源也已建设了一个面向软物质研究的 RSoXS 线站，并且已经进入试运行阶段。合肥先进光源的软物质散射线站将为国内的软物质、聚合物以及其他相关材料的表征提供强有力的技术支持，尤其是在 RSoXS 等高端表征技术领域，预计将为相关科研工作提供更多的研究机会和资源。

在制备用于 RSoXS 测试的样品时，遵循特定的制备步骤非常关键，以确保获得高质量和准确的结果。以共轭高分子薄膜为例，简要介绍其样品制备的步骤：

（1）制备水溶性薄膜

首先，在基底上旋涂水溶性材料薄膜，如聚苯乙烯磺酸（PSS）等。旋涂是制备均匀薄膜的常用方法，能够有效地控制薄膜的厚度和均匀性。旋涂的过程中，薄膜的厚度会随着旋涂速度和溶液浓度的变化而变化，因此需要根据样品需求选择合适的旋涂条件。

（2）保持样品制备的一致性

在制备用于测试的样品时，要确保制备过程与实际测试样品相同。这样可以避免样品制备过程中产生的差异对测试结果的影响，从而保证实验的可靠性。

（3）水中转移薄膜

样品薄膜可以通过将其置于去离子水中，使其从基底上分离。这一步骤帮助去除薄膜中可能存在的任何残留物或杂质，确保样品的纯净性。在去离子水中分离薄膜后，薄膜可以轻松地转移到氮化硅膜上，为后续的 RSoXS 测试做准备。

（4）将样品转移到氮化硅膜

处理完的薄膜需要转移到一个合适的基底上，通常选择氮化硅（Si_3N_4）膜作为支持材料。这种膜具有较好的机械强度，且能透过软 X 射线，适合进行 RSoXS 测试。氮化硅膜的尺寸一般为 1.5 mm×1.5 mm，厚度通常为 100 nm。该尺寸的膜有足够的支持性，同时可以保持样品的结构稳定。最后将该氮化硅支架用导电胶带贴在样品架上准备散射实验。

用于 RSoXS 的样品通常是薄膜，薄膜的最佳厚度是材料的穿透深度，穿透深度是光或其他电磁辐射对某材料的穿透能力的量度，其定义为进入材料内部的电磁辐射强度减弱为表面上最初强度的 1/e（约 37%）距离材料表面的深度。根据电磁波在材料内部的强度随着距离材料表面的深度呈指数衰减：

$$I(z) = I_0 e^{-z/\delta_p} \tag{5-31}$$

其中，δ_p 为穿透深度，δ_p 与软 X 射线的波长相关，由于不同元素的吸收边不同因此最佳的薄膜厚度也不同，例如最常用的高分子材料的碳吸收边的薄膜厚度一般在 100 nm 左右。其次，由于软 X 射线穿透空气的时间很短，因此 RSoXS 实验必须在高真空环境中进行。

如图 5-29 所示，RSoXS 以透射形式进行，X 射线以 90°角垂直薄膜入射，CCD

探测器或光二极管居中置于 2θ 位置收集散射信息，在测试时需要注意以下事项：①测量样品中具有代表性的部分：在选择测量区域时，要确保所测量的区域具有代表性，尽量避开薄膜上的裂纹、灰尘等杂质，这些杂质可能会影响测试结果，造成误差；②预先测量材料的近边 X 射线吸收精细结构（NEXAFS）：在正式测量之前，建议首先进行 NEXAFS 测试，了解样品的电子结构及其近边吸收特性。这有助于选择合适的 X 射线能量，从而在共振条件下获得最佳的散射信号；③选择合适的探测器的位置：选择合适的位置放置探测器对于精确收集散射数据至关重要。探测器的位置应该确保能够覆盖所需的散射角范围，从而获取全面的结构信息；④设定适宜的曝光时间：曝光时间过短会导致信号强度不足，进而使得数据噪声过高，影响信号的准确性；而曝光时间过长则可能导致探测器像素饱和，甚至损害样品的结构。因此，合适的曝光时间需要在信号质量和样品保护之间找到平衡。

虽然 RSoXS 在有机薄膜材料的表征表现出很大的优越性，但相比于硬 X 射线，软物质材料对软 X 射线的吸收更强。尽管在实验中已经尽量避开碳的吸收边，仍然无法彻底避免辐照损伤。因此，实验过程中要仔细选择入射能量和曝光时间。RSoXS 实验样品的制备也并不简便，对于成膜性较差的样品，很难将其浮在样品支架上。测试中所使用的 Si_3N_4 支架，依然依赖进口，价格昂贵，若能实现国产，实验成本将大大降低。

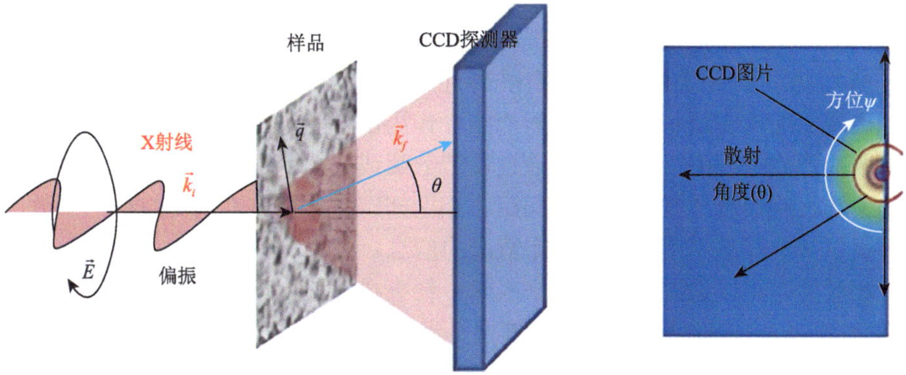

图 5-29　RSoXS 透射研究薄膜面内结构实验示意图

RSoXS 数据解析是一项结合散射模式、能量衬度调谐和理论模拟的多维分析过程，用于揭示软物质的纳米结构、化学分布及局部取向。收集的散射图谱通过二维散射模式展现样品的纳米结构信息。径向积分提取散射强度随波矢$\boldsymbol{q}$的分布，分析特征峰位置、宽度和强度，用于确定相分离尺度、周期性结构和尺寸分布。

方位积分用于揭示样品的各向异性，表征结构取向和排列。以下是主要解析方法的简要描述：

（1）散射模式分析

在数据采集后，为了进行定量分析，通常需要将二维散射图案简化为一维散射曲线。这是通过对二维散射图案沿着径向进行积分得到的，得到的曲线为 $I(q)$ vs q，其中 q 为倒易空间的波矢量。为了修正散射强度在不同 q 值处的偏差，通常还会实施洛伦兹校正。此校正将一维散射曲线转换为 $I(q)q^2$ vs q 曲线。这是因为，在未经特殊方向处理（如拉伸或剪切）的样品中，样品表现为全局各向同性，二维散射图案不会随着样品旋转而变化。在此条件下，散射强度在给定的q处，对具有相同q值的整个倒易空间球面进行均匀采样。如果存在强烈的不对称性，例如拉伸薄膜或尺寸大于薄膜厚度的相区，洛伦兹校正可能会带来错误，这要求我们在分析时要特别小心。积分散射强度（integrated scattering intensity，ISI）也称为 Porod 不变量，是表征样品形态特征的一个重要参数。ISI 可以表达为：$\mathrm{ISI}=\int_{q_a}^{q_b} I(q)q^2\mathrm{d}q=2\pi^2V\sum_{i\neq j}\Delta\rho_{ij}^2\phi_i\phi_j$，其中，$\Delta\rho$ 为电子密度差，ϕ_i 为第 i 相的体积分数。注意，$\Delta\rho^2$ 与光学对比度的平方成正比，因此，可以将 $\Delta\rho$定义为描述平均成分变化的参数。ISI 不依赖于假设的形态模型，因为不同形状和不同相区间距的样品会在不同的q值处产生散射信号，这些散射可以包含在积分中，从而反映出不同的形态特征。若样品中两纯相完全分离，则 ISI 最大；若两相完全混合，则 ISI = 0。因而可用 ISI 来表示样品的平均相对纯度（domain purity）。

从 R-SoXS 中，还可以直接提取样品的形态信息，特别是相区间距（domain spacing）。相区间距描述了成分变化的特征长度尺度，是相分离过程的关键参数。相分离现象通常由熵和混合焓之间的相互作用决定，进而影响样品的微观结构。在薄膜的形成过程中，成分波动通过旋节分解或成核和生长过程发生。周期性调制的平均长度尺度通常称为相区间距。相区间距是一个非常重要的结构参数，它能够提供关于样品中不同相的分布情况的信息。

相区间距可以通过两种方式来表示：特征模式长度尺度（d_{mode}）和特征中值长度尺度（$d_{1/2}$）。特征模式长度尺度定义为：$d_{\mathrm{mode}}=2\pi/q_{\mathrm{peak}}$，其中 q_{peak} 是散射信号最大值的峰值位置。特征中值长度尺度定义为：$d_{1/2}=2\pi/q_{1/2}$，其中，$q_{1/2}$ 是积分散射强度半峰的位置。在某些情况下，散射信号也可能来源于取向相关性而非成分相关性。因此，成分相区间距和取向相区间距应当分开考虑，以避免混淆。取向相区间距指的是分子或分散相在空间中有序排列的长度尺度，而成分相区间距则描述的是不同成分（例如不同聚合物相）之间的周期性调制。

（2）极化效应分析

使用极化控制的 X 射线，分析散射图的极化依赖性，研究样品局部取向和分子堆积方式。通过调节线偏振或椭圆偏振的方向，利用跃迁偶极矩与电场矢量的相互作用，可精确探测分子链的排列方式。相界面处的分子的取向对于器件性能也有重要影响。一般，用分子有序度（degree of molecular ordering，DMO）来衡量相界面处的分子取向程度。

为了对一个体系的分子有序度进行定量描述，首先需要对水平和垂直于电场方向一定角度范围内的极化 RSoXS 二维数据进行平均得到其一维 $I(q)$曲线。分别对水平和垂直于电场方向的曲线进行积分，计算各扇区强度的相对差值得到各向异性比 $A=\dfrac{ISI_{\perp}-ISI_{\parallel}}{ISI_{\perp}+ISI_{\parallel}}$ 来表示 DMO。DMO 范围从 1 到−1，反映了相界面处共轭分子 $C_{1s}\rightarrow\pi^{*}$（C═C）跃迁偶极矩与完全垂直和完全平行电场方向的接近程度。

5.3.3　表征示例

RSoXS 在材料科学中的应用领域极为广泛，涵盖了聚合物、嵌段共聚物、复合材料、粒子组装、有机光伏材料、有机发光二极管、医用膜和多孔材料、燃料电池、生物材料等多个重要领域。通过结合其他互补性技术，如 X 射线衍射（提供晶体结构信息）和 TEM，RSoXS 能够提供有关材料微观结构和相分离特征的深入见解。在本节中，我们将介绍 RSoXS 在材料科学研究中的若干典型应用实例。

（1）复杂结构的测定及其化学敏感性

与传统的 SAXS 相比，RSoXS 具有更强的化学敏感性，能够有效解析两相或多组分体系的形貌，提供更为细致的结构信息。例如，RSoXS 可用于精确解析三嵌段共聚物（BCP）的复杂形貌。以聚（1, 4-异戊二烯）-*b*-聚苯乙烯-*b*-聚（2-乙烯基吡啶）三嵌段共聚物（IS2VP）为模型体系进行实验，化学结构、组成和分子量信息如图 5-30（a）所示[17, 18]。在硬 X 射线小角散射（SAXS）中，可以观察到该嵌段共聚物呈现六棱柱形结构，见图 5-30（b）。然而，由于这些区域之间的电子密度相似，难以区分出不同的聚合物相区。

通过在碳 K 边吸收附近（284 eV）使用软 X 射线，RSoXS 能够利用聚合物光谱特征中化学成分和成键环境的差异来有效区分不同的聚合物相。图 5-30（c）展示了 PS、PI、P2VP 的复折射率的实分量和虚分量。由于复折射率与材料的 X 射线散射功率成正比，因此通过调整软 X 射线能量来匹配嵌段聚合物中不同组分的吸收光谱，可以有效分离出不同聚合物段对散射强度的贡献。这种方法类似于中子散射中的衬度匹配，但不需要使用化学标记。图 5-30（d）展示了在三种不同能量下，嵌段共聚物的透射散射图像及其对应的形貌模型。随着光子能量的变化，三嵌段之间的衬度也发生变化。例如，当光子能量调节到 250 eV 时，PI 和 PS 的色散分量 δ 匹配，因此 X 射线无法区分这两种嵌段。此时，P2VP 的散射强度被成功分离，散射图像与 P2VP 区域的分布相吻合。在 284 eV 时，PI 和 P2VP 的吸收分量 β 匹配，X 射线呈现六棱柱形结构。而当能量调节到 280 eV 时，任意两组分之间的衬度均不匹配，进一步优化了材料的表征精度。

RSoXS 可以确定两个嵌套六边形排列的纳米级圆柱形微区排列的共组装。能够对其复杂的微相分离形貌进行准确的评估，并与 TEM 的实验结果一致。还应该指出的是，由于碳 1s 吸收边的精细结构中的反常散射和光谱衬度，因此相比于硬 X 射线散射，RSoXS 可以提供更多的信息。

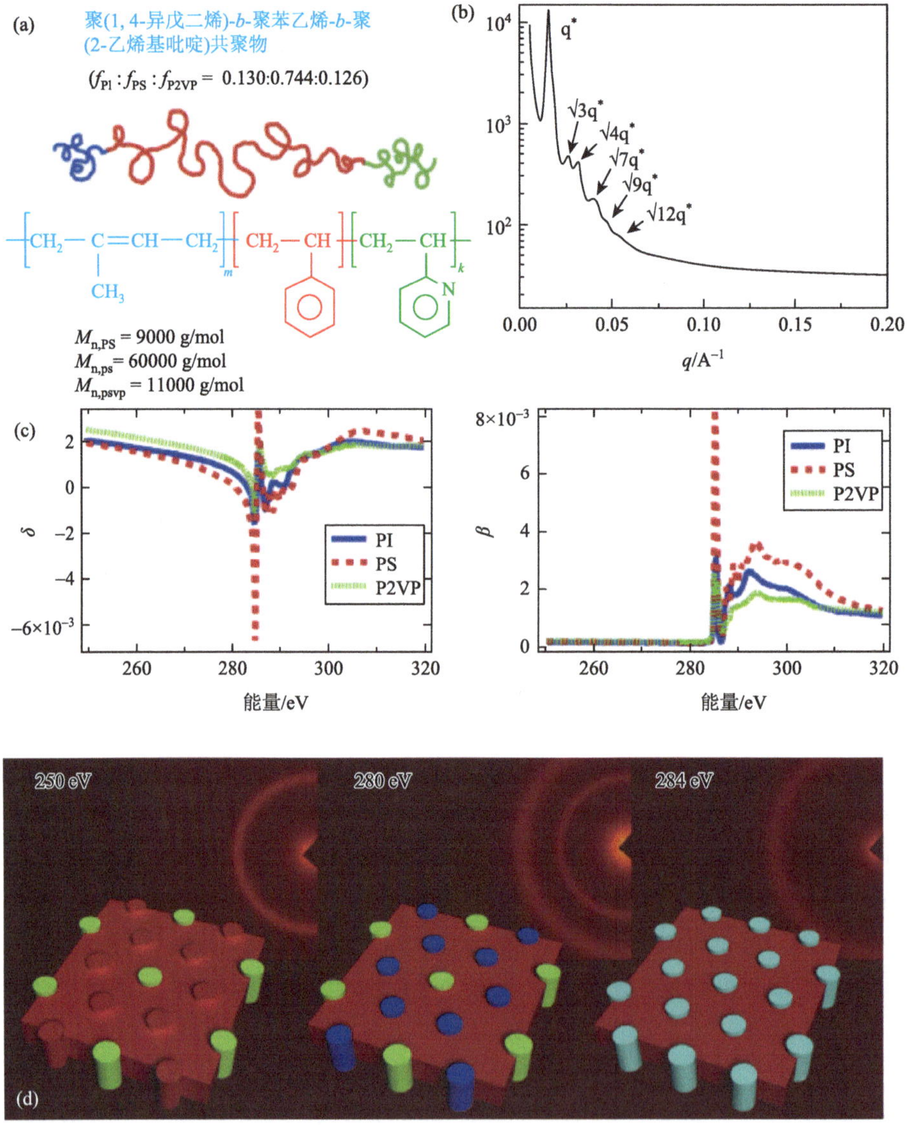

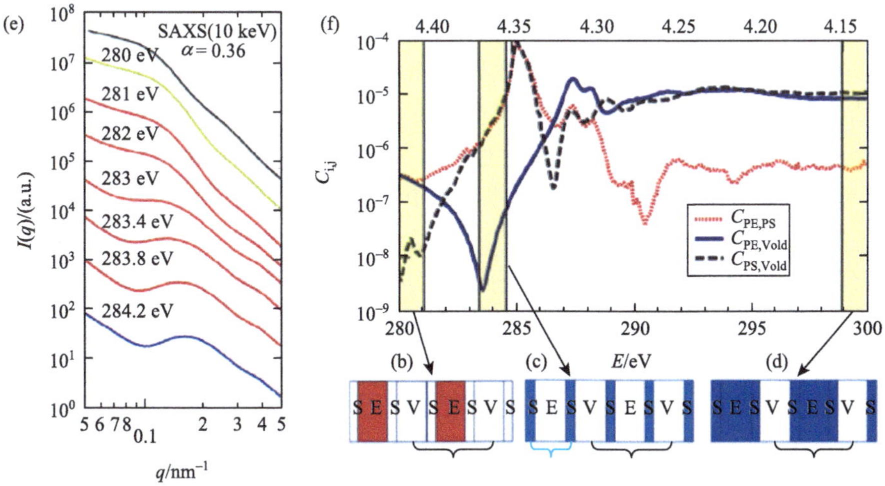

图 5-30　（a）PI-b-PS-b-P2VP 嵌段共聚物的化学式、组成和分子量；（b）硬 X 射线 SAXS 得到的六边形排列的圆柱形结构；（c）PS、PI 和 P2VP 的色散和吸收指数；（d）能量依赖的 RSoXS 图像显示嵌套的六边形排列结构；（e）和（f）硬、软 X 射线 SAXS 和 SES 三嵌段共聚物的空穴和聚合物相结构示意图

在对介孔聚合物膜的结构解析中，发现这类膜在水过滤、气体分离以及锂离子电池电解质等领域具有潜在的应用价值[18, 19]。然而，当利用硬 X 射线小角散射（SAXS）技术研究这些薄膜时，孔隙结构与有机-无机材料之间的衬度差异成为影响散射曲线的主要因素，这限制了对聚合物相分离结构的深入探测。

以聚苯乙烯-聚乙烯嵌段共聚物(polystyrene-block-polyethylene-block-polystyrene，简称 SES）为例，硬 X 射线散射技术能够揭示其多孔结构，如图 5-30（e）中的黑线所示。然而，RSoXS 技术提供了一种更有效的解决方案，能够更精准地分析这些样品的形貌。通过采集嵌段共聚物的近边 X 射线吸收精细结构（NEXAFS）光谱，并计算不同嵌段之间的衬度差异，RSoXS 使得我们能够从散射结果中定量分析各嵌段和空隙的分布，如图 5-30（f）所示。因此，通过精确选择光子能量，我们能够获得关于多孔结构和聚合物相分离的互补信息，这对于深入理解介孔聚合物膜的结构特性至关重要。

（2）高分子材料的散射各向异性和界面取向

RSoXS 已经广泛应用于表征薄膜电子器件活性层的形貌，并被确认为研究有机相分离长度尺度的标准方法。特别是在有机光伏（OPV）领域，RSoXS 技术的应用已成为研究相分离尺度的常规工具[20, 21]。RSoXS 的成功应用推动了 OPV 领域的重要发现，提出了多尺度形貌[21]、分层结构[22]、相纯度与界面取向[23, 24]等新概念，极大拓宽了对功能材料共混物结构与性能关系的理解。

除了在表征相分离长度尺度方面的常规应用外，RSoXS 还广泛利用了同步软 X 射线的极化电场特性，为研究聚合物薄膜共混物中埋藏界面的取向、局部分子取向和结构提供了新的方法。同步加速器产生的 X 射线具有内在的极化电场成分，这为分析材料的局部有序性和结构差异提供了重要工具。为了强调由局部有序结构引起的独特散射各向异性，P-SoXS 技术应运而生[24]，并通过在先进光源（ALS）上的 11.0.1.2 束线实现偏振控制。图 5-31（a）展示了 DPP 基共轭高分子：PCBM 共混物在不同光子能量下通过碳 1*s* 边缘使用水平偏振 X 射线（*s* 偏振）的透射 RSoXS 曲线。DPP:PCBM 共混物形成大量的 PCBM 聚集体，嵌入在 DPP 聚合物基体中。通过软 X 射线 SAXS 剖面的计算，可以直接得到相分离的尺度。从图 5-31（a）中可以看出，光子能量的变化导致散射各向异性发生了巨大的变化，散射强度的方位依赖性在特定的 $\boldsymbol{q}$ 矢量上发生了变化。聚合物 1*s*-π*转变在垂直方向上的强度增强，1*s*-σ*转变在水平方向上的强度增强。前面讨论了跃迁偶极矩矢量和电场矢量对齐如何导致散射对比因子的差异，见图 5-31（b），这就是产生散射各向异性的原因，在不同方向上改变电场会改变散射的各向异性。

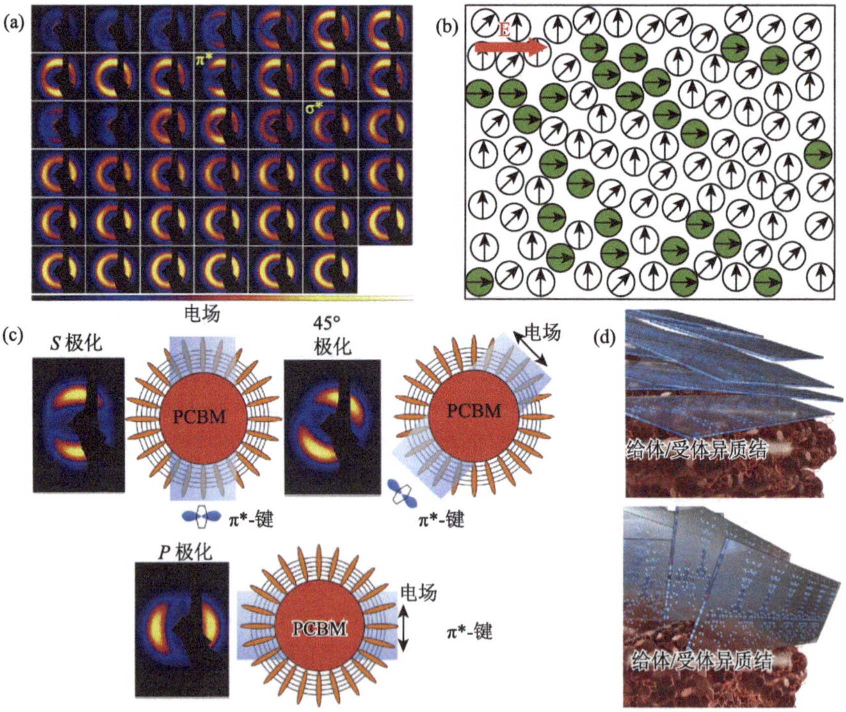

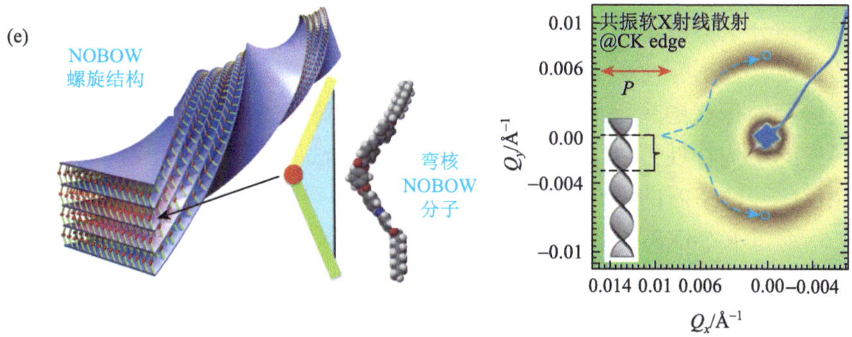

图 5-31　（a）DPP:PCBM 混合在碳 1s 边缘的能量依赖透射 RSoXS 图像，近π*和 σ*透射的各向异性；（b）水平取向分子跃迁偶极矩随入射 X 射线水平取向电场的选择性激发示意图；（c）和（d）来自 DPP:PCBM 混合物的偏振相关散射模式，以及解释这些模式所包含的“face-on”（上）和“edge-on”（下）局部分子取向信息的图像；（e）NOBOW 液晶细丝的螺旋结构和 RSoXS 图像（螺距的散射）

这些信息被用于重建 DPP 聚合物链在共混物中相对于聚集的 PCBM 区域的取向。通过结合 GIWAXS 技术，发现 DPP 聚合物具有高度有序的结构，并呈现出“edge-on”取向，这有利于在本体异质结中形成原纤维网络结构。因此，在含有 DPP 聚合物的共混 BHJ 中，预计会形成纤维状的网状结构。进一步地，对其他共轭高分子共混物的光学建模和对比系数计算表明，当跃迁偶极矩与 X 射线电场方向一致时，散射对比系数会显著增加。具体而言，在 s 极化条件下，垂直方向的强度增强表明部分 1s-π*跃迁偶极子与 X 射线电场方向平行，如图 5-31（c）所示。在这种情况下，聚合物链以径向“edge-on”方式排列，其中链的共轭平面相互堆叠，如图 5-31（d）底部所示。这与围绕 PCBM 聚集体的 P3HT 链的组织方式大不相同，后者的共轭平面与 PCBM 聚集体呈“face-on”取向，如图 5-31（d）顶部所示。这种独特的表征能力为深入剖析共轭聚合物的电荷输运机制提供了重要的视角。特别是通过 π-π 堆叠方向的电子跃迁和链内电子传输的高迁移率方向，这对提高有机光伏器件的性能和发展具有重要意义。

这种表征局部取向的能力对于研究许多复杂结构具有重要意义。例如，使用线偏振 X 射线来研究分子液晶中的层状结构。图 5-31（e）展示了一个弯核液晶分子（NOBOW）的例子[25]。已知在液晶中引入手性分子会产生扭曲力，这些扭曲力会改变液晶的平衡状态，从而形成各种螺旋结构。然而，非手性分子也能形成类似的螺旋结构，产生螺旋纳米丝（HNF）相。NOBOW 分子属于弯核分子，虽然是非手性的，但同样会形成类似手性的液晶结构。该 HNF 由多层组成，表明不仅分子的手性，而且扭曲层的手性驱动了螺旋结构的形成。极化 RSoXS 方法能够轻松地表征这些螺旋结构的螺距，并为分层结构材料提供新的理解。散射强度的各向异性与分子偶极子与 X 射线电场之间的相互作用密切相关。当光子能量偏离吸收边缘时，散射强度的各向异性会显著减小，见图 5-32（a）。通过 RSoXS 实验，能够轻松探测到热处理过程中螺距的变化和膨胀，这为进一步理解和控制液晶材料中的结构特性提供了有利的工具。这一方法的应用为分子液晶材料的设计和性能优化开辟了新的方向。

此外，通过 R-SoXS 的结果，研究人员还能够揭示聚合物-富勒烯在光伏性能（如填充因子 *FF* 和短路电流 J_{sc}）和形态（如相区大小、成分变化等）之间的密切关系。不同的形态和相区尺寸在高效器件的形成中扮演着重要角色，且这种关系通常呈现出单调或线性变化。例如，$ISI^{1/2}$ 与 *FF* 之间的关系，即相区大小与填充因子之间的强相关性，已经在多项研究中得到了验证，并且通常呈现出线性或近乎线性的趋势，见图 5-32（b）。Yan 等[26]的研究表明，在主溶剂中引入少量的添加剂可以显著减小相区间距并提高相纯度，从而显著提升聚合物：富勒烯体系的效率，创下了 11.5%的认证效率。Mukherjee 等[27]首次在基于小分子有机太阳能电池中，发现 *FF* 与 $ISI^{1/2}$ 之间呈现出近乎线性的关系。这种线性关系后续在多项研究中得到了验证，并启发了对形态、分子相互作用和光伏性能之间关系的深入理解。Ye 等[28]在 5 种聚合物：富勒烯共混体系中，观察到 ISI½与 FF 之间的严格线性关系，且此关系特别明显，尤其是在所用的聚合物结构相似时。该研究展示了分子相互作用（如 Flory-Huggins 相互作用参数 χ）如何控制形态演变，并直接影响器件性能。

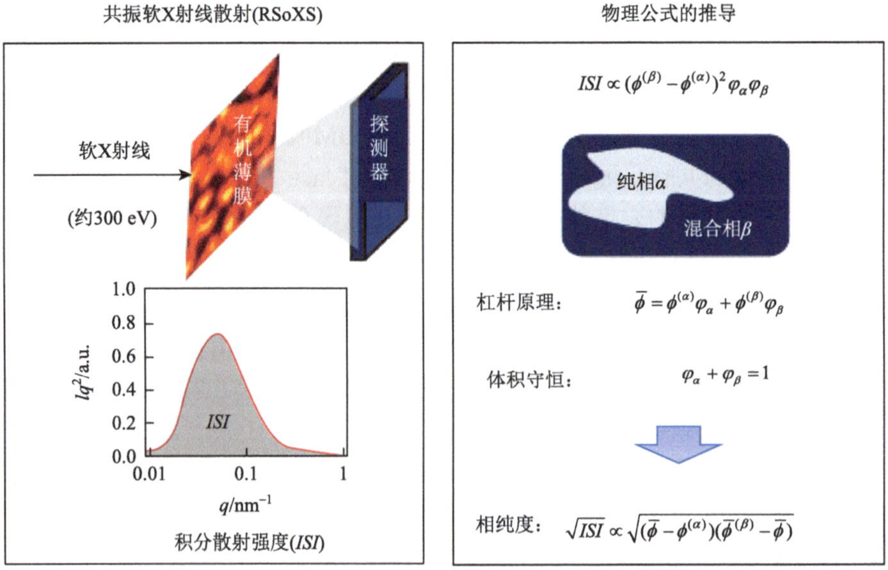

图 5-32　有机光伏体系中 RSoXS 的积分散射强度（a）与相纯度之间的关系（b）

Ye 和 Ade 等[29]进一步提出了一种定量模型，将有效的 Flory-Huggins 相互作用参数 χ 与 $ISI^{1/2}$ 和器件 *FF* 进行了关联。在 PCDTBT:PCBM 模型体系中，利用 R-SoXS 等表征，成功揭示了分子相互作用如何通过影响相区纯度和形成有利形态来提高有机太阳能电池的效率。实验结果与分子动力学模拟的计算结果高度一致。

（3）化学分离膜的结构-性能关系研究

X 射线共振散射在研究化学分离膜的结构-性质关系方面具有重要应用。化学分离膜材料广泛应用于燃料电池、气体分离、电池分离器以及反渗透水净化等领域。这些膜材料通常具有复杂的纳米结构，包括孔隙网络、促进吸水和减少污垢的亲水性孔隙涂层，以及由疏水和/或晶体材料组成的具有机械强度的结构网络。这种复杂且相互交织的多物种纳米结构，随着使用过程中的膨胀和收缩，增加了对其表征的挑战。传统的 SAXS 表征方法由于依赖于材料的密度差异，无法有效区分这些复杂结构中的不同组分，尤其是在孔隙结构较为明显时，往往会受到孔隙的干扰，导致信号被淹没，无法精确地表征膜的整体结构。RSoXS 技术在这种情况下显现出其独特优势。通过选择特定能量的 X 射线与材料的元素或化学键进行共振作用，RSoXS 能够增强某些特定组分的散射信号，从而精确解析膜材料中的纳米结构和各组分之间的相互作用。

电子显微镜可以用来成像在纳米尺度上的不均匀性[30, 31]，但这种方式通常需要染色，只能显示局部区域。因此，RSoXS 特别适用于观察构成网络其余部分的关键化学分子，以及它们与孔隙或整体异质性的关系。以及它们与孔隙或整体异质性的关系。其中早期研究学者研究了 PS-PE-PS 三嵌段共聚物与牺牲 PS 混合后形成的介孔膜，对比函数分析：

$$C_{xy}=\left|n_x - n_y\right|^2\left|\Delta n_{xy}\right|^2 \tag{5-32}$$

其中，x 和 y 可以是 PS，PE 或真空。研究表明，通过精心选择光子能量，不同组分之间的电子密度可能实现指数匹配（$C_{xy}=0$），这与无孔 ABC 三嵌段共聚物的分析相似。这种匹配使得 RSoXS 能够更多地探测孔结构而非孔涂层/机械网络，这也表明 RSoXS 技术可以区分模板化和非模板化的介孔膜。这一发现为深入理解介孔膜的结构特性提供了新的视角，并为材料科学领域带来了重要的技术进展。

在图 5-33 中的几项共振 X 射线研究中，RO 膜内的空间化学组织也得到了表征。临界阻盐层厚度通常小于 1 μm，这对于软 X 射线技术来说是合适的尺寸，但对于硬 X 射线来说过薄。过薄的聚酰胺基活性层由羧酸单元和酰胺交联剂的复杂混合物组成，如图 5-32（a）所示，脱盐性能与这些化学基团有关，RSoXS 定量分析了已知 OH 和 C = O 密度 ρ_s 的对照样品的折射率，使它们能够校准每个官能团在氧边的振荡强度，然后使用这些校准数据来量化通过不同化学合成的聚酰胺 RO 膜中每个化学基团的 ρ_s。结果发现，这些层中的电选择性（α）与官能团比（OH）/

（C═O）高度负相关，见图 5-33（a）。这可以理解为羟基只存在于非交联单体中，羰基存在于所有单体中，见图 5-33（a）。因此，随着这个比率的增加，水的渗透性也随之增加。随后进一步测量了两种化学组的 ρ_s 作为样品中深度的函数，见图 5-33（a）底部。尽管如上所述，RSoXR 测量纯合成聚合物的层厚是典型的，但这是第一次用于量化多键复杂材料中特定化学键的浓度分布[32]。展望未来，这种方法可用于量化其他复杂材料（如生物膜）的化学深度依赖。

研究类似的聚酰胺反渗透膜时采用了不同的方法，在碳边使用透射 RSoXS 从底层支撑层中去除如图 5-33（b）～（d）所示，使用 RSoXS 在非共振（图 5-33（b）和 C=C π*共振（图 5-32（c）能量下研究了不同酸与酰胺基团“PA”比（由 FTIR 测定）的膜的结构。通过拟合随机分布两相系统的 Debye-Anderson-Brumberger（DAB）模型提取膜内的相干长度 L_C，如图 5-33（d）所示。非共振 L_C 为表面粗糙度的长度尺度（“脊谷”结构），而共振时测量的 L_C 则为由于酰胺交联而导致的高酚密度区域之间的距离。

随着 X 射线（1～8 keV）同步加速器的出现，硫边研究聚焦于离子交换膜。其一，这些膜的厚度通常在 10 μm 左右，对于软 X 射线来说太厚了，对于硬 X 射线来说太薄了，但是对于弱能量来说恰到好处。其二，含硫部分代表了这些结构的质子提供功能，可实现水吸收和离子运输。其三，硫边的波长比碳边的波长短约 10 倍，可以方便地测量 2～5 nm 尺度的纳米相分离形貌。

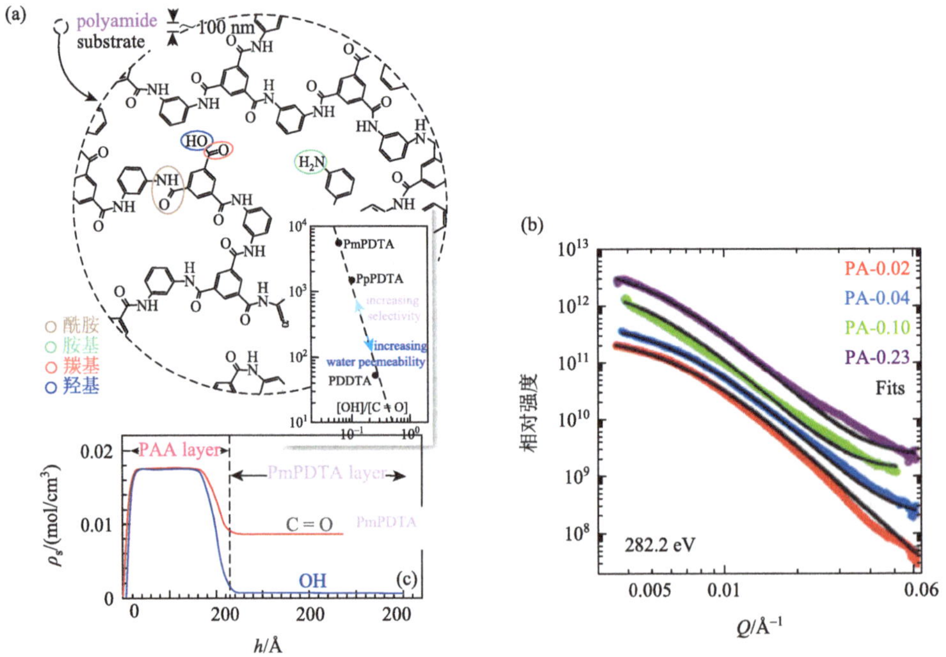

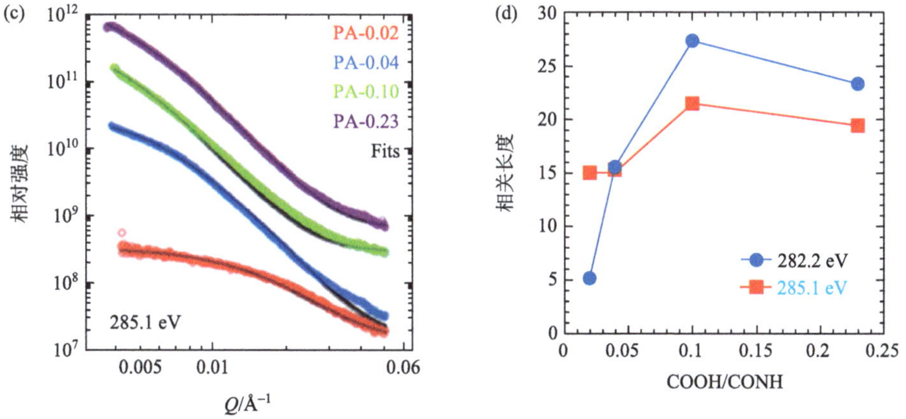

图 5-33　多孔膜的共振 X 射线散射研究：（a）聚酰胺基反渗透膜的内部结构示意图，突出显示了关键化学基团；下图为双层中羰基和羟基的浓度深度分布图，展示了高度精确和定量的官能团密度 ρ_s 分布图；（b）和（c）RSoXS 分别在 282.2 eV（非共振）和 285.1 eV（$C=C\pi^*$，共振）下，具有不同酸胺比“PA”的四种 RO 膜；其中，黑线是提取的相关长度 LC 的 DAB 拟合，为（d）中 PA 比率的函数

总之，RSoXS 技术具有许多独特的优势，包括极高的化学对比度、广泛的长度尺度范围、固有的极化对比度以及高通量样品筛选能力，使其成为下一代软物质表征的理想工具。随着越来越多的软 X 射线设备在同步加速器设施中的投入使用，RSoXS 将面向更加多样化的用户群体，从而推动该技术在更多领域中的应用。这不仅有助于深化对软物质的理解，也将促进跨学科的协同创新。展望未来，RSoXS 有望在高分子材料科学的各个领域[33-34]，特别是在理解材料的结构-性能关系方面，发挥更为重要的作用。作为有机电子学研究的核心技术之一，RSoXS 的应用前景极为广阔。随着计算和分析方法的进一步发展，以及仪器性能的不断提升，RSoXS 的影响力将持续扩大，推动软物质领域的突破性进展。因此，我们可以期待这一技术在未来为新材料的设计和优化提供更多创新思路。

5.4 共振韧 X 射线散射

与单晶材料相比，溶液加工的有机半导体薄膜和生物大分子等因具有较高的无序程度，难以通过传统的 X 射线衍射和电子显微镜表征。作为厚度通常小于 100 nm 的薄膜，这些材料散射体积较低。同时，有机半导体较小的电子和 X 射线散射截面，以及不同材料间微弱的电子密度差异，使得基于密度对比的表征技术难以有效应用。为应对这些挑战，通常采用一系列微结构表征工具。

上节所述的 RSoXS 已被证明特别适合于研究有机半导体薄膜的微观结构[35]。软 X 射线的能量大致为 100～1000 eV，覆盖了碳（约 285 eV）、氮（约 400 eV）和氧（约 530 eV）的 K 吸收边。这些吸收边意味着软 X 射线与有机材料有很强的相互作用，克服了有机材料与硬 X 射线相互作用较弱的局限性。R-SoXS 本质上是一种 SAXS 技术，可以实现从纳米尺度到介观尺度的结构探测。但是软 X 射线（在碳 K 边约 4 nm）相对较长的波长限制了可探测的长度尺度，不适用于具有周期性晶格间距的有机半导体的共振衍射实验。此外，有机薄膜对软 X 射线的强吸收也限制了其应用。为了定量分析共振散射的能量依赖性，尽量减少吸收以及 X 射线荧光对测量散射信号的能量依赖性的贡献可大大简化问题。

韧 X 射线能量介于硬 X 射线（大于 10 keV 或波长小于 0.1 nm）和软 X 射线（小于 1 keV 或波长大于 1.2 nm）之间。由于韧 X 射线波长较短，可以进行共振衍射实验：研究 X 射线衍射强度随 X 射线能量在吸收边上的变化，揭示关于分子堆积的信息。对于 SAXS 实验，韧 X 射线也能增强对比度，甚至在非晶相和晶态相之间提供强散射对比度。与软 X 射线一样，韧 X 射线与有机半导体之间的相互作用是高度各向异性的，韧 X 射线对分子取向也很敏感。共振衍射在液晶领域一直占有重要地位，虽然通常可以通过所谓的直接方法从 X 射线衍射数据中求解小分子单晶的晶体结构，但是液晶结构具有一定的无序性，阻碍了直接方法的应用。但液晶在介观尺度上具有有趣而重要的取向有序性，传统的 X 射线衍射无法轻易区分不同的近晶相，例如不同近晶相的分子在连续层中的相对取向不同。由于液晶分子的光学性质是高度各向异性的，利用偏振同步光进行的共振衍射提供的额外信息允许从共振 X 射线衍射实验中明确地识别不同的手性相。共振衍射也被称为反常衍射和反常散射，是蛋白质晶体学中一种非常有价值的策略，可以使蛋白质结构得到解决。在蛋白质晶体学中，主要的挑战是简化问题，即：从干净的蛋白质晶体中衍射可以产生数以千计的衍射斑点，伴随异常散射的相位移动可以确定异常散射体的位置，为构建剩余的蛋白质结构提供参考。虽然，对于同样采用重要超分子构象的共轭聚合物来说，问题是不同的，因为可用的少数衍射斑点不足以解决晶体结构问题。

然而，共振衍射实验中提供的额外相位信息可能会使新的结构信息被解锁。韧 X 射线为研究有机半导体的微观结构提供了新的机会。韧 X 射线的能量大致为 2～5 keV，覆盖了有机半导体中常见的杂原子硫（约 2.5 keV）、氯（约 2.8 keV）和硅（约 1.8 keV）的 K-边吸收能（溴 L-边也位于韧 X 射线区）。较低波长的韧 X 射线允许对有机半导体进行共振衍射实验，用于韧 X 射线吸收边的杂原子是少数组分，其比软 X 射线吸收强度小[36]。这意味着与在软 X 射线能量下进行的实验相比，吸收效应被大大抑制。有机半导体如软 X 射线等对偏振韧 X 射线的吸收对键取向高度敏感。由此产生的强各向异性使得非晶相和晶相之间的散射对比得以实现，并且能够确定有机半导体的共轭主链在晶胞内的倾斜。

5.4.1 基本原理

X 射线与自由电子的弹性散射遵循汤姆逊散射原理，即入射 X 射线的振荡电场诱导电子发生相同频率的振荡，从而发射散射辐射。由于实际系统中的电子被束缚在原子或分子中，这种束缚会显著改变散射和吸收特性，具体表现为尖锐的 X 射线吸收边以及能量依赖的散射性质。束缚电子的汤姆逊散射偏差通常通过能量依赖的折射率（用于 SAXS 实验）或原子散射因子（用于衍射实验）进行描述，即折射率可以表示为：

$$n = 1 - \delta - \mathrm{i}\beta \tag{5-33}$$

其中，δ 是能量依赖的折射减量（energy-dependent refraction decrement），β 是能量依赖的吸收指数（energy-dependent refraction decrement）[37]。β 可以直接从 X 射线吸收实验中确定，如近边 X 射线吸收精细结构（NEXAFS）光谱，它提供了材料的近边结构的细节。经过对裸原子吸收截面的适当缩放和拼接，可以获得准确的 β 值。通过 Kramers-Kronig 变换可以确定真实组分，即将 NEXAFS 数据转换为 β 并计算 δ，可以自由使用 KKCalc[38]等工具。在实验中，两种材料之间的散射对比度由折射率差异决定，即：

$$contrast \sim \Delta\delta^2 + \Delta\beta^2 \tag{5-34}$$

对于共振衍射实验，需要考虑晶胞中每个原子的自由电子散射的偏差。在 X 射线散射理论中，相对于自由电子的汤姆逊散射，原子散射因子用来描述原子的电子云对辐射的散射。由于电子的束缚性质，原子的总散射因子 f[39]可以表示为“正常”散射因子 f° 和“反常”散射增量 f^Δ，即：

$$f = f^\circ + \left|f^\Delta\right|\mathrm{e}^{i\delta} = f^\circ + f' + \mathrm{i}f'' \tag{5-35}$$

其中，f' 和 f'' 分别为 f^Δ 的实部和虚部，f° 为实部且与能量无关，而 f' 和 f'' 均与能量有关，i 是虚数单位，$\mathrm{i}^2 = -1$。对于轻元素，f° 可以用前向散射极限中的原子序数 Z 来近似。为了简单起见，$f = f' + \mathrm{i}f''$，其中 f' 是散射因子的实部，f'' 是虚部。f'' 与原子对 X 射线的吸收有关，可以通过 X 射线吸收实验和使用类似于确定 β 的方法的列表值来确定。

在共振衍射实验中，研究了 Bragg 峰的强度与 X 射线能量的关系反射强度的能量依赖性 $h = (h, k, l)$ 来源于结构因子的能量依赖性，即：

$$F(h) = \sum_j^{\mathrm{atoms}} f_j exp\left(2\pi\mathrm{i}\boldsymbol{h} \times \boldsymbol{r}_j\right) \tag{5-36}$$

式中，f_j 为第 j^{th} 个原子的能量依赖原子散射因子，r_j，$=(x_j, y_j, z_j)$是分数坐标下第 j^{th} 个原子在晶胞中的位置。反射强度与结构因子大小的平方成正比，即：

$$I(h) \propto |F(h)|^2 \tag{5-37}$$

由于结构因子的能量依赖性同时取决于原子散射因子 f_j 和晶胞内原子的位置 r_j，如果知道原子散射因子，就可以从共振衍射数据中了解晶胞内原子的相对位置。事实上，这种方法已经在蛋白质晶体学领域得到了广泛的应用。虽然从一个干净的蛋白质晶体衍射会产生成千上万个衍射斑点，但确定单位晶胞内蛋白质分子的结构仍然是非常复杂的，尤其是由于相位问题。通过观察光子能量在某一特定元素（例如，对于金属蛋白来说，它可以是一个金属原子）的吸收边附近调谐时衍射花样的变化，可以简化求解蛋白质晶体晶胞的问题。由于相移伴随着共振衍射，这种在常规 X 射线衍射实验中丢失的额外相位信息使得共振衍射原子的位置得以确定，为构建剩余的蛋白质结构提供了参考。

有机半导体在分子几何结构和键的方向性方面都具有典型的高度各向异性。这两个事实使得偏振 X 射线光束与有机半导体之间的相互作用具有各向异性：测量得到的散射或衍射强度依赖于 X 射线偏振相对于散射矢量 $\boldsymbol{q}$ 的相对取向。各向异性散射可以通过将折射率或原子散射因子视为张量来描述。例如，对于一个三斜晶胞[40]，张量 f' 和 f'' 将有 6 个独立的元素：

$$f' = \begin{pmatrix} f'_u & f'_{uv} & f'_{uw} \\ f'_{uv} & f'_v & f'_{vw} \\ f'_{uw} & f'_{vw} & f'_w \end{pmatrix}, f'' = \begin{pmatrix} f''_u & f''_{uv} & f''_{uw} \\ f''_{uv} & f''_v & f''_{vw} \\ f''_{uw} & f''_{vw} & f''_w \end{pmatrix} \tag{5-38}$$

实验上确定 f' 和 f'' 需要测量具有宏观各向异性的样品，从而测量至少六个相对于入射光束的 X 射线偏振具有不同相对取向的 X 射线吸收光谱。对于小分子，这可以通过测量单晶来实现；对于聚合物，通过测量高度取向和高度织构化的样品来实现。例如，图 5-34 展示了聚合物 P(NDI2OD-T2)中硫原子在硫 K 边（交叉项可忽略不计）处的各向异性散射因子。其中，f'_u 和 f''_u 对应于 X 射线偏振平行于烷基堆积方向的情况，f'_v 和 f''_v 对应于 X 射线偏振平行于 π-π 堆积方向的情况，f'_w 和 f''_w 对应于 X 射线偏振平行于主链的情况。可以看出，不同极化取向的原子散射因子存在明显的差异。这些特征可以与特定的分子轨道相关联。例如，f''_w 数据中的大峰对应于具有沿主链取向的跃迁偶极矩的 $1s \rightarrow (S\text{-}C)\sigma^*$ 跃迁，而 f''_v 数据中较小、较低的能量峰对应于具有垂直于聚合物主链取向的偶极矩的 $1s \rightarrow (S\text{-}C)\pi^*$ 跃迁。因此，与共轭聚合物的 NEXAFS 光谱相关的高二色性也被编码在共振散射和衍射数据中。

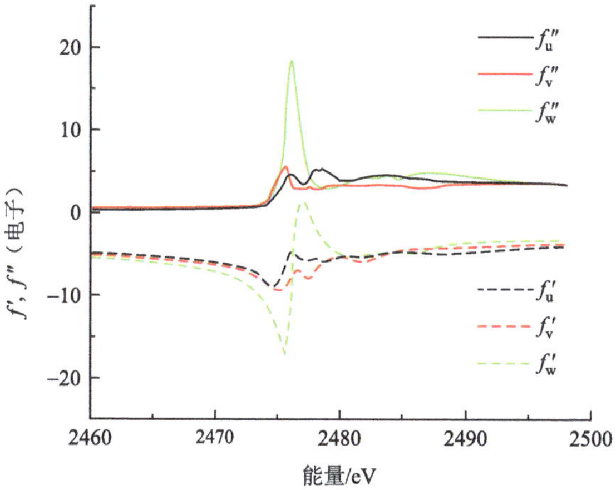

图 5-34　聚合物 P(NDI2OD-T2)的硫原子在硫 K 边的各向异性共振散射因子

5.4.2　实验方法及数据解析

以一个被广泛研究的半晶态聚合物 P(NDI2OD-T2)为例。样品制备以氯苯为溶剂，通过旋涂法制备薄膜（厚度约 100 nm），然后在 210℃下退火 10 min 以提高薄膜的结晶性。为了能够转移到氮化硅薄膜上进行共振韧 X 射线散射测试，在水溶性的聚苯乙烯磺酸钠牺牲层上制备了薄膜。经过旋涂和退火处理后，薄膜漂浮在水中，用氮化硅薄膜（100 nm 厚，窗口面积 2 mm×2 mm）拾取。将用于近边 X 射线吸收精细结构（NEXAFS）光谱测量的样品直接旋涂在高电导率硅片上。对样品进行硫的 K 边散射测量。X 射线散射图案记录在探测器上。为了覆盖所需的散射角范围，将垂直放置的细长探测器水平移动在固定的圆弧上，然后在 Xi-CAM 软件 20 中进行图像可视化，并使用自定义代码进行拼接。通过改变光子能量在 2445～2500 eV 之间，通过硫 K 边在 2470～2480 eV 之间取 0.25 eV 的步长，测量散射图案作为能量的函数。散射测量在真空中进行。为了避免光束损伤，样品被移动到每个新能源的新位置。样品处的光斑尺寸为 20 μm×200 μm。

为了能够可靠地解释散射数据，需要准确地确定原子散射因子 f 的能量依赖性。利用二维探测器在共振散射测量过程中获得的 X 射线荧光数据实现了 f "的测量。随着能量通过硫边缘移动，观察到 2D 探测器测量的背景信号增加。提取荧光产率的相对强度作为分峰拟合过程的一部分。经过背景扣除后，散射轮廓的非共振区域重叠。将该方法获得的荧光产额 NEXAFS 谱与在不同光束线下测得的部分电子产额 NEXAFS 谱进行对比，证明方法的可靠性。使用 SMI 散射光束线处获得的荧光产额 NEXAFS 光谱是首选，因为它避免了在不同光束线处进行不同能量校准的问题。由于观察到的衍射强度变化非常剧烈，避免与能量校准有关的问题被发现是很重要的。此外，该聚合物的表面分子取向与体相分子取向不同，这解释了荧光（体相敏感）和电子产率（表面敏感）测量中峰的相对强度的差异。从荧光产额 NEXAFS 谱中，利用 KKCalc 将数据与裸原子散射因子拼接并进行 Kramers-Kronig 变换来确定 f'，从而确定原子散射因子 $f'+f''$。图 5-35 显示了 P(NDI2OD-T2)中硫原子在硫 K 边的 f' 和 f'' 的能量依赖，f' 和 f'' 都有很强的调制[41]。

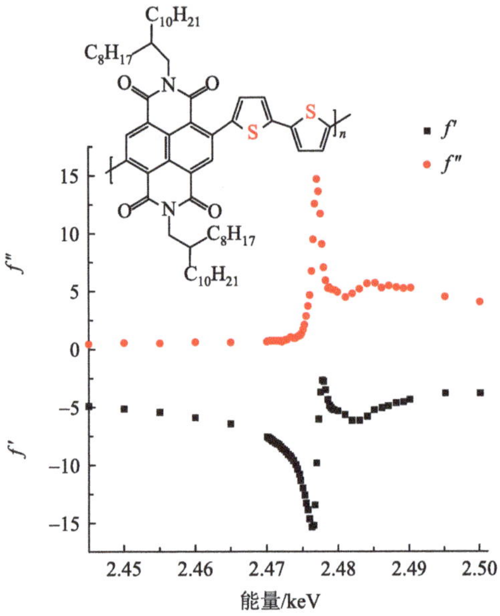

图 5-35 聚合物 P(NDI2OD-T2)中硫原子在硫 K 边的原子散射因子 f' 和 f''

5.4.3 表征示例

通过共振韧 X 射线衍射可以提供额外的信息，从而选择所使用的 X 射线能量来匹配样品中的一个组成元素的吸收边。聚合物 P(NDI2OD-T2)是一种非常适合用于共振韧 X 射线衍射研究的材料，具有相对较高的结晶有序度，并且含有硫作为研究的杂原子，具有柔和的 X 射线散射。与所有的聚合物半导体一样，P(NDI2OD-T2)的衍射图谱中没有足够的峰来确定晶胞内原子的精确位置。P(NDI2OD-T2)表现出烷基堆积作用（h00）、π-π堆积作用（0k0）和主链堆积作用（001）相关的衍射峰。这些衍射峰给出了沿烷基堆积作用方向的晶胞尺寸约为 2.5 nm，π-π堆积作用方向的晶胞尺寸约为 0.39 nm，主链堆积作用方向的晶胞尺寸约为 1.36 nm。P(NDI2OD-T2)也倾向于呈现“face-on”取向[42]，这意味着薄膜的透射散射测量中（h00）和（001）反射都是可观测的。

图 5-36 展示了在硫 K 边缘处旋涂 P(NDI2OD-T2)薄膜的共振韧 X 射线衍射数

据。通过对衍射峰的分峰拟合，得到了（100）峰和（001）峰的强度，并将其绘制成 X 射线能量的函数。与径向平均数据相对应，这表明各向异性效应已被平均掉。首先需要注意的是衍射强度的显著调制，尽管硫的含量低于 10 wt%，但当 X 射线能量在硫的 K 边缘变化时，衍射强度变化近 50%。另一个重要的观察是，（100）和（001）反射表现出不同的能量依赖性响应。这是因为，当沿不同的晶胞轴进行观察时，由于硫原子相对于其他散射中心的位置不同，X 射线会经历不同的相位变化，导致不同的晶胞产生相似的结果，见图 5-36（a）。这一现象表明，P(NDI2OD-T2)的（100）峰共振韧 X 射线衍射轮廓对侧链和骨架构象的变化并不十分敏感，因为共振衍射效应主要受到晶胞内原子相对位置变化的调制。然而，当沿着主链堆积方向观察时，硫原子的相对位置差异显著，特别是在 syn 构象下，X 射线衍射强度表现出比实验数据中观察到的更大的调制效应，见图 5-36（c）。相

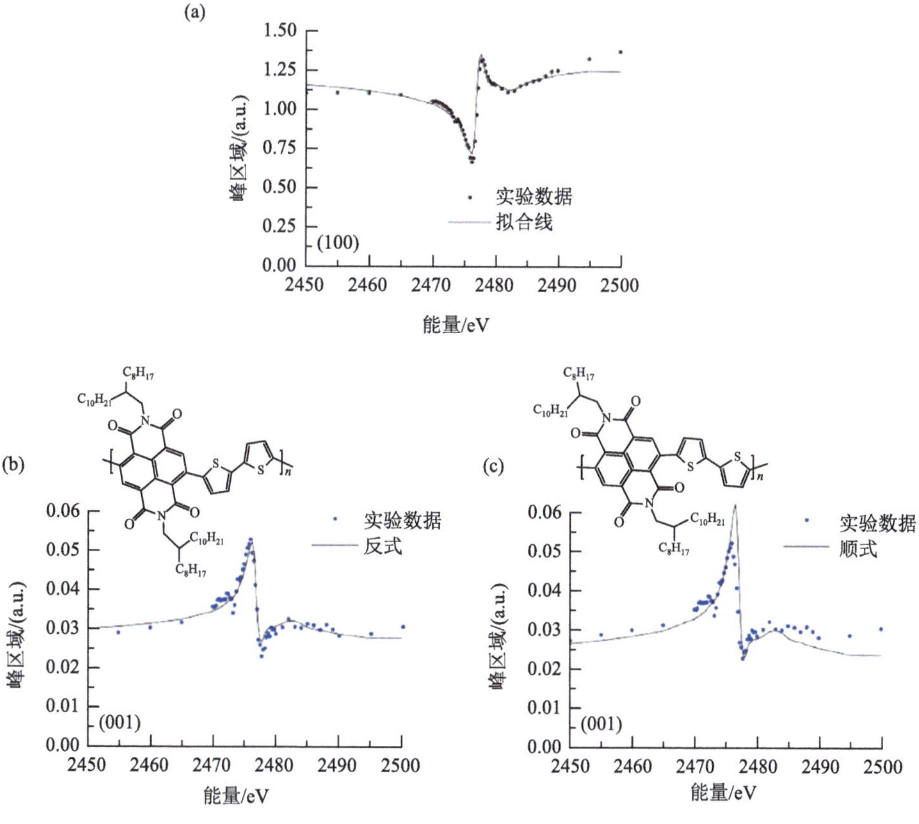

图 5-36　（a）P(NDI2OD-T2)（100）峰的径向平均衍射强度与计算出的谐振衍射曲线相比，是硫 K 边能量的函数；（b）和（c）P(NDI2OD-T2)的（001）峰的径向平均衍射强度作为硫 K 边能量的函数，与计算出的共振衍射剖面进行比较，该衍射剖面是通过在单元胞内使用骨干结构的反（b）顺（c）构象确定的

比之下，反构象的共振韧 X 射线衍射轮廓与实验数据［图 5-36（b）］有更好的匹配，直接验证了反构象在 P(NDI2OD-T2)微晶中更为优先的分布。值得注意的是，尽管红外光谱等其他光谱技术可以提供分子构象的一些信息，但共振韧 X 射线衍射技术能够特异性地探测薄膜的结晶部分，从而提供晶体晶胞内原子相对取向的独特信息。这些初步结果表明，共振韧 X 射线衍射技术能够有效生成实验数据，帮助区分由分子堆积模拟产生的不同堆积基元，从而为进一步理解材料的微观结构和性能提供有力支持。

韧 X 射线技术为研究晶体结构提供了宝贵的信息，尤其是晶胞内原子位置的精确描述。通过该技术，可以确定分子单元相对于晶胞轴的分子取向，从而为小角 X 射线散射实验提供了增强的散射衬度，尤其是在偶数非晶相与晶相之间，能够显著提升散射的对比度。尽管韧 X 射线技术在有机半导体材料的研究中具有潜在的应用价值，相关的研究仍处于起步阶段，尚待进一步探索。在 X 射线散射实验中，采用掠入射几何配置对薄膜样品进行分析，有助于揭示其关键的离面散射特性。在这一过程中，折射和吸收效应对实验结果的影响必须得到充分考虑。对于厚度小于 50 nm 的薄膜样品，折射和吸收效应通常较小，且只要散射信号强度足够，便可进行定量分析。然而，为了在更高的精度下模拟这些效应，应采用一种综合方法，该方法能够在同一框架内同时考虑 X 射线的共振效应和光学性质的影响。这种方法不仅有助于精确测量薄膜的结构信息，还能增强对实验结果的理解和解读。

其次，在小角度散射区域使用韧 X 射线研究有机半导体具有很大的潜力。虽然软 X 射线已经成功地应用于研究有机光伏电池的纳米结构，并且在较小程度上改变了多晶样品的介观取向，但韧 X 射线在某些方面可能具有优势。当样品中一种物质含有硫（或其他适当的杂原子）而另一种物质不含硫（或其他适当的杂原子）时，样品之间将有很强的散射衬度。这种清晰的正交散射对比可以简化散射数据的解释。

最后，韧 X 射线在研究半导体聚合物溶液方面可能会有用处。尽管 X 射线散射实验需要在真空腔内进行，但目前正在开发专门的溶液池，用于解决这一问题的溶液的 RSoXS 测试。相比于在软 X 射线能量下工作，韧 X 射线更强的穿透力放松了对于窗口和样品尺寸的限制。虽然硬 X 射线 SAXS 和 SANS 已经被用于研究溶液中半导体聚合物链的构象，但即使在使用氘代溶剂进行中子实验的情况下，溶剂和聚合物之间的散射衬度也会很弱。由于绝大多数用于共轭高分子的加工溶剂中不含硫元素，因此半导体聚合物的硫 K 边共振散射实验具有很大的应用前景。

然而，共振韧 X 射线散射技术仍然存在一些局限性。首先，可探测的长度尺度受到 X 射线波长的限制，通常在 0.5 nm 左右。这使得该技术能够有效探测到较大尺度的分子堆积特征，例如侧链堆叠和主链堆叠的衍射峰，但无法解析约 0.4 nm

或更小的 π-π 堆叠峰。因此，该技术在检测较小的分子间相互作用方面有所局限。其次，结晶度对共振韧 X 射线衍射实验的有效性具有重要影响。尽管可以从单一的衍射峰中提取一定的信息，但样品中可供分析的衍射峰越多，对分子堆积的约束越大，从而提高数据的可靠性与精确度。在一些情况下，具有丰富衍射峰的单晶样品可以采用直接法求解晶胞结构，进一步揭示其详细的分子排列。然而，对于高度无序或低结晶度的材料，共振韧 X 射线散射技术的应用价值则相对有限。尽管如此，多技术联合使用仍是未来研究的有效途径。比如，电子显微学的进展使得能够对有机半导体中的晶格平面进行高分辨率成像。结合电子显微镜提供的空间信息与 X 射线散射实验获得的数据，可以为分子堆积的几何结构提供更加全面的理解。通过这种跨学科的技术结合，有望突破各自的局限性，为高分子材料和有机半导体的分子设计提供更多的见解。

5.5 本章小结

透射 X 射线散射技术在跨尺度研究高分子材料结构方面具有不可替代的优势。本章主要介绍了几种常见的透射 X 射线散射技术，包括广角/小角 X 射线散射（WAXS/SAXS）、软 X 射线散射（R-SoXS）以及韧 X 射线散射。

WAXS 和 SAXS 是研究高分子晶体和其他有序结构的重要实验手段。WAXS 主要用于揭示高分子材料的晶体结构，而 SAXS 则能够解析更大尺度范围内的结构特性，特别是在分析溶液中的高分子整体结构和构象变化方面表现突出。在生物大分子和共轭高分子领域，SAXS 技术已取得显著成果，成为探究溶液态组装结构和动态变化的科学工具。

R-SoXS 本质上是一种 SAXS 技术，可实现从纳米尺度到介观尺度的结构探测。它在解析复杂相分离结构和界面取向性质方面展现了独特的优势，尤其适合研究多组分高分子材料和软物质体系。韧 X 射线散射处于硬 X 射线（大于 10 keV，波长小于 0.1 nm）和软 X 射线（小于 1 keV，波长大于 1.2 nm）之间，结合了两者的优点。韧 X 射线可以提供关于晶胞内原子位置的详细信息，帮助确定分子单元相对于晶胞轴的取向特征。同时，它为 SAXS 实验提供了增强的散射衬度，能够在非晶相与晶相之间提供强烈的散射对比。这些特性使韧 X 射线散射成为研究复杂高分子结构的强大工具。

尽管透射 X 射线散射在研究高分子材料结构方面具有显著优势，然而一些复杂科学问题的彻底解决往往需要多种研究方法和手段的有机结合。随着技术的发展，国际上同步辐射实验线站的研究趋势已经向多技术联用方向发展，尤其是将红外光谱、拉曼散射、激光光散射和热分析等手段与 X 射线散射技术相结合，能够提供更加全面和深入的材料分析。

总之，透射 X 射线散射在高分子材料结构研究中占据了不可替代的地位。随着同步辐射光源技术的不断进步，结合其他分析手段，高分子学科与相关产业的发展将得到极大的推动，这为未来的材料设计、性能优化以及新型高分子材料的开发奠定了坚实基础。

参考文献

[1] KEUM J K，ZUO F，HSIAO B S. Formation and stability of shear-Induced shish-Kebab structure in highly entangled melts of UHMWPE/HDPE blends[J]. Macromolecules，2008，41：4766-4776.

[2] HEELEY E L，MAIDENS A V，OLMSTED P D，et al. Early stages of crystallization in isotactic polypropylene[J]. Macromolecules，2003，36：3656-3665.

[3] LI L，ZHONG Z，DE JEU W H，et al. Crystal structure and morphology of Poly(l-lactide-b-d-lactide)diblock copolymers[J]. Macromolecules，2004，37：8641-8646.

[4] LI L，MENG F，ZHONG Z，et al. Morphology of a highly asymmetric double crystallizable poly（ε-caprolactone-b-ethylene oxide）block copolymer[J]. The Journal of Chemical Physics，2007，126.

[5] LI L，SÉRÉRO Y，KOCH M H J，et al. Microphase separation and crystallization in an asymmetric diblock copolymer：Coupling and competition[J]. Macromolecules，2003，36：529-532.

[6] WANG D，SHAO C，ZHAO B，et al. Deformation-Induced phase transitions of polyamide 12 at different temperatures：An in situ wide-angle X-ray scattering Study[J]. Macromolecules，2010，43：2406-2412.

[7] RIEKEL C，DAVIES R J. Applications of synchrotron radiation micro-focus techniques to the study of polymer and biopolymer fibers[J]. Current Opinion in Colloid & Interface Science，2005，9：396-403.

[8] NOZUE Y I-S，SHINOHARA Y，AMEMIYA Y. Application of microbeam small-and wide-angle X-ray scattering to polymeric material Characterization[J]. Polymer Journal，2007，39：1221-1237.

[9] RIEKEL C，MÜLLER M，VOLLRATH F. In Situ X-ray diffraction during forced silking of spider silk[J]. Macromolecules，1999，32：4464-4466.

[10] DAVIES R J，BURGHAMMER M，RIEKEL C. Probing the internal structure of high-performance fibers by On-axis scanning diffractometry[J]. Macromolecules，2007，40：5038-5046.

[11] ZHANG J，FAN X，MENG X，et al. Ice-templated large-Scale preparation of two-dimensional sheets of conjugated polymers：Thickness-independent flexible supercapacitance[J]. ACS Nano，2021，15：8870-8882.

[12] KHASBAATAR A，JONES A L，FERNANDO P，et al. Tuning the solution aggregate structure of a PM7-Based conjugated polymer to enable green solvent processing of organic solar cells[J]. Chemistry of Materials 2024，36：2819.

[13] XUE Y J，LAI Z Y，LU H C，et al. Unraveling the structure-property-performance relationships of fused-ring nonfullerene acceptors：Toward a C-shaped ortho-benzodipyrrole-based acceptor for highly efficient organic photovoltaics[J]. Journal of the American Chemical Society 2024，146：833.

[14] GAO M，SUN C，LI Y，et al. Unraveling the solution aggregation structures and processing resiliency of high-efficiency organic photovoltaic blends [J]. Advanced Materials，2024，36：2406653.

[15] PETOUKHOV M V，SVERGUN D I. Analysis of X-ray and neutron scattering from biomacromolecular solutions[J]. Current Opinion in Structural Biology，2007，17：562-571.

[16] CUI W，BRAUN E，WANG W，et al. Structural basis for GTP-induced dimerization and antiviral function of guanylate-binding proteins[J]. Proceedings of the National Academy of Sciences，2021，118：e2022269118.

[17] WANG C，LEE D H，HEXEMER A，et al. Defining the nanostructured morphology of triblock copolymers using resonant soft X-ray scattering[J]. Nano Letters，2011，11：3906-3911.

[18] WONG D T，WANG C，BEERS K M，et al. Mesoporous block copolymer morphology studied by contrast-matched resonant soft X-ray scattering[J]. Macromolecules，2012，45：9188-9195.

[19] WONG D T，WANG C，POPLE J A，et al. Effect of nonsolvent exposure on morphology of mesoporous semicrystalline block copolymer films[J]. Macromolecules，2013，46：4411-4417.

[20] MA W，TUMBLESTON J R，WANG M，et al. Domain purity，miscibility，and molecular orientation at donor/acceptor interfaces in high performance organic solar cells：Paths to Further Improvement [J]. Advanced Energy Materials，2013，3：864-872.

[21] GU Y，WANG C，RUSSELL T P. Multi-length-scale morphologies in PCPDTBT/PCBM bulk-heterojunction solar cells[J]. Advanced Energy Materials，2012，2：683-690.

[22] CHEN W，XU T，HE F，et al. Hierarchical nanomorphologies promote exciton dissociation in polymer/fullerene bulk heterojunction solar cells[J]. Nano Letters，2011，11：3707-3713.

[23] LIU F，WANG C，BARAL J K，et al. Relating chemical structure to device performance via morphology control in diketopyrrolopyrrole-based low band gap polymers[J]. Journal of the American Chemical Society，2013，135：19248-19259.

[24] TUMBLESTON J R，COLLINS B A，YANG L，et al. The influence of molecular orientation on organic bulk heterojunction solar cells[J]. Nature Photonics，2014，8：385-391.

[25] ZHU C，WANG C，YOUNG A，et al. Probing and controlling liquid crystal helical nanofilaments[J]. Nano Letters，2015，15：3420-3424.

[26] ZHAO J，LI Y，YANG G，et al. Efficient organic solar cells processed from hydrocarbon solvents[J]. Nature Energy，2016，1：15027.

[27] MUKHERJEE S，PROCTOR C M，TUMBLESTON J R，et al. Importance of domain purity and molecular packing in efficient solution-processed small-molecule solar cells[J]. Advanced Materials，2015，27：1105.

[28] YE L，JIAO X，ZHANG S，et al. Control of mesoscale morphology and photovoltaic performance in diketopyrrolopyrrole-based small band gap terpolymers[J]. Advanced Energy Materials，2017，7：1601138.

[29] YE L，HU H，GHASEMI M，et al. Quantitative relations between interaction parameter，miscibility and function in organic solar cells[J]. Nature Materials，2018，17：253.

[30] CULP T E，SHEN Y-X，GEITNER M，et al. Electron tomography reveals details of the internal microstructure of desalination membranes[J]. Proceedings of the National Academy of Sciences，2018，115：8694-8699.

[31] CULP T E，KHARA B，BRICKEY K P，et al. Nanoscale control of internal inhomogeneity enhances water transport in desalination membranes[J]. Science，2021，371：72-75.

[32] SUNDAY D F，CHAN E P，ORSKI S V，et al. Functional group quantification of polymer nanomembranes with soft X-rays[J]. Physical Review Materials，2018，2：032601.

[33] LIU F，BRADY M A，WANG C. Resonant soft X-ray scattering for polymer materials [J]. European Polymer Journal，2016，81：555-568.

[34] COLLINS B A，GANN E. Resonant soft X-ray scattering in polymer science [J]. Journal of Polymer Science，

2022，60：1199-1243.

[35] MCNEILL C R，ADE H. Soft X-ray characterisation of organic semiconductor films[J]. Journal of Materials Chemistry C，2013，1：187-201.

[36] FREYCHET G，GANN E，THOMSEN L，et al. Resonant tender X-ray diffraction for disclosing the molecular packing of paracrystalline conjugated polymer films[J]. Journal of the American Chemical Society，2021，143：1409-1415.

[37] MCNEILL C R. Resonant tender X-ray scattering of organic semiconductors [J]. Accounts of Materials Research，2023，4：16-26.

[38] WATTS B. Calculation of the kramers-kronig transform of X-ray spectra by a piecewise laurent polynomial method[J]. Optics Express，2014，22：23628-23639.

[39] HENDRICKSON W A. Determination of macromolecular structures from anomalous diffraction of synchrotron radiation[J]. Science，1991，254：51-58.

[40] BRICOGNE G，CAPELLI S C，EVANS G，et al. X-ray absorption，refraction and resonant scattering tensors in selenated protein crystals：implications for data collection strategies in macromolecular crystallography[J]. Journal of Applied Crystallography，2005，38：168-182.

[41] FREYCHET G，GANN E，ZHERNENKOV M，et al. Anisotropic resonant X-ray diffraction of a conjugated polymer at the sulfur k-edge[J]. The Journal of Physical Chemistry Letters，2021，12：3762-3766.

[42] RIVNAY J，TONEY M F，ZHENG Y，et al. Unconventional face-on texture and exceptional in-plane order of a High mobility n-type polymer[J]. Advanced Materials，2010，22：4359-4363.

第6章

高分子材料的掠入射X射线散射表征方法

掠入射X射线散射，融合了X射线衍射与反射原理的先进表征技术，正逐步成为探索材料表面与界面结构的金钥匙。与常规的X射线衍射技术迥异，掠入射X射线散射巧妙地采用极小的入射角（通常小于1°），使X射线近乎平行地掠过样品表面，从而深入揭示薄膜、表面层乃至纳米级界面结构的奥秘。

由于高分子材料在纳米尺度上的结构通常具有高度的非均匀性、层状性或相分离特性，掠入射X射线散射能够有效地提供关于高分子薄膜、涂层、复合材料等在不同表面和界面上的微观结构信息。通过细致分析散射图样，科研人员能够洞悉材料表面与界面的尺度特征、排列方式、取向分布及相结构，这对于深入理解高分子材料的物理特性、优化性能乃至设计新型功能材料均至关重要。

本章将全面剖析掠入射X射线散射的基本原理与实验方法，着重探讨其在高分子材料表面与界面结构研究中的应用。从实验装置的精密构造到工作原理的深入解读，甚至包括入射光的精准准直、样品台的灵活调节及检测器的优化配置等关键技术，均将详细阐述。同时，通过丰富的应用实例，展示掠入射X射线散射在材料性能研究中的卓越贡献，为高分子材料领域的学者与工程师提供宝贵的理论与实践指导。

通过本章的学习，读者不仅可以掌握掠入射X射线散射的基本操作流程与应用场景，更将学会如何运用这一强大工具，精准表征高分子材料的微观结构，为后续的科研探索与技术革新奠定坚实基础。

6.1 掠入射X射线散射基础

上一章节已探讨了X射线与物质的相互作用机制。当X射线穿透物质时，部分射线会被吸收，导致其强度减弱，这一吸收程度与物质的组成、密度和厚度密切相关。同时，X 射线还会发生散射，其中相干散射构成了 X 射线衍射的物理基础，而不相干散射或康普顿散射则涉及 X 射线光子方向和能量的变化。掠入射 X 射线散射技术正是利用了 X 射线在材料表面小角度范围内的相干散射现象，这种散射效应源自物质内部 1～100 nm 尺度范围内电子密度的波动。

对于完全均匀的物质，散射强度为零，只有在不均匀区域或第二相存在时，才会产生散射现象。散射角度随散射体尺寸的增大而减小，进而为我们提供了关于材料微观结构的重要信息。通过分析这些散射信号，掠入射 X 射线散射技术能够揭示材料表面和界面结构的详细细节，从而为研究高分子材料的微观结构和性能提供了强有力的工具。

在高分子材料领域，薄膜样品由于其较薄的特性与块状材料存在显著差异。传统的 SAXS 和 WAXS 技术通常不适用于薄膜样品，因为它们难以有效探测材料表面或薄层结构。为了解决这一问题，掠入射 X 射线散射通过使用极小的入射角，使得 X 射线在薄膜内部行进更长的路径，从而能够有效探测薄膜结构的微观信息。

早在 1923 年，康普顿就首次描述了 X 射线在极小入射角下发生全反射的现象。当 X 射线的入射角接近临界角时，X 射线几乎平行于样品表面，导致它们仅能穿透样品至纳米级深度，精确探测表面结构。与此相比，常规 X 射线衍射由于入射角较大，射线穿透样品的深度较大，主要发生布拉格反射，导致表面或近表面的 X 射线衍射信号较弱，难以有效获取表面信息。

过去 30 多年中，表面散射理论的进步、先进实验设备和高亮度辐射源的开发，极大地推动了掠入射 X 射线散射方法在薄膜及界面特性研究中的应用。得益于这些技术的进步，掠入射 X 射线散射已成为薄膜和界面结构分析中最常用且最可靠的技术之一。相比于其他表征方法，X 射线散射的优势在于其样品制备相对简单，测试后样品一般不被破坏，且所得数据可靠、精确。因此，无论是在液体、聚合物、玻璃等材料表面，还是在复杂的复合薄膜中，掠入射 X 射线散射技术都能提供从原子尺度到几十纳米尺度的可靠和精确的结构表征信息，广泛应用于高分子材料的微观结构研究和性能优化。本章将进一步探讨掠入射 X 射线散射的基本原理、实验方法以及在高分子材料表面和界面结构研究中的具体应用，帮助读者深入理解这一技术如何为高分子材料的研究提供宝贵的信息和数据支持。

掠入射 X 射线散射的简图如图 6-1 所示。波矢为 $\boldsymbol{k}_i$ 的单色 X 射线束，波数为 $k_0 = 2\pi/\lambda$，其以入射角 α_i 撞击到样品表面发生散射，α_f 和 Φ 分别为出射角和面外（OOP）散射角。z 轴代表表面法线，散射平面是（x，z）平面，所有这些角度通常都小于 1（在十分之几度的范围内）。由于能量守恒，X 射线束沿 k_f 散射，散射波矢量 $\boldsymbol{q}$ 基于由以下方程定义的三个分量（q_x、q_y 和 q_z），即：

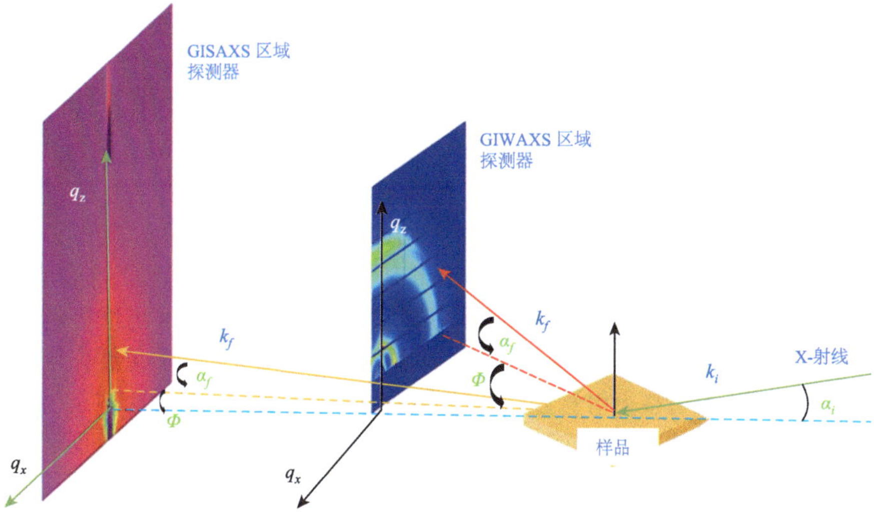

图 6-1　掠入射 X 射线散射简图

$$q_x = \frac{2\pi}{\lambda}[\cos(\Phi)\cos(\alpha_f) - \cos(\alpha_i)] \tag{6-1}$$

$$q_y = \frac{2\pi}{\lambda}[\sin(\Phi)\cos(\alpha_f)] \tag{6-2}$$

$$q_z = \frac{2\pi}{\lambda}[\sin(\alpha_i) + \sin(\alpha_f)] \tag{6-3}$$

对于高分子材料的研究，掠入射 X 射线散射技术能够精确测量高分子粒子或空隙的尺寸和形状、共混物的相结构、长周期、支链度以及分子链长度等关键参数。在实验中，入射角通常略大于探测材料的临界角，以确保 X 射线能完全穿透样品。这一几何条件对于实现弱散射有机薄膜的良好信噪比至关重要。通常，通过样品倾斜台控制掠入射角为 0.05°～0.50°。由于入射角接近 0 度，X 射线束能有效地从样品表面反射，随后，来自样品的散射信号被记录在二维 X 射线探测器上。散射特征（如环、峰和漫散射）揭示了样品的纳米级结构信息。通过调整样品与探测器之间的距离，同时保持光束能量（10 keV）不变，可以轻松改变探测的微结构长度尺度。

相较于传统的 X 射线衍射实验设备，掠入射 X 射线衍射实验装置采用了独特的掠入射角，专门设计用于对样品表面进行高精度的 X 射线衍射测量。这一特性要求掠入射 X 射线衍射装置必须配备具备卓越角度分辨率与精确准直能力的系统。现代测角仪的机械分辨率已提升至 0.001°，这一精度完全满足了掠入射 X 射线衍射实验对精密测量的需求。

然而，传统的狭缝装置在提升 X 射线平行度方面存在局限，通常只能将平行度改善至大约 0.1°，并且在准直过程中会导致显著的 X 射线强度损失。为了克服这一挑战，现代的掠入射 X 射线衍射仪普遍采用了多层反射镜技术，这一创新设计能够将发散的 X 射线高效地聚焦为近乎完美的平行光，其平行度可高达 0.04°，同时显著增强了光强。若进一步结合双晶或四晶单色器，光的平行度还能被进一步提升至 0.01°甚至 0.002°以下的惊人水平，为实验提供了前所未有的精度。

为了实现对薄膜样品的精确对准，掠入射 X 射线衍射仪还配备了先进的薄膜样品台，该样品台至少包含 Z、X 两个方向的马达驱动调节功能，确保了样品在测量过程中的稳定与精确。目前，市场上已有多个知名厂商如德国的布鲁克公司、日本的理学公司以及荷兰的帕纳科公司等提供商品化的掠入射 X 射线衍射实验装置。尽管商品化的掠入射 X 射线衍射仪在材料科学研究中发挥了重要作用，但在进行面内掠入射 X 射线衍射测量时，其光源功率相对较小，导致衍射信号较弱，这不仅延长了测试时间，还可能在某些情况下使得样品信号难以从背景噪声中有效区分，从而限制了实验的准确性和效率。

为了克服这一挑战，同步辐射光源凭借其卓越的准直性和极高的光通量，成为了解决这一难题的理想选择。目前，全球已有超过 50 台同步辐射光源在 23 个国家和地区运行，为科学研究提供了强大的支持。特别是自 20 世纪 90 年代以来，欧洲同步辐射装置（ESRF）、美国先进光子源（APS）和日本超级光子环（SPring-8）等第三代同步辐射光源的相继建成，更是推动了同步辐射技术在科学研究中的广泛应用，展示了这类大型科研设施的长久生命力和巨大潜力。

在我国，同步辐射技术的发展也取得了显著进展。目前，我国已拥有 5 台同步辐射装置，包括北京同步辐射装置（BSRF）、合肥同步辐射光源（HLS）、上海同步辐射光源（SSRF）、台湾光源（TLS）以及台湾光子源（TPS）。这些装置主要位于中、低能区，在光谱亮度方面，特别是在大于 40 keV 能量的硬 X 射线波段，与国际上的先进高能光源相比，仍存在一定的差距。然而，这一现状正在逐步改变。值得一提的是，位于北京怀柔科学城的高能同步辐射光源（HEPS）即将建成。作为我国第一台高能量同步辐射光源，HEPS 不仅将填补我国在高能同步辐射光源领域的空白，还将以其极高的亮度跻身世界领先的第四代同步辐射光源之列。这一重大科研设施的建成，无疑将为我国乃至全球的科学研究提供更为强大和高效的实验平台，推动材料科学、生命科学、物理学等多个领域的前沿研究取得新的突破。

6.2 掠入射 X 射线衍射

6.2.1 基本原理

X 射线衍射法是测定晶体结构并达到原子分辨率的标杆技术之一。鉴于 X

射线与物质间相对微弱的相互作用，这种探针能够深入样品内部进行探测。然而，为了聚焦于表面结构并减少穿透深度，从而最大化表面相对于体材料的微弱衍射信号，需要采用特定的散射几何配置。此外，X 射线的这种穿透能力使其在研究超高真空条件下的固-固、固-液界面以及暴露的表面时具有独特优势。由于相互作用较弱，基于单次散射（即运动学）的近似分析方法在此类研究中尤为有效。

X 射线衍射技术的早期应用之一便是 Marra 等[1]对 GaAs-Al 界面的探索。他们发现，在掠入射条件下，X 射线对表面的灵敏度显著提升。掠入射几何形状不仅增强了表面 X 射线衍射的优势，还有效降低了热漫散射和无序区域造成的背景强度。更重要的是，掠入射限制了 X 射线向样品内部的穿透，使得表面衍射信号更加突出。然而，由于表面 X 射线衍射信号极其微弱，早期研究常依赖于同步加速器辐射来获取可靠数据。20 世纪 80 年代，第二代同步加速器设施的建立极大地推动了表面 X 射线衍射领域的发展。进入 90 年代，随着第三代同步加速器辐射提供的高亮度 X 射线，表面 X 射线衍射技术得以更深入地分析纳米结构，包括界面处的轻元素以及表面结构的精细测定。

值得注意的是，当 X 射线的入射角超过某一临界值时，即发生全反射的临界角，射线将开始穿透物质。在薄膜与基底体系中，若入射角低于薄膜与基底之间的全反射临界角，X 射线将仅作用于薄膜而不穿透至基底。此时，大角衍射部分仅能探测到薄膜内部的结晶信息。X 射线照射在样品表面的面积可通过下述公式进行计算，这一参数对于精确控制实验条件及解析衍射数据至关重要，即：

$$S = H \times L_0 / \sin\alpha_i \tag{6-4}$$

式中，H 为 X 射线照射的宽度；L_0 为 X 射线光束的宽度，当入射角很小时，样品的被照射面积相应较大。对于很薄的薄膜，这意味着更多的物质被照射，能产生更多的衍射信号。但由于 X 射线的通量是一定的，照射面积增大的同时，单位面积上的强度就会下降。这二者互相影响，因此对不同的样品最佳的入射角也会有所不同。

对于超薄膜而言，由于其较薄，X 射线的入射角 α_i 一旦大于临界角 α_c，便容易穿透整个薄膜。然而，对于较厚的样品，如聚烯烃薄膜等，在稍大于临界角 α_c 时，X 射线便不能穿透整个材料，这个就要考虑入射角与 X 射线穿透深度的关系。

通常情况下，由于吸收效应，入射 X 射线波在进入样品后会逐渐衰减，当入射 X 射线强度衰减为原来的 $1/e$ 时，X 射线所达到的深度被定义为穿透深度 Λ。复数形式的折射角为：$\alpha_t = p_1 + \mathrm{i}p_2$，在介质表面下（$z \leqslant 0$），电场强度 E_t 的数值为：

$$E_t = |E_t| = |C| \exp[\mathrm{i}(k_{i,x}x - kzp_1)] \exp(kzp_2) \tag{6-5}$$

当$\alpha_i \leqslant \alpha_c$时，$p_2$很大，由上式可知，电场强度$E_t$急速下降，波的传播按指数衰减进行，此波的波矢与介质表面几乎平行，其穿透深度Λ为：

$$\Lambda = \frac{\lambda}{\sqrt{2}\pi}\left[\sqrt{\left(\alpha_i^2-\alpha_c^2\right)^2-4\beta^2}-\left(\alpha_i^2-\alpha_c^2\right)\right]^{-0.5} \tag{6-6}$$

式中，β与吸收有关，上式说明，穿透深度Λ随掠入射角α_i改变而改变，因此通过调整α_i可以探测不同深度的结构。当$\alpha_i \to 0$时，即：

$$\Lambda_0 = \frac{\lambda}{2\pi\alpha_c} = \frac{1}{\sqrt{4\pi r_e \rho}} \tag{6-7}$$

此时，穿透深度Λ与波长λ无关。对大多数材料，Λ_0约为5 nm。Λ_0值也进一步说明，当入射X射线角度很小时，散射主要来自靠近样品表面。利用这一性质可以探测材料的表面结构。如图6-2所示，当$\alpha_i/\alpha_c > 1$时，X射线仅受材料的吸收影响，穿透深度迅速增加。理论上，当$\beta = 0$，即无吸收作用时，具有无限大的穿透深度Λ。

从前式可以导出，最大穿透深度Λ_{max}为：

$$\Lambda_{max} = \frac{\lambda}{4\beta} = \pi/\mu \tag{6-8}$$

对大多数材料，在$\alpha_i = \pi/2$时，Λ_{max}为$10^4 \sim 10^5$ Å。

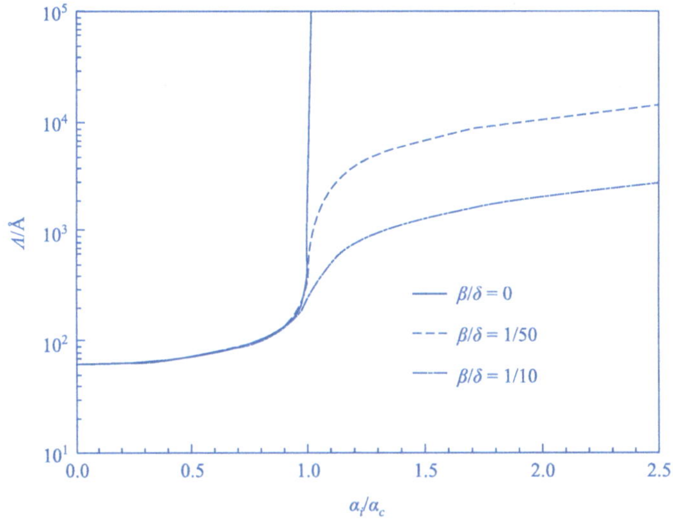

图6-2　在不同β/δ下穿透深度Λ与α_i/α_c关系曲线

利用这一原理，我们可以通过改变掠入射角来探测样品不同深度的衍射信息，进而分析样品表面与内部的结晶情况。

6.2.2 实验方法

在进行掠入射 X 射线衍射实验时，精确对准样品是至关重要的第一步，该过程包含以下关键步骤：首先，需将样品台的高度 Z 降低，使样品完全移出 X 射线的光路。随后，利用探测器进行扫描，以精确确定探测器的零点位置。这一步骤是校准实验装置的基础，为后续的对准工作提供了准确的参考点。接着，逐步调整 z 轴的高度，直至样品恰好位于光路的中心位置，即光束的半切点。这一步骤要求极高的精度，以确保 X 射线能够准确地照射到样品表面，从而获取到高质量的衍射信号。然后，通过 w 和 x 方向的微调机构，对样品进行进一步的精确对准。w 方向的调整可以确保样品绕其法线旋转至与光束平行的位置，而 x 方向的调整则可以确保样品表面与光束在同一水平面上。由于样品台与光束之间的平行性对实验结果具有重要影响，因此需要反复调整 z、w 和 x 方向，直至达到最佳的对准状态。

若实验中需要改变入射角进行测量，还需进一步调节 R_x 和 R_y 方向的旋转角度，以确保样品的中心始终位于 w 轴与 x 轴的交点上。这一步骤对于保持实验过程中样品位置的稳定性至关重要。在进行掠入射 X 射线衍射测试时，通常需要将入射角设定在一定的角度范围内，并选用探测器扫描模式进行测量（图 6-3）。为了消除基底对实验结果的影响，入射角的选择应位于薄膜的临界角和基底的临界角之间。由于高分子材料的密度相对较小，其临界角也通常较小，如表 6-1 所列，而常用的硅片或玻璃基底的临界角则约为 0.21°～0.23°。因此，在实验中常选用 0.20°或更小的角度作为入射角，以确保 X 射线能够充分穿透薄膜并发生衍射，同时避免基底对衍射信号的干扰。因此，精确对准样品是掠入射 X 射线衍射实验成功的关键。通过细致的调整和校准，可以确保实验过程中样品位置的稳定性和准确性，从而获取到高质量的衍射数据。

表 6-1　部分材料的 $r_e\rho$，δ，μ 和 α_c 值（λ = 0.15418 nm）

材料	$r_e\rho/10^{10}\,cm^{-2}$	$\delta/10^{-6}$	μ/cm^{-1}	$\alpha_c/(°)$
真空	0	0	0	0
PS	9.5	3.5	4	0.153
PMMA	10.6	4.0	7	0.162
PVC	12.1	4.6	86	0.174
PBrS	13.2	5.0	97	0.181
SiO_2	18.0～19.7	6.8～7.4	85	0.21～0.22
Si	20.0	7.6	141	0.223
Ni	72.6	27.4	407	0.424
Au	131.5	49.6	4170	0.570

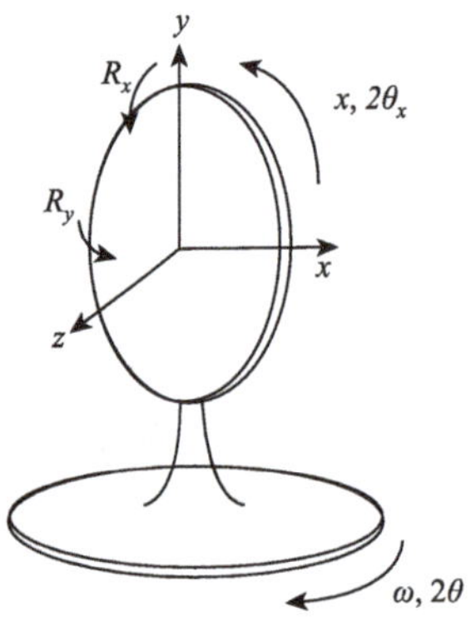

图 6-3 测角仪示意图

此外，高分子薄膜样品的高质量制备也十分重要。目前，高分子薄膜样品方法包括但不限于 LB 膜技术、旋涂法、电沉积法和溶胶-凝胶法等，每一种方法都有其独特的制备原理和步骤，以及各自的优势和适用范围。LB 膜技术是一种精密的分子组装方法，通过控制分子在气-液界面的排列和堆积，可以制备出具有特定结构和功能的薄膜。这种方法通常需要特定的设备和操作技巧，适用于制备具有特殊光学、电学或生物活性的薄膜。旋涂法则是一种更为普遍且易于操作的薄膜制备方法。它通过将预先溶解好的聚合物溶液滴加在 Si 或 SiO_2 等单晶衬底上，然后利用高速旋转产生的离心力，使溶液均匀铺展在衬底表面，形成一层均匀的薄膜。通过调整旋涂速度、时间和溶液浓度等参数，可以精确控制薄膜的厚度和均匀性。这种方法操作简单、成本低廉，适用于大规模制备聚合物薄膜样品。电沉积法则是一种利用电化学原理在电极表面沉积薄膜的方法。通过控制电解液的组成、电流密度和沉积时间等参数，可以制备出具有特定组成、结构和性能的薄膜。这种方法适用于制备金属、合金、导电聚合物等类型的薄膜，具有制备速度快、薄膜与基体结合力强等优点。溶胶-凝胶法则是通过溶胶的制备、陈化、干燥和烧结等步骤来制备薄膜的一种方法。这种方法可以制备出具有复杂化学组成和结构的氧化物、多组元氧化物等薄膜，适用于高温超导、光催化、传感器等领域。

在聚合物薄膜样品的制备过程中，选择哪种方法取决于具体的实验需求、样品特性和设备条件。例如，对于需要精确控制薄膜厚度和均匀性的样品，旋涂法可能是一个更好的选择；而对于需要制备具有特殊结构和功能的薄膜，LB 膜技术可能更加合适。总之，聚合物薄膜样品的制备方法多种多样，每种方法都有其独特的制备原理和步骤，以及各自的优势和适用范围。在实际应用中，应根据具体需求和实验条件选择合适的方法，以获得最佳的制备效果和性能表现。

6.2.3 表征示例及数据解析

在数据解析阶段，对掠入射 X 射线衍射实验所得数据的处理与解释是一个复杂而精细的过程，旨在从衍射图案中提取关于薄膜材料内部结构的关键信息。以下是对这一过程的详细阐述：

（1）背景信号消除

首先，消除背景信号是数据分析的首要步骤。背景信号可能来源于实验设备、样品制备过程中的污染或样品的非晶态部分等。通过适当的数学方法，如背景扣除或平滑处理，可以减弱或消除这些干扰信号，从而清晰地观察到薄膜材料的衍射峰。这一步骤对于提高分析的准确性和可靠性至关重要。

（2）衍射峰识别与晶面确定

接下来，根据衍射峰的位置来识别样品的晶面。衍射峰的位置与材料的晶体结构密切相关，每种晶体结构都有其特定的衍射峰位置。通过对比实验所得的衍射峰位置与标准卡片或数据库中的信息，可以确定样品中存在的晶面。这一步骤有助于了解样品的晶体结构和取向。

（3）入射角对衍射峰的影响分析

在数据分析过程中，还需观察入射角变化对衍射峰的影响。随着入射角的改变，衍射峰的位置、强度和形状可能会发生变化。这些变化可以提供关于材料内部结构变化的线索，如晶格常数的变化、相变的发生或微晶尺寸的变化等。通过记录和分析不同入射角下的 X 射线衍射图，可以深入了解材料在不同条件下的行为。

（4）结晶度和微晶尺寸分析

通过衍射峰的宽度和形状可以分析样品的结晶度和微晶尺寸。衍射峰的宽度通常与晶体的无序度或微晶尺寸有关。较宽的衍射峰可能意味着晶体中存在较多的缺陷或微晶尺寸较小。而尖锐的衍射峰则表明晶体结构较为有序，微晶尺寸较大。通过分析衍射峰的宽度和形状，可以估算出样品的结晶度和微晶尺寸，从而进一步了解材料的微观结构。

下面介绍一些实际应用案例。图 6-4 展示了旋涂在玻璃上的聚环氧乙烷薄膜的常规 X 射线衍射图和掠入射 X 射线衍射图[2]。常规 X 射线衍射由于其较大的入射深度，能够捕捉到玻璃的强烈非晶衍射峰；同时，在 23.4°也能观测到一个较弱的衍射峰，对应于聚环氧乙烷的(014)晶面。这可能会导致人们错误地认为聚环氧

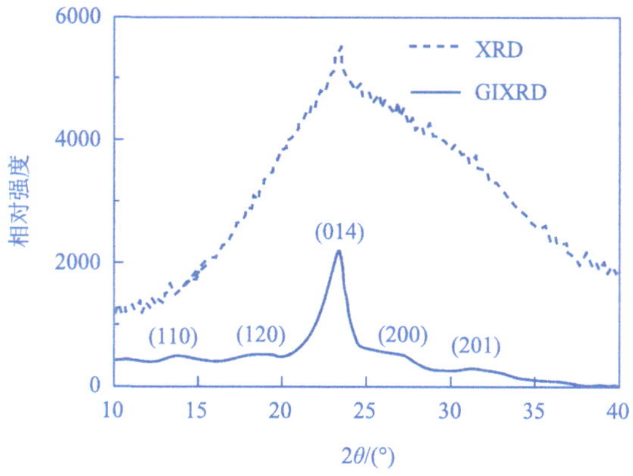

图 6-4　旋涂在玻璃上的聚环氧乙烷薄膜的常规 X 射线，衍射图和掠入射 X 射线衍射图

乙烷是单一取向。然而，掠入射 X 射线衍射图在消除了玻璃的背景信号后，清晰地显示了在 15.1°，19.2°，23.4°，27.2°，36.1°处的 5 个衍射峰，分别对应聚环氧乙烷的(110)，(120)，(014)，(200)，(201)晶面，这与偏光显微镜观测到的球晶结构是相一致的。

图 6-5 则展示了甲苯溶剂熏蒸处理的玻璃/聚辛基芴（PFO）薄膜的常规 X 射线衍射图和掠入射 X 射线衍射图，β 相 PFO 只有约 1%结晶度，衍射峰很弱，在常规 X 射线衍射中几乎被玻璃的背景信号所掩盖，只有在掠入射 X 射线衍射图中消除了玻璃的背景信号后，才能在 7°和 14°观测到强度很低的衍射峰。

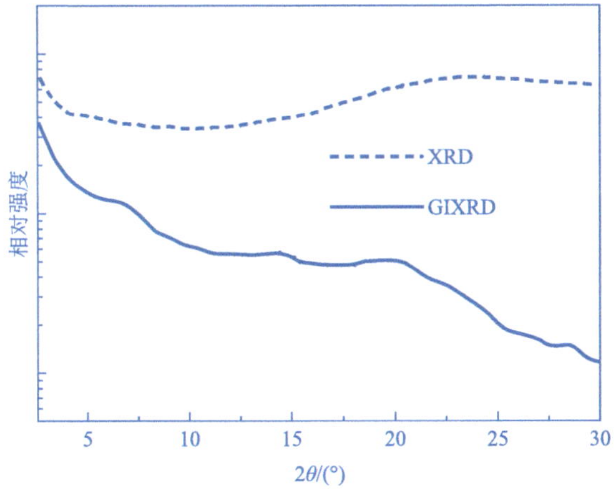

图 6-5　甲苯溶剂熏蒸处理的玻璃/聚辛基芴（PFO）薄膜的常规 X 射线衍射图和掠入射 X 射线衍射图

图 6-6 显示了镀银聚乙烯薄膜在不同入射角 0.08°～1°下的面外掠入射 X 射线衍射图。当入射角为 0.08°时，衍射图显示了(110)、(200)、(210)、(020)、(310)和(211)晶面的明显衍射峰。当入射角增大到大于 0.2°时，除了这些衍射峰外，还在 38°出现了一个新的衍射峰，可能对应聚乙烯的(120)晶面或对应银的(111)晶面。因为没有观测到对应银(200)晶面的衍射峰，所以判断这个峰对应聚乙烯(120)晶面。当入射角增大到 0.6°时，在 44°出现了明显的衍射峰，应该对应银的(200)晶面。而且当角度继续增大时，这两处峰的比例没有改变，说明在 0.6°时，X 射线已经穿透了整个聚乙烯薄膜，并入射到银膜中。

基于这些实验结果，可以得出以下结论：采用针对理想光滑平面推导出的公式，来近似估算表面相对光滑的聚乙烯薄膜的 X 射线穿透深度，是切实可行的。然而，必须指出的是，聚乙烯薄膜近表面的微小起伏会导致 X 射线在不同位置的入射角度随之变化。这种入射角度的变化，在入射角较小的情况下尤为显著，特别是在计算薄膜近表面纳米级别的穿透深度时，可能会引入较大的误差。因此，在进行相关计算时，需要充分考虑并评估这种由表面起伏引起的入射角度变化对穿透深度估算精度的影响。

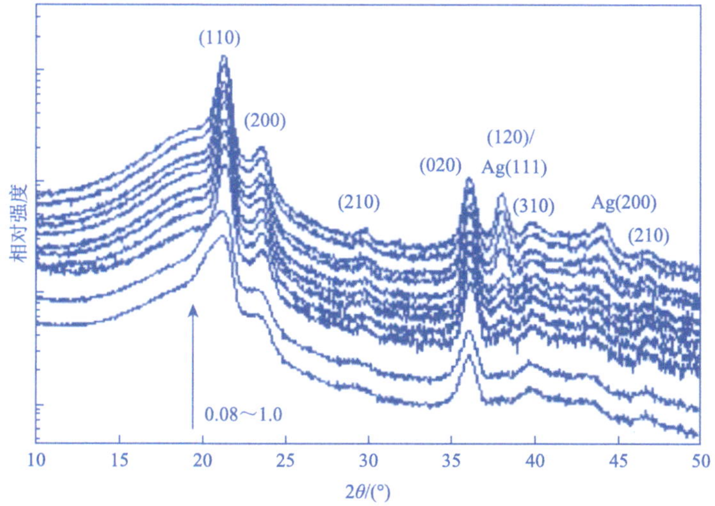

图 6-6　入射角 0.08°～1.0°的镀银聚乙烯薄膜的面外掠入射 X 射线衍射图

波长 1.5406 Å，入射角从下至上分别为 0.08°、0.1°、0.2°、0.3°、0.4°、0.5°、0.6°、0.7°、0.8°、0.9°和 1.0°

此外，当入射角较小时，(110)衍射峰相较于入射角较大时显得更宽一些，这暗示着聚乙烯薄膜的浅表层结晶度可能更高，微晶尺寸或许更小，或者微应力相对更大。同时，入射角较小的衍射图中，(110)衍射峰的形状呈现出不对称性，其小角度部分更为宽泛，这可能是由聚乙烯薄膜表层结晶在应力作用下产生的晶格畸变所导致的。图 6-7 所呈现的面内掠入射 X 射线衍射图进一步揭示了该样品的

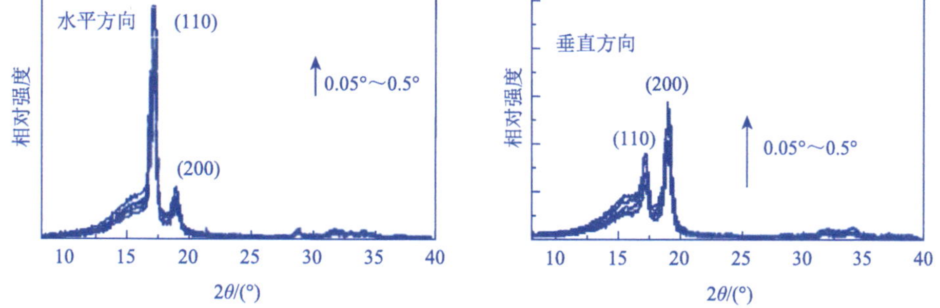

图 6-7　PE 薄膜横向和纵向的面内掠入射 X 射线衍射图

上海同步辐射衍射站（14B）测试，波长 1.24 Å，范围 8°～40°，入射角分别为 0.05°、0.1°、0.2°、0.5°

结构特性。结果显示，沿拉伸方向的结晶情况呈现出显著差异，(200)衍射峰成为了最强的衍射峰，但整体衍射强度维持在较低水平。由于聚乙烯的 c 轴方向相关衍射峰难以被观测到，这些结果表明分子链更多地沿拉伸方向进行了取向排列。此外，通过对比不同入射角的衍射图，我们发现在幅宽方向上同样存在浅表层结晶度较高的现象。然而，在拉伸方向上，由于拉伸作用的影响，这一现象变得不那么明显。这些发现为我们提供了关于聚乙烯薄膜在拉伸过程中分子链取向及结晶行为的重要线索。

6.3 掠入射小角 X 射线散射

6.3.1 基本原理

掠入射小角 X 射线散射（GISAXS）是表征薄膜表面和埋底界面的先进技术。它能够精确地确定不同相的平均尺寸，并提供有关相纯度的信息[3]。在 GISAXS 分析中，样品和检测器之间的距离被精确设置为几米，以便捕捉长度尺度在 10～100 nm 之间的 q 值。尽管 GISAXS 具有显著的优势，但它在纯高分子材料的表征中面临一定的挑战。在纯高分子体系中，结晶相和非晶相之间的质量密度差异非常微小，因此在这种情况下，GISAXS 往往难以提供足够的对比度来区分结晶和非晶区域。这使得在无显著密度差异的单一高分子材料中，GISAXS 的效果不如在多组分或具有显著密度差异的材料共混物中那么显著。因此，GISAXS 技术在研究共混物（例如高分子复合材料、聚合物与无机填料的复合薄膜等）时尤为有效。在这些体系中，不同组分之间的密度差异为 GISAXS 提供了更好的对比度，使得该技术能够清晰地分析不同相的尺寸、排列及界面结构。

在 GISAXS 实验中，研究假设样品的折射率小于支撑物的折射率，对于固体支撑物上的测试样品，根据入射角 α_i 和样品临界角 α_c 之间的关系，实验条件可以分为以下三种主要状态：

（1）消逝状态（evanescent state）

当入射角 $\alpha_{\mathrm{i}} < \alpha_{\mathrm{c}}$（样品）时，X 射线在样品表面会发生全反射，导致其能量迅速衰减，形成一个消逝波。此状态下，X 射线主要与样品表面或表面附近区域发生相互作用。

（2）动力学状态（dynamic state）

当入射角 α_{c}（样品）$< \alpha_{\mathrm{i}} < \alpha_{\mathrm{c}}$（支撑层）时，X 射线会进入样品内部并发生散射。在这一状态下，散射信号来源于样品的不同深度区域，反映了样品的整体结构。

（3）运动学状态（kinematic state）

当入射角 $\alpha_i > \alpha_c$（支撑层）时，X 射线穿透了整个样品和支撑层，并会从支撑层的界面处散射出来。此状态下，X 射线能够提供关于样品以及支撑层的结构信息，但通常受到支撑层散射强度的影响。

为了帮助读者理解，下面先介绍 GISAXS 中的重要术语。

（1）米田峰（yoneda peak）

大多数 GISAXS 实验中，米田峰是一个明显的强烈散射条纹，它源于动态散射，特别是当出射角与临界角匹配时，散射强度显著增强[4, 5]。米田峰的存在对于理解和分析材料的表面和界面特性非常重要，它可以帮助研究者获得关于材料表面粗糙度、薄膜厚度以及表面结构的信息。在实际应用中，通过分析米田峰的位置和强度，可以确定材料的散射长度密度（SLD）等重要参数。

（2）吉尼尔图（Guinier plot）

吉尼尔图是一种通过拟合散射数据来提取结构尺寸信息的方法，旨在通过将散射数据拟合到以下方程形式来提取结构的尺寸尺度。它采用以下关系式：

$$I(q) = I_0 \exp\left(-\frac{R_g^2}{3} q^2\right) \tag{6-9}$$

$$\ln[I(q)] = \ln(I_0) - \left(\frac{R_g^2}{3}\right) q^2 \tag{6-10}$$

在此关系中，$I(q)$是散射强度，q是散射向量，R_g是回转半径。通过绘制 $\ln(I)$ 与 q^2 的关系图（Guinier plot），研究人员可以获得关于样品结构的尺度信息。

（3）回转半径（R_g）

回转半径是用来衡量物体形状尺寸的一个指标，通常通过吉尼尔图的线性拟合得到。它提供了关于物体尺度和结构的关键信息。在 GISAXS 中，回转半径通常被用来描述样品的平均尺寸和分布。

（4）形状因子（form factor）

形状因子是描述单个散射粒子的散射特性的重要物理量。它与粒子的尺寸、形状以及电子密度分布密切相关，通常用于表征粒子对 X 射线的散射能力。在计算过程中，形状因子是散射振幅的平方，表示粒子的结构如何影响 X 射线的散射强度。

（5）扭曲波玻恩近似（distorted wave born approximation，DWBA）

在传统的 SAXS 数据处理中，通常采用玻恩近似（BA）来建模散射过程。玻恩近似假设入射光波通过样品时是均匀分布的。然而，在 GISAXS 等掠入射技术中，入射角较小，会导致显著的反射效应，使得 BA 不适用。为了解决这一问题，采用了扭曲波玻恩近似（DWBA），它考虑了来自入射场的多重散射效应，并能够有效增强光束的散射强度。DWBA 考虑了散射体积的增强，从而在数据分析中提供更精确的结构信息[6]。这极大地增强了光束探测到的有效散射体积，从而增强了测量的散射强度。这个计算上复杂的问题通常被简化，只有最强烈的散射贡献最大的方法就是 DWBA，其中考虑来自入射场（BA）的散射以及前三个多重散射项。[7]在简单 BA 中，形状因子是散射物体形状函数的傅里叶变换，即：

$$F(q)=\int \exp\left(i\vec{q}\cdot\vec{r}\right)d^3r \tag{6-11}$$

在 DWBA 中，对于位于固体基底上的简单物体的情况，该形状因数被四项的相干和所取代，以考虑涉及入射或散射 X 射线束在基底上的反射的不同散射事件。因此，形状因子采用以下表达式，即：

$$\begin{aligned}F_{\mathrm{DWBA}}\left(\vec{q}_{\|},q_z\right)=&F\left(\vec{q}_{\|},k_{z,f}-k_{z,i}\right)+R(\alpha_i)F\left(\vec{q}_{\|},k_{z,f}+k_{z,i}\right)+R(\alpha_f)F\left(\vec{q}_{\|},-k_{z,f}-k_{z,i}\right)\\&+R(\alpha_i)R(\alpha_f)F\left(\vec{q}_{\|}-k_{z,f}+k_{z,i}\right)\end{aligned} \tag{6-12}$$

这里，$R(\alpha_i)$和 $R(\alpha_f)$是基板的菲涅耳反射系数。第一项是简单 BA，对于 $\alpha_{i,f}\gg\alpha_c$ 方程式（6-12）类似于 BA，因为 $R(\alpha_i)=R(\alpha_f)=0$。在这种情况下，BA 有效且反射/折射效应可以忽略不计——可以使用所谓的有效层近似，并且漫散射的微分截面可以写成：

$$\frac{d\sigma}{d\Omega}\Big|_{\mathrm{diff}}=\frac{C\pi^2}{\lambda 4}(1-n^2)\left|T_i\right|^2\left|T_f\right|^2 P(\vec{q})\propto P(\vec{q}) \tag{6-13}$$

其中，C 是照明表面积，λ 是波长，$T_{i,f}$是菲涅耳传输函数，$P(\vec{q})$ 是漫散射因子。在这种简化中，漫散射因子可以用单个散射物体的形状因子 $F(\vec{q})$ 和结构因子 $S\left(\vec{q}_{\|}\right)$的乘积来表示，结构因子 $S\left(\vec{q}_{\|}\right)$解释了基底表面上散射物体的空间排列以及各个散射事件之间的干扰。结构因子是所谓的对相关函数 $g(r)$的傅里叶变换，它描述了真实空间中散射实体的空间排列，并且可以使用几个特设对相关函数来分析 GISAXS 数据。表面横向电子密度涨落的漫散射强度 $I(\vec{q})$ 可以表示为：

$$I(\vec{q})\propto\left\langle\left|F_{\mathrm{DWBA}}(\vec{q})\right|^2\right\rangle S\left(\vec{q}_{\|}\right) \tag{6-14}$$

6.3.2 实验方法

GISAXS 通过向样品表面以小的入射角度射入 X 射线，分析散射信号来提供结构信息。样品到探测器的距离可以根据所需探测的结构尺寸在几米范围内调整，以适应不同尺度的纳米结构分析。以下是 GISAXS 实验的基本方法和步骤：

（1）样品准备

GISAXS 实验需要使用高亮度的 X 射线源，通常选择同步辐射光源，如美国的 ALS、欧洲的 ESRF、我国的上海光源 SSRF 等。这些光源能够提供强度较高且波长可调的 X 射线，以确保高精度的散射数据。样品通常为薄膜材料，可能是有机材料、无机材料或复合材料等。样品厚度通常为几十纳米到几微米之间。样品可以通过旋涂、蒸发沉积、溶液涂布等方法制备。为了确保实验的成功，样品表面需保持平整和均匀。

样品需放置在支撑物（如硅片、玻璃或金属片）上，支撑物的折射率通常高于样品。GISAXS 实验通过精确控制入射角度来扫描不同深度的结构信息。样品与探测器之间的距离需要精确调节，以确保所需要的散射角度范围被准确记录。

（2）入射角的选择

GISAXS 的关键之一是入射角的选择，通常选择小于样品临界角（α_c）的入射角。这会使 X 射线发生与样品表面的相互作用。入射角的大小决定了从样品中获取的散射信息的深度和性质。入射角选择的具体实验条件根据三个状态（消逝状态、动力学状态、运动学状态）来具体选择。

（3）数据采集

实验中通常使用二维 X 射线探测器，如 CCD（电荷耦合器件）或 CMOS（互补金属氧化物半导体）探测器。这些探测器可以同时记录 X 射线散射的多个角度信息，从而获得二维散射图像。散射图像通常包括两个方向的散射信号：q_z（垂直方向）和 q_r（平行方向）。其中，q_z 主要反映垂直于样品表面的散射信息，q_r 则主要与平行于样品表面的散射信号相关。

在数据采集过程中，探测器通常会在与样品不同的角度下进行扫描。通过旋转样品或调整探测器的角度，可以覆盖不同的散射区域。扫描的范围通常包括几个关键的角度，以便捕捉到所需的散射信息。

6.3.3　表征示例及数据解析

GISAXS 技术是一种强大的工具，广泛应用于研究薄膜材料的微观结构、表面特性及自组织现象。其高分辨率的散射数据能够揭示纳米级的材料结构，尤其是对薄膜、纳米颗粒和有序材料的定量分析至关重要。在 GISAXS 实验中，通过记录二维散射图像，研究人员能够解析材料的纳米结构、晶粒大小、形态以及分子排列等信息。以下是 GISAXS 技术数据解析的一些常见特征和方法：

（1）无散射

当样品中缺乏明显的周期性或有序结构时，GISAXS 实验可能未能探测到明显的散射信号。无散射通常意味着样品的结构没有明显的长程有序性，可能是无序材料或非常薄的结构，没有产生足够强的散射信号。

（2）漫散射

漫散射指的是散射信号在较宽的 q 值范围内均匀分布。它通常由随机有序或无序结构引起，表明样品中可能具有某种程度的短程有序性。例如，玻璃态的无序结构或某些纳米颗粒的分布可能表现出漫散射。

（3）单宽环

在 GISAXS 的散射图像中，如果观察到单一宽环，通常意味着样品中存在明确的重复结构。此类结构通常对应着在某一方向上的重复排列，产生较为宽泛的散射环。宽环的出现常常表示存在某种程度的局部有序性，但并不具有完全的长程有序排列。

（4）单环

单环表示材料具有明显的周期性排列。这个尖锐的散射环通常对应于某个特定的晶面，反映了材料的周期性结构。GISAXS 可以通过测量这个环的宽度来估计晶粒的大小，宽环通常表示晶粒较小，而尖锐的环则表示晶粒较大。

（5）多个环

当材料具有多个重复晶面时，散射图像中会出现多个散射环。多个环的出现通常表明材料具有较高的有序度。不同的散射环对应不同的晶面间距，反映了材料的层状结构或周期性。

（6）峰位置

峰位置是 GISAXS 分析中非常重要的特征之一。散射峰的位置（即 q 值）与材料的内部结构直接相关。q 值的大小与散射角度（θ）有关，较大的 q 值对应较小的尺度（如纳米级结构），较小的 q 值则对应较大的尺度。通过峰位置的分析，研究人员可以推测材料的平均粒子尺寸、层间距等参数。

（7）峰宽

峰宽是另一种重要的结构特征。峰宽度与晶粒尺寸密切相关。尖锐的散射峰通常表明晶粒较大，具有较好的长程有序性；而较宽的散射峰则意味着晶粒尺寸较小或局部有序性较差。因此，峰宽可以用于估算晶粒的平均尺寸。

（8）散射模式

GISAXS 实验中的散射模式可以揭示材料的有序性及分子取向。以下是几种常见的散射模式，分别对应图 6-8。

片层散射模式：如果样品包含片层结构，散射信号通常表现为沿 q_z 方向（垂直于样品表面）的规则间距分布。这意味着分子可能沿垂直于基底的方向排列，形成层状结构。

平行片层散射模式：如果材料呈现为平行片层的结构，散射信号将沿 q_z 方向以规则间距分布，表明分子在垂直于基底的方向上有序排列。

环状散射模式：环状散射模式通常表明材料在三维空间中随机分布（如 3D 粉末结构）。这类结构没有明显的方向性或有序排列。

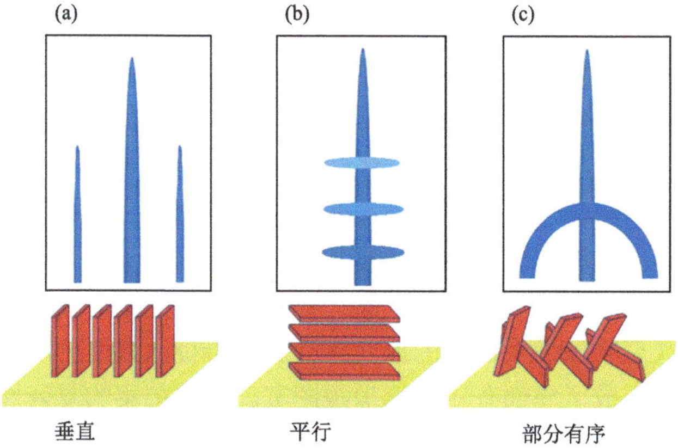

图 6-8　GISAXS 特征：（a）垂直薄片；（b）平行薄片；（c）部分有序构造

GISAXS 数据的定量分析涉及使用一维 GISAXS 剖面和描述每个相散射贡献的模型，见公式（6-15）中表示的通用模型。数据拟合可以使用拟合软件（例如 SASView）完成。

$$I(q)=\frac{A_1}{[1+(q\xi^2)]^2}+A_2\langle P(q,R)\rangle S(q,R,n,D)+B \tag{6-15}$$

式中，q 为散射波矢，A_1、A_2 和 B 是与每项总体强度成正比的独立拟合参数，第一项是所谓的 Debye-Andersone-Brumberger（DAB）项，模拟非晶混合相的散射，ξ 是非晶相的平均相关长度。第二项代表纯相的贡献，$P(q,R)$是纯相的形状因子，通常建模为平均半径为 R 的球体。$S(q)$是纯相的结构因子，有时建模为硬球体或分形网络。分形网络模型可表示为：

$$S(q)=1+\frac{\sin\left[(D-1)\tan^{-1}(q\eta)\right]b\pm\sqrt{b^2-4ac}}{(qR)^D}\times\frac{D\Gamma(D-1)}{\left(1+\frac{1}{(qn)^2}\right]^{\frac{D-1}{2}}} \tag{6-16}$$

其中，R 是从形状因子获得的平均半径，η 是分形网络的相关长度，D 是网络的分形维数。平均相大小可以通过分形网络的吉尼尔半径 R_g 来估计，使用以下公式

$$R_g=\left(\frac{D(D+1)}{2}\right)^{\frac{1}{2}}\eta \tag{6-17}$$

以二嵌段共聚物薄膜的研究为例，GISAXS 技术充分展示了其在分析此类复杂薄膜结构中的独特优势。二嵌段共聚物，如聚苯乙烯（PS）和聚异戊二烯（PI）的组合，由于两种不相容成分的存在，在微观尺度上会自发地形成有序结构。这种有序结构的形成是由聚合物分子间的相互作用驱动的，它们通过微相分离过程

排列成规则的纳米级图案。在体积分数相等的对称二嵌段共聚物中，层状结构是最常见的排列方式，这种结构在块状材料中通常表现为典型的波纹状图案。然而，当这些二嵌段共聚物被制备成薄膜形态时，特别是在薄膜的两个边界与基底或其他材料发生相互作用的情况下，薄膜的结构会发生显著变化。由于薄膜的厚度限制以及表面效应的影响，这些共聚物在薄膜中的排列方式与块体材料中的排列方式存在显著差异。以旋涂制备的二嵌段共聚物薄膜为例，不同浓度下薄膜的结构行为呈现出多样性。当旋涂浓度低于某一临界值时，无法形成均质的薄膜，而是观察到二嵌段共聚物以微小液滴的形式排列。随着旋涂浓度的增加，这些微小液滴在薄膜中逐渐形成了局部有序的纳米级图案。这些图案的复杂性和多样性使得传统的表征技术难以准确解析其结构信息。

GISAXS 技术通过利用掠入射 X 射线与薄膜表面的相互作用，能够捕捉到这些纳米级图案的精细结构信息。该技术不仅具有高的空间分辨率，还能够提供关于薄膜内部结构和表面形态的重要线索。因此，GISAXS 技术在研究二嵌段共聚物薄膜的结构和性能关系方面发挥着至关重要的作用，为理解和优化这类材料的性能提供了有力的技术支持。Müller-Buschbaum[8]通过 GISAXS 实验获得了二嵌段共聚物薄膜的微观结构信息，清楚地描绘了这些材料的有序排列图像。他们通过 GISAXS 技术探测了不同浓度下薄膜中的微相分离过程，揭示了小液滴结构与较厚均质薄膜中结构的差异。GISAXS 不仅能够提供对薄膜表面微观结构的深入了解，还可以通过对比不同厚度或不同相行为的样品，探测到材料在不同条件下的结构转变和物性变化。

在覆盖有原生氧化层的 Si（100）表面上，旋涂制备聚合物薄膜是一种常见的制备技术。通过调整溶解在甲苯中的聚合物浓度，可以控制旋涂后生成的膜厚度。为了进一步研究二嵌段共聚物薄膜的微观结构，采用了两种不同类型的二嵌段共聚物薄膜制备方法，分别是“厚膜”和“薄膜”。“厚膜”是通过较高浓度的二嵌段共聚物溶液旋涂得到的，平均膜厚度为（290±5）nm，误差条通过 X 射线反射率（XRR）技术来确定，这反映了不同样品之间的厚度偏差。而“薄膜”是通过将聚合物溶液的浓度降低约 65%制备的，低于形成均匀薄膜所需的临界浓度。在这种情况下，由于溶液浓度过低，无法形成均匀的薄膜，最终形成的是小液滴的排列结构。由于没有均匀的薄层，XRR 技术无法提供薄膜厚度的确定值。

图 6-9 展示了两种不同结构的二嵌段共聚物薄膜的 GISAXS 信号图谱。图 6-9（a）显示了均匀厚 P（S-*b*-I）薄膜的 GISAXS 信号，其中结构垂直于基底表面，因此在散射信号中，可以观察到沿 α_f 轴的强度调制。这种信号调制反映了二嵌段共聚物在薄膜内自发形成的有序层状结构。相反，图 6-9（b）显示了平行于基底表面的纳米结构的 GISAXS 信号，这种结构是由于二嵌段共聚物薄膜在氧化物层顶部形成的小液滴结构。通过 GISAXS 技术，可以观察到液滴的高单分散

性，产生了明显的结构因子信息，米田峰在散射图谱中分裂成两个孤立的偏心峰，这表明液滴的排列和结构有序性。这两种类型的薄膜表现出了不同的微观结构，分别对应不同的薄膜厚度和形态。均匀厚膜的 GISAXS 信号显示了具有层状结构的共聚物排列，而液滴型薄膜则表现出与纳米结构相关的特征。GISAXS 技术能够提供详细的结构信息，揭示二嵌段共聚物薄膜在不同旋涂条件下形成的微观结构差异，帮助研究者深入了解薄膜的自组织过程以及纳米结构的形成机制。这些研究结果不仅为二嵌段共聚物薄膜的制备提供了重要的指导，也为未来设计具有特定功能的材料开辟了新的思路。

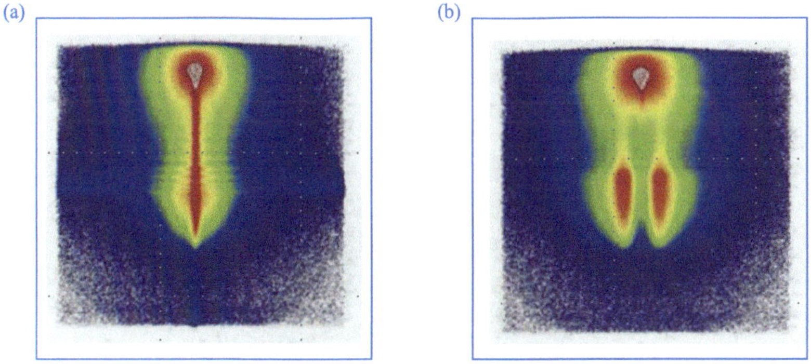

图 6-9　在（a）厚和（b）薄 P（S-*b*-I）膜的情况下测量的二维数据的典型示例

高强度用红色标记，低强度用蓝色标记

在 GISAXS 数据分析中，将二维（ψ，α_f）映射转化为倒空间，形成一个（q_y，q_z）映射，是处理散射信号的一种常见方法。这里，ψ 是入射角，α_f 是散射角，而 q 是散射矢量，它与散射角度和 X 射线波长之间的关系决定了散射信息的空间分布。由于 q_x 分量（即沿样品表面方向的散射分量）通常比 q_z 分量（即垂直于样品表面的散射分量）要小得多，因此，分析时可以忽略 q_x 的依赖性，假设 $q \ll q_z$。因此，数据分析可以通过将二维散射数据简化为在 q_z 和 q_y 方向上的不同切割来进行，而不需要考虑完整的二维强度分布。下面介绍两种典型的切割方法。

（1）q_z 处的水平切片：

这种切片方法是通过在 q_z 值下进行切割，从而获取在不同 q_z 值下的散射强度分布。这通常用于研究样品的垂直结构，即样品表面垂直方向的有序程度。例如，当 q_z 较小时，通常可以看到与薄膜的层状结构相关的散射信号，而较大的 q_z 值则可能与样品的深层结构有关。

（2）q_y 处的垂直切片：

另一种切片方法是通过在 q_y 值下进行切割。q_y 代表的是散射平面内的横向分量，通常反映样品表面平行方向上的结构特征。通过这种切割方法，可以分析样品的横向自组织结构以及与纳米尺度图案的关联。

在图 6-10 中，水平线和垂直线分别表示 $\boldsymbol{q}_z$ 和 $\boldsymbol{q}_y$ 的切割路径。这些切割能够简化散射数据的分析，提供清晰的结构信息，使得研究者能够分别研究不同方向上的结构特性。

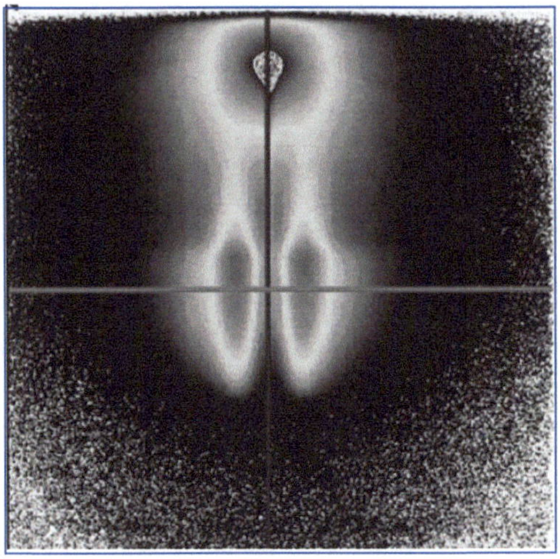

图 6-10 变换成倒数空间的二维强度分布，$\boldsymbol{q}_z$ 是垂直于表面的波矢量分量，$\boldsymbol{q}_y$ 是平行于表面和垂直于散射平面的分量

在 GISAXS 数据分析中，水平切片仅依赖于波矢量分量 $\boldsymbol{q}_y$，因此它主要探测平行于样品表面的结构特征。这意味着，水平切片可以帮助我们观察样品表面在 *x-y* 平面上的有序结构，而不会直接涉及垂直方向（即 *z* 轴方向）的结构。由于散射平面由 *x-z* 平面定义，水平切片也常被称为“平面外扫描”。在进行平面外扫描时，X 射线在样品表面进行入射和散射，探测器沿 *y* 方向移动，扫描样品表面的散射信息。因此，水平切片的测量方式使得散射信号反映了样品表面平行方向的结构，而不包括垂直于表面的信息。为了对双嵌段共聚物 P（S-*b*-I）的一种成分敏感，在出口角等于一种成分的临界角的情况下进行切片，如聚苯乙烯（PS）。图 6-11（a）显示了作为检测器像素函数的相应强度。图 6-11（b）显示了这些具有对数强度的数据作为相应的平面外角的函数，图 6-11（c）给出了倒数空间中常见的双对数表示。强峰值对应于在双嵌段共聚物薄膜中的高度有序的表面结构。

对于 *N* 个相同且中心对称的物体，具有随机方向，漫射散射因子可以近似为：$F(\vec{q}) \propto NP(\vec{q})\mathrm{S}(\vec{q})$，即取决于单个物体的形状因子 $P(\vec{q})$ 和结构因子 $S(\vec{q})$。**形状因子**描述了单个散射体的散射特性，取决于物体的几何形状（如球体、圆柱体、平

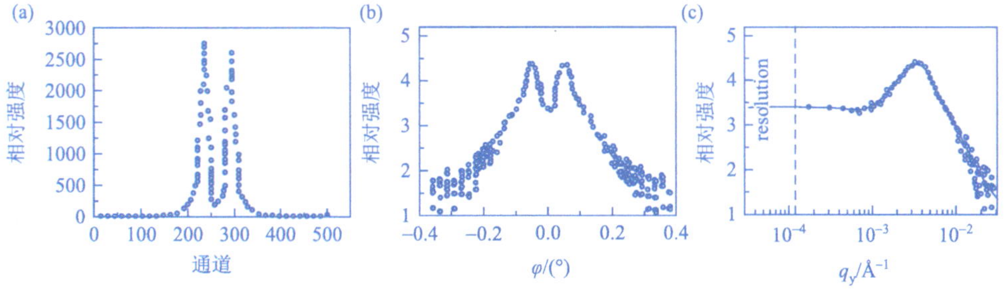

图 6-11　(a) 二维强度分布从 PS 临界角出射的 q_z 水平切片。分裂的 Yoneda 峰显示为两个强峰；(b) 角度上和 (c) 倒数空间中的对应切片，分辨率极限用虚线标记，实现为使用文本中解释的模型对数据的拟合

板等)。结构因子描述了物体之间的相互作用和排列，反映了样品的长程有序程度。在高度单分散的物体系统中，形状因子的影响更加突出，因为每个散射体的形状和尺寸是一致的。

在高分子体系中，常见表面结构形状的突出例子是体积为 $V=\pi R^2 H$ 的圆柱体，其中：

$$P_{\text{cy}}(\vec{q},R,H)=2\pi R^2 H\frac{J_1(q_{\|}R)}{q_{\|}R}\sin(q_z H/2)\exp(-iq_z H/2) \tag{6-18}$$

或体积为 $V=\pi R^3\left(2/3+\frac{H-R}{R}-1/3\left(\frac{H-R}{R}\right)^3\right)$ 的高度为 H 的截断球体，其中：

$$P_{\text{sp}}(\vec{q},R,H)=\exp(-iq_z(H-R))\int_0^H 2\pi R_z{}^2\frac{J_1\left(q_{\|}R_z\right)}{q_{\|}R_z}\exp(iq_z z)\mathrm{d}z \tag{6-19}$$

其中，R 是圆柱体的半径，H 是圆柱体的高度，$q_{\|}=\sqrt{q_x{}^2+q_y{}^2}$，$R_z=\sqrt{R^2-z^2}$。在 $R\gg H$ 的情况下，截断球体的形状因子可以近似为薄饼形状。这种情况下，截断球体的形状因子将简化，并且能够很好地描述在薄膜结构中使用 AFM 观察到的结构。具体地说，这种近似适用于薄膜样品中，表面上的纳米颗粒或结构可能具有类似薄饼的形状。

在高分子材料的研究中，结构因子是描述物体内部排列和相互作用的重要参数。当物体具有明确的最近邻距离时，即使单个物体的单分散性存在变化，结构因子依然能够直接反映出物体的平面内长度尺度。这种长度尺度通常指的是样品中物体间的最突出的空间尺度，通常以 ξ 表示。图 6-11 (c) 中的实线图像显示了基于一个模型的散射数据与实际数据的匹配情况。在这个模型中，形式因子和结构因子被假设为高斯分布，意味着在不同的波矢量范围内，散射强度的变化遵循高斯分布规律。这种假设通常适用于表面和纳米尺度材料的分析，它反映了系统中的相互作用和结构的均匀性。从这些散射数据中可以提取出最突出的平面内长度ξ，即物体间的平均最近邻距离。在本例中，得到的值为ξ = （182±8）nm，这表明薄膜中不同液滴之间的平均间距为 182 nm，这个尺度反映了物体之间的长程有序性。

6.4 掠入射广角 X 射线散射

6.4.1 基本原理

GIWAXS 技术在有机半导体领域的应用已成为研究中不可或缺的工具。通过对散射信号的详细分析，GIWAXS 能够揭示有机半导体薄膜的晶体取向、晶格间距、结晶度等关键信息，这对于理解材料的电子性能至关重要。在有机电子器件（如有机光伏电池、场效应晶体管等）的设计和优化过程中，精确掌握这些参数可以为提高器件性能提供科学依据。

GIWAXS 的核心优势在于其能够通过调节探测器与样品的距离来调节探测到的散射角范围。将探测器设置得更靠近样品，从而实现从 GISAXS（掠入射小角 X 射线散射）到 GIWAXS 的转换，能够在较大的角度范围内捕捉到更多的衍射信号，从而揭示更多的晶体学信息。通过该方法，研究人员可以获得关于样品在不同尺度下的结构和排列情况，包括晶体相对结晶度、分子堆积的有序性以及薄膜的整体结晶程度。

尽管 GIWAXS 为有机半导体的研究提供了丰富的数据，但其数据解读仍然存在挑战，特别是在分析结晶度、取向分布和分子堆积的复杂性时。由于有机半导体材料通常具有不规则的分子堆积结构和高度依赖处理条件的结晶性，因此解读 GIWAXS 数据时，研究人员必须特别小心避免误解[9]。正确的解读需要结合样品的物理化学性质、薄膜制备条件及其他表征手段（如 AFM、TEM 等）进行综合分析。总结来说，GIWAXS 技术为有机半导体领域的纳米结构表征提供了重要手段，能够揭示材料的微观结构和宏观性能之间的关系，但同时也要求研究者具备扎实的晶体学基础和数据解析能力，以避免可能的误读。

GIWAXS 与 GISAXS 在原理上相似，都是通过改变入射角来获取样品的不同结构信息。两者的主要区别在于其能够提供的散射角度范围和所获得的结构信息的不同深度。在 GIWAXS 中，入射角度的变化对于探测不同深度的结构信息至关重要，具体可以分为以下几种情况：

①当入射角 α_i 小于临界角 α_c（样品）时，X 射线仅能穿透样品的表面区域。此时，探测到的散射信号主要来源于样品表面附近的晶体结构信息。通过这种方式，研究者可以获得样品表面层的结晶特征、取向以及表面形态等信息。

②当样品的临界角 α_c 小于 α_i 小于支撑层 α_c 时，X 射线能够穿透整个样品的厚度，但不会穿透支撑层。此时，探测到的信号将主要来自样品的整个厚度范围，能够提供样品内部的晶体结构、取向、晶格间距等信息。这种情况适用于对薄膜的全层结构进行分析，尤其是在研究薄膜中层状结构或深层的结晶特性时非常有用。

③当载体的临界角 α_c 小于 α_c 时，X 射线不仅能穿透样品本身，还能穿透支撑层。在这种情况下，探测到的信号将同时包含样品和支撑层的晶体结构信息。这种情况通常发生在使用透明或无定形的支撑材料（如玻璃或聚合物箔）时，由于支撑层的强烈背景信号，探测到的信号可能会受到严重干扰。为了克服这种干扰，通常需要在实验中使用适当的背景去除技术，或在数据分析时通过不同的技术手段（如多次扫描、背景扣除等）来减少支撑层的影响。

Scherrer 方程是一个从衍射峰宽度估算微晶尺寸的常用方法，尤其是在颗粒尺寸较小的情况下。该方程表达为：

$$d = \frac{K\lambda}{\mathrm{FWHM}\cdot\cos\theta} \tag{6-20}$$

其中，d 代表晶体相干长度，λ 为 X 射线波长，K 为 Scherrer 常数，通常取值为 0.9，适用于大多数材料。该常数与晶体的形状和衍射峰的形态有关。FWHM 是衍射峰的半峰宽，单位通常为弧度。在实际应用中，衍射峰通常会受到仪器的分辨率和晶体内应力的影响，因此在使用时需要从衍射数据中扣除仪器宽度。θ 是散射角。Scherrer 方程假设材料的晶粒尺寸是均匀的，且晶体缺陷（如晶界）对衍射峰宽度的贡献较小。对于较大的晶粒或其他复杂结构（如纳米结构、非均匀材料等），该方程的应用可能受到限制。

相干长度（coherence length，CL）是描述晶体中沿特定方向上电子波或 X 射线衍射的相干范围的一个重要参数。它与晶体尺寸相关，通常指的是晶体在给定方向上的有效尺寸范围，表示在该范围内的晶面具有一致的相位关系[10, 11]。这种方法因其简单易行，数据处理量少，且能在处理条件变化时提供相对变化的描述性证据而常被采用[12]。在一些文献中，相干长度被等同于微晶尺寸，即认为它反映了微晶（或纳米晶）在衍射中显现的尺寸范围。通过衍射峰的 FWHM 可以估算出晶体相干长度。例如，较宽的衍射峰对应较短的晶体相干长度，而较窄的峰则通常表示较大的晶粒或更长的相干长度。然而，Müller-Buschbaum 认为仅通过布拉格反射的峰宽来确定晶体尺寸可能存在误差。因为峰宽不仅与晶粒尺寸有关，还受到晶体尺寸分布和仪器分辨率的影响[13]。

层状堆积是指分子或原子在一定的方向上排列成薄层状结构，通常出现在低 q 值区域（0.2～0.4 Å^{-1}）。π-π 堆积是指由于分子间的 π-π 相互作用（如芳香环之间的 π-π 堆积作用）产生的散射，通常出现在较高的 q 值区域（1.4～1.8 Å^{-1}）。

6.4.2 实验方法

GIWAXS 实验通常包括以下几个关键步骤：

（1）样品制备

硅片是最常见的 GIWAXS 实验的样品基底，尤其在有机半导体材料的研究中，硅基底广泛应用。硅基底具有平整度高和较低的背景噪声等优点。硅片表面非常平整，这对于薄膜材料的均匀生长至关重要。平整的基底有助于薄膜的均匀性，从而获得高质量的 GIWAXS 数据。平整的基底可以保证 X 射线与样品表面的角度精确一致，从而提高数据的准确性。硅基底本身通常具有较低的 X 射线散射背景，特别是在非晶硅或具有较低结晶度的硅片上。这使得硅基底成为 GIWAXS 实验中理想的衬底材料，因为较低的背景信号有助于清晰地分辨薄膜的衍射信号。硅片具有良好的化学稳定性，能够在多种溶剂中耐受薄膜材料的制备过程。尤其是在使用溶液处理方法（如旋涂和溶液涂布）时，硅基底能够承受化学溶液的浸蚀，确保基底不受损。硅基底在半导体行业应用广泛，具有较为标准化的尺寸和规格。这使得在 GIWAXS 研究中，硅片作为参考基底的使用非常普遍。

薄膜的厚度直接影响 GIWAXS 实验的结果，尤其是在解析样品的微观结构时。样品的厚度应控制在适合 X 射线散射的范围内，通常厚度在几十纳米到几微米之间。在 GIWAXS 实验中，薄膜的制备方法直接影响到薄膜的微观结构、结晶行为以及最终的 X 射线散射信号。下面简要介绍几种常见薄膜制备方法。旋涂是一种非常常见的薄膜制备技术，特别适用于有机半导体材料的研究。旋涂通过将溶液滴加到基底表面，并通过高速旋转使溶液均匀分布在表面，形成均匀的薄膜。蒸发沉积是将固态材料加热至高温，使其蒸发成气态，然后在基底表面凝结成薄膜的过程。此方法适用于金属、无机材料以及一些有机薄膜。溶液涂布是将有机或无机材料溶解在适当溶剂中，通过浸涂、刮涂等方式涂布在基底上，形成薄膜。溶液涂布常用于大面积薄膜制备。

（2）入射角度的选择

GIWAXS 技术的关键之一是入射角度的选择。入射角度的选择是影响散射信号来源和所得到结构信息的关键因素。通过调整入射角度，实验者能够选择性地探测样品表面或其深层的结构信息。X 射线束的入射角通常设定在小于临界角的位置。临界角是指 X 射线在样品表面发生全反射的角度，通常与材料的密度和折射率有关。具体来说，GIWAXS 的入射角通常设定在小于临界角的范围（如 0.1° 到 1°），以使得 X 射线主要与样品的表面或近表面区域发生相互作用。当入射角 α_i 小于样品的临界角时，散射信号主要来自样品表面及表面附近区域。当入射角大于临界角但小于支撑层的临界角时，散射信号来自整个样品的晶体结构。此外，多角度扫描是 GIWAXS 实验中的一个常见策略，它对于获得全面的样品微观结构信息非常重要。通过在不同的入射角下进行扫描，可以从多个深度层次获得结构数据，从而帮助研究者全面了解样品的内部结构特征。

（3）X 射线源与样品位置

GIWAXS 实验通常采用高能 X 射线源，其中最常见的是同步辐射源。样品放置在离 X 射线源一定距离的位置，并可以调整入射角度以控制散射信号的范围。为了提高信噪比，实验中可能会使用聚焦 X 射线束对样品进行照射。

（4）数据采集

GIWAXS 通常使用二维探测器来记录样品散射的信号。二维探测器能够同时采集不同散射角度（包括 q_z 和 q_r 方向）的信号，获取二维的衍射图像。数据采集过程中，探测器通过调整与样品之间的距离，可以扩展或压缩散射角度范围。

q_z（垂直方向）通常与样品表面的垂直方向相关，能够探测层状堆积或垂直排列的晶体。q_r（平行方向）与样品表面平行的方向，能够探测到在平面内的结晶特征。数据采集时，GIWAXS 图像是通过旋转样品或调整探测器来收集不同角度的散射信号，最终获得样品的完整二维衍射图。

6.4.3　表征示例及数据解析

GIWAXS 实验通过二维衍射图像获取了样品在不同散射角度下的结构信息。这些数据可以被用来深入理解样品的微观结构特征，尤其是有机半导体材料和薄膜的结晶情况。以下是 GIWAXS 二维图像定性分析的几个关键特征：

（1）峰位置

GIWAXS 数据中的衍射峰位置是解析样品微观结构的一个重要参数。每个衍射峰的出现位置对应着样品的晶格间距（d 间距）。根据布拉格定律：

（2）微晶取向

如果 π-π 堆积散射出现在 q_z 方向，层状散射出现在 q_r 方向，则微晶取向将优先为面对面（face-on）。具体来说，分子链在垂直于基底的方向上排列，而晶体的层面则平行于基底表面。这种取向通常有利于有机半导体材料的电子传输，因为电子可以沿着分子链的方向进行有效传导。如果 π-π 堆积散射位于 q_r 方向并且层状峰出现在 q_z 方向，则微晶的取向将优先为边对边（edge-on）。在这种情况下，分子链呈现垂直排列，即分子链的主链平行于基底表面。图 6-12 显示了 P3HT 的层状堆积(100)和 π-π 堆积(010)的信号。在这个图像中，P3HT 分子在不同取向下的散射信号展示了它们如何在晶体中形成不同的排列方式。通过仔细分析这些信号，研究者可以判断微晶的取向方式。

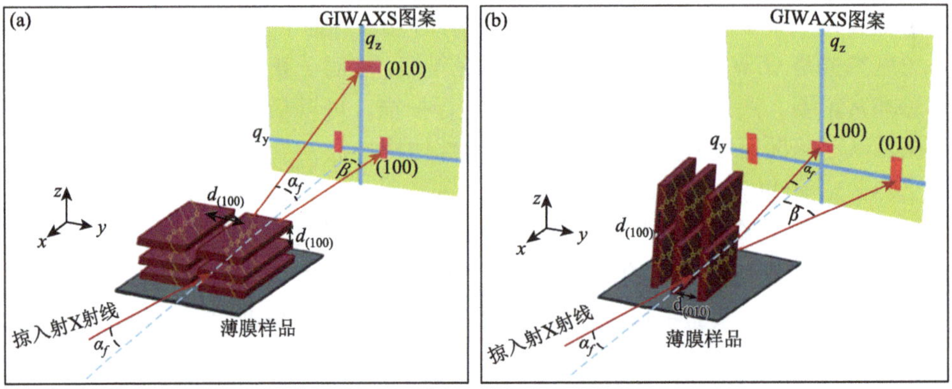

图 6-12 （a）Face-on 和（b）Edge-on 晶体取向的示意图

（3）峰宽

通过分析衍射峰的宽度，可以使用 Scherrer 方程来估算微晶的相干尺寸 CL，进而了解材料的有序程度。较窄的衍射峰通常指示着较大的微晶尺寸和较高的结晶度，而较宽的峰则可能表示较小的微晶尺寸或较低的结晶度。通过对这些参数的分析，研究者可以推断出样品的结晶特性及其对最终材料性能的影响。

（4）散射图案

散射图案的形态通常与薄膜中的分子有序性、取向分布以及结晶程度密切相关。根据不同的材料和制备条件，散射图案会呈现出不同的特征。没有优选晶体取向的薄膜会产生较为尖锐的环(图 6-13)。这种环形结构代表了各向同性的散射，即散射信号在各个方向上几乎均匀分布，表明样品中缺乏长程有序的晶体排列。弧形峰表明分子或晶体在某个特定方向上具有一定的取向或排列。这种有序结构可能是由于薄膜制备过程中，分子链沿某个方向形成部分有序的晶体区域，但整体上仍表现出一定的无序性或随机排列。当薄膜中的晶体或分子具有高度有序的

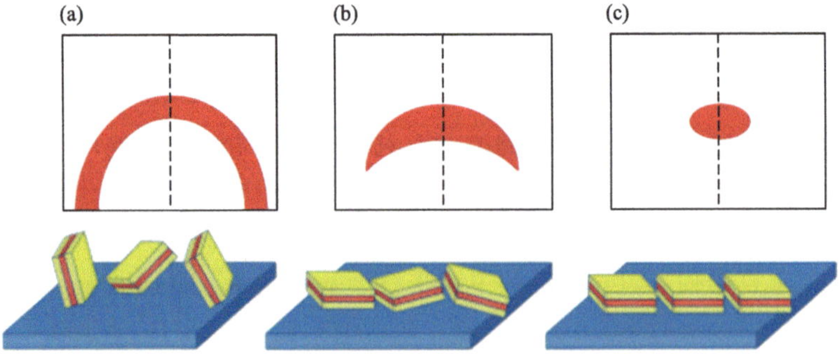

图 6-13 衍射图案的示例图：（a）环形，（b）弧形和（c）椭圆形

排列时，GIWAXS 图案会表现为椭圆形结构，即散射峰呈现出椭圆状的形态。这种图案表明样品中的分子或晶体有着显著的优选取向，且其晶格在薄膜表面有明确的排列方向。

有时，GIWAXS 数据的定性解释可能会导致错误的结论和信息，因此定量 GIWAXS 分析通常更适合于理解和预测材料的结构特性。为此，使用扇形图和极图是常见的分析方法。

（5）极图

极图是一种表示特定晶体晶格平面取向分布的图形方式。它有助于确定晶体在不同方向上的取向百分比，尤其是在分析 edge-on 和 face-on 方向时。在 GIWAXS 数据分析中，通常通过对不同方位角（χ，即 q 向量和 q_z 之间的角度）的线切割数据进行提取，并绘制成极图。这个过程通常覆盖–90°～90°的方位角范围（或 0°～90°），其中 0～45°的 χ 范围对应 edge-on 部分，而 45°～90°则对应于 face-on 部分。通过这种方式，可以清晰地揭示薄膜或材料在不同方向上的结晶取向，有助于更加精准地分析其结构特性和性能。

（6）扇形图

扇形图是另一种在笛卡尔坐标系中表示 GIWAXS 数据的方式。通过将原始数据分解为多个等间隔的径向和方位角箱，扇形图能够展示不同极角下散射强度的变化。在绘制扇形图时，x 轴表示极角，y 轴表示 q，z 轴表示强度。由于高分子薄膜通常表现出各向异性的散射特性，扇形图可以有效地区分不同极角下的散射贡献，从而帮助研究人员更好地理解材料的堆积结构。

相对结晶度（rDoC）是用于定量比较薄膜结晶度的一个重要指标。它能够在不考虑结构因子的情况下，对不同处理条件下薄膜的结晶度进行比较。为了测量 rDoC，首先需要计算并确定薄膜中所有方向上选定峰的散射强度的总积分值。通过极图数据，可以有效地提取散射峰的强度信息，并使用以下公式计算 rDoC：

$$\mathrm{rDoC} \propto \int_{0\text{或}\chi_{\min}}^{\pi/2} I(\chi)(\sin\chi)\mathrm{d}\chi \tag{6-21}$$

其中，$\chi_{\min}$ 是 GIWAXS 几何构型下可探测的最小 χ。

取向序参数（S）是用来定量描述晶体特征取向分布的重要指标，它反映了材料中晶面取向的有序程度。其计算公式为：

$$S = \frac{1}{2}(3f_{\perp} - 1) \tag{6-22}$$

其中，分子取向参数 $f_{\perp}$ 表示微晶相对于表面法向轴的取向，由几何校正的散射强度 $f(\chi)$ 确定：

$$f_1 = \int_0^{\pi/2} \cos^2\chi f(\chi)\mathrm{d}\chi \tag{6-23}$$

在实际分析中，S 是一个在−0.5～1 之间变化的量，其中 $S=1$ 表示晶面法线与衬底法线平行，即晶体呈完全的取向有序状态。$S=-0.5$ 表示晶面法线与衬底法线垂直，即晶体呈完全正交取向。$S=0$ 表示晶面在各个方向上均匀分布，导致晶体的完全各向同性。因此，取向序参数S是衡量材料取向有序度的一个有效量化工具。

接下来，介绍一些具体的 GIWAXS 表征示例。图 6-14 展示了 GIWAXS 技术在表征高分子材料分子有序性方面的重要应用。结合 GIWAXS 和差示扫描量热法（DSC），Peng 等[14]根据聚合物材料的无序程度以及是否存在玻璃化转变或熔融转变将其分为以下几类：

（1）完全无定形（各向同性）材料：

这类材料的分子结构完全无序，GIWAXS 图谱中不会出现明显的衍射峰，表现出各向同性的取向。在 DSC 实验中，通常没有熔融峰或玻璃化转变峰，表明该材料在各个方向上缺乏长程有序性。这些材料在室温下通常为无定形，并不表现出明显的结晶行为，广泛应用于薄膜和涂层材料中。

（2）取向无定形材料

这类材料虽然整体上是无定形的，但分子链在某些特定方向上表现出优先取向。GIWAXS 图中可以观察到某些方向上具有显著的衍射峰，表明材料在这些方向上具有定向性。DSC 实验中，这类材料可能显示较小的玻璃化转变峰，但通常没有熔融峰。这种结构通常出现在加工过程中，尤其是溶液处理或通过电场、机械拉伸等方法引起的取向效应下，常见于有机光伏材料中。

（3）高度无序材料

这类材料表现出一定的无序性，但在某些维度上仍然具有局部有序结构。它们的 GIWAXS 图谱通常表现出较弱且不完全对称的衍射峰，表明材料在某些方向上存在局部有序性。DSC 中，可能会出现较小的熔融转变峰或玻璃化转变峰，但熔融峰通常较宽，表明材料的有序度较低。

（4）2D 半亚晶材料

这类材料在二维方向上展现出准晶性，表现出局部的长程有序性，但在其他方向上则表现为无定形或高度无序。GIWAXS 图谱中，可以观察到在某些方向上清晰的(100)衍射峰，而在其他方向上则没有明显的峰。2D 半准晶材料通常表现出具有层状结构或层间相互作用的特征，这类材料在最有序的方向上通常具有较强的衍射峰（$g>12\%$），而在最不有序的方向上则呈现无定形或准晶体特性（$g<4\%$）。

（5）3D 半亚晶材料

这类材料在三维方向上展现出准晶性，具有较为显著的局部有序性。GIWAXS 图谱中不仅可以观察到清晰的（100）峰和（010）峰，且这些峰通常具有较强的强度和良好的分辨率，表明材料具有一定的三维有序结构。DSC 中，3D 半准晶材料通常会显示明显的熔融峰或玻璃化转变峰，表明材料在至少一个维度上具有足够的有序性来提供熔融吸热。尽管这些材料具有一定的三维有序性，但在某些情况下，仍然可能包含相当比例的无序部分。因此，“半亚晶”一词表明这些材料的有序度通常低于 50%。

（6）结晶材料

这类材料表现出显著的长程有序性，GIWAXS 图中通常显示出强度较高的衍射峰，表明材料在至少一个维度上具有明显的晶体结构，见图 6-14。DSC 中，结晶或半结晶材料通常会显示出明显的熔融峰，并且熔融吸热较大（例如，P3HT 的熔融焓为 19.7 J/g，结晶度为 40%）。结晶材料的结晶度通常大于 80%，而半结晶材料的结晶度较低（通常小于 80%）。

这些分类不仅为高分子材料的结构设计和性能优化提供了理论基础，也为新型高分子材料的开发提供了宝贵的参考。尤其在实际应用中，能够根据材料的有序性、热性质及其加工过程的特点，精准地选择和优化材料，推动高分子科学和工程领域的技术进步。

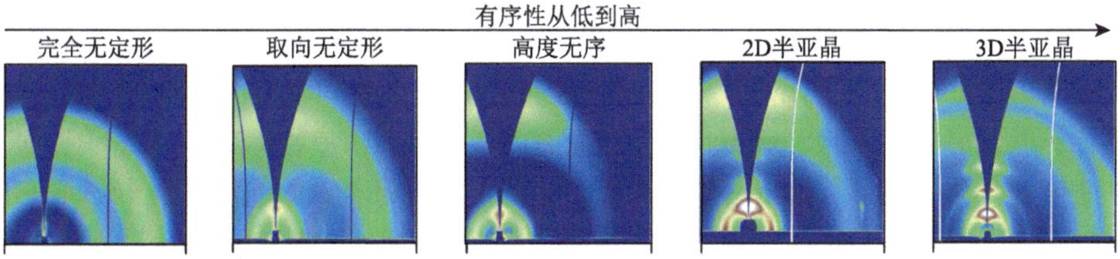

图 6-14　GIWAXS 表征高分子材料的分子有序性

加工溶剂对共轭高分子材料的薄膜微结构具有显著影响。例如，中科院化学所侯剑辉等[15]利用 GIWAXS 研究了共轭高分子 PDPP3T 与 $PC_{71}BM$ 共混体系的溶剂效应。研究表明，与二氯苯（DCB）/氯仿（CF）二元溶剂体系相比，使用 DCB/CF/1, 8-二碘辛烷（DIO）三元溶剂体系能够显著提高光伏效率。具体而言，采用纯 DCB 溶剂制备的共混膜的 PCE 最低，而使用 DCB/CF 溶剂体系时，薄膜中观察到了明显的（100）和（200）反射峰，表明结晶度有所改善。当采用 DCB/CF/DIO 三元溶剂体系时，GIWAXS 二维图样（图 6-15）显示出三个明显的反射峰（100）、（200）和（300），表明共混膜的层状堆积得到了进一步改善，结晶度得到了显著提升。因此，PCE 的提高归因于溶剂混合物改善了薄膜的层状堆积结构和结晶度。

聚（3-己基噻吩）（P3HT）作为一种成本低廉且性能优异的聚合物材料，广泛应用于有机光伏器件中。为了深入了解 P3HT 的结晶行为，叶龙等[16]对具有不同区域规整度（RR 值分别为 90%、92%、95%、98%）的 4 批 P3HT 样品进行了

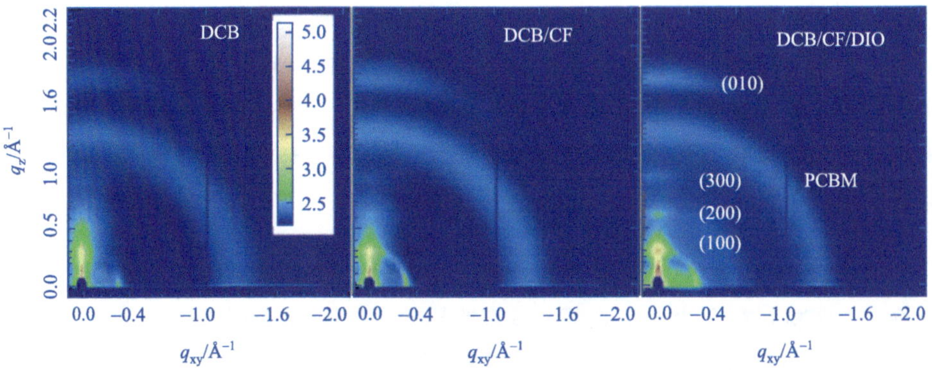

图 6-15　PDPP3T:PC$_{71}$BM 共混薄膜的 2D GIWAXS 图

研究，旨在探讨 P3HT 聚合物的半结晶行为及其对光电性能的影响。为了确保实验结果的可比性，所有样品的重均分子量保持相似，约为 25 kg/mol。为了研究这些 P3HT 薄膜的结构和结晶行为，首先使用 GIWAXS 技术对纯 P3HT 薄膜进行了表征，并分析了退火后的结构变化。图 6-16 展示了 P3HT 薄膜在 130°C 退火 10 min 后的 GIWAXS 图，图中显示了(100)峰的强度和宽度随着 RR 值的增加而发生显著变化。

通过提取(100)峰的极图，并进行几何校正，得到了取向参数 *S*，这一参数可以定量描述 P3HT 分子在薄膜中的取向分布。结果显示，RR 值较高的 P3HT 样品倾向于形成更多的 Edge-on 取向。具体来说，RR-90%、RR-92%、RR-95%和 RR-98%的 *S* 值分别为–0.133、0.057、0.061 和 0.084，表明随着 RR 的提高，分子取向中的 face-on 比例逐渐增强。这一现象表明，随着 RR 值的增加，P3HT 薄膜中分子排列变得更加有序，特别是在 RR 较高的样品中，Edge-on 取向的比例提高，这有利于提升材料的结晶性。值得注意的是，RR-90%的 P3HT 薄膜表现出最优的 π-π 堆积结构，利于电荷的高效传输。

进一步分析发现，随着 RR 值的增加，P3HT 的相对结晶度（rDoC）呈单调增加的趋势，从 0.52 提高到 0.75、0.88，最终在 RR-98%的样品中达到最大值 1.0。此外，P3HT 薄膜的(100)峰的相干长度（L_c）也略有增加，分别为 29.5 Å、32.8 Å、36.3 Å 和 38.2 Å。类似地，(010)峰的 L_c 也呈现出类似的增长趋势。这表明，RR 较高的 P3HT 样品具有更高的层状结构相干长度和 π-π 堆积相干长度，从而有助于提高其结晶度和晶体结构的有序性。这些结果表明，P3HT 的 RR 值对其分子堆积、结晶度和晶体结构的有序性有显著影响。高 RR 值的 P3HT 样品具有更高的 edge-on 取向、层状堆积和 π-π 堆积相干长度，这些因素共同促进了材料结晶性的提升，从而可能有助于提高其在有机光电器件中的性能表现。因此，合理调节 P3HT 的 RR 值，可以有效地优化其结构和性能，为有机电子材料的设计与应用提供理论支持。

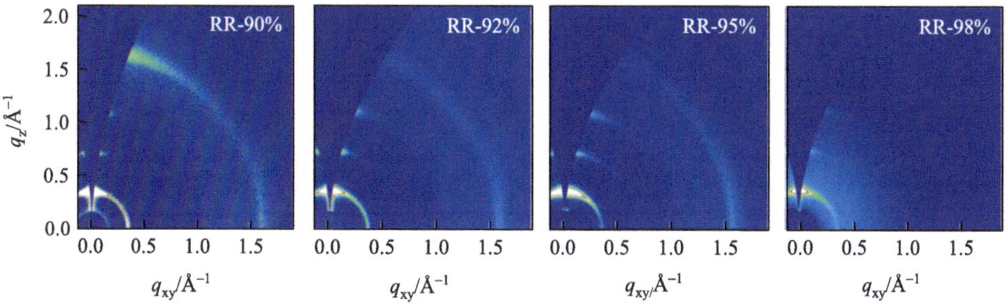

图 6-16　不同区域规整度 P3HT 薄膜的 GIWAXS 图

6.5 本章小结

本章详细探讨了高分子材料的掠入射 X 射线散射表征方法，重点介绍了掠入射小角 X 射线散射（GISAXS）和掠入射广角 X 射线散射（GIWAXS）。这两种技术凭借其对从原子尺度到几十纳米尺度结构的高精度表征，已成为研究薄膜及其界面特性的关键工具。

首先，介绍了掠入射 X 射线散射的基础知识，涵盖了技术的发展历程、原理及实验装置。掠入射技术通过采用小角度入射，使得 X 射线在薄膜中传播较长路径，从而有效地获取样品表面的结构信息。该技术特别适用于薄膜形态的样品，因其具有较小的厚度和体积。

随后，深入分析了掠入射 X 射线衍射的基本原理和实验方法。作为晶体结构分析的标准方法之一，掠入射 X 射线衍射通过特定的散射几何设计，减少 X 射线对样品的穿透，从而最大化表面衍射信号。实验数据结合展示了如何通过调节掠入射角度，探测样品不同深度的衍射信息，并进一步分析样品表面与内部的结晶特征。

本章的重点之一是 GISAXS。GISAXS 是一种有效的技术，广泛用于表征薄膜表面及掩埋界面的结构信息。它能够准确地确定不同相的平均尺寸，并提供相的纯度信息。同时，介绍了 GISAXS 中的重要术语及数据分析方法，如 Yoneda 峰、Guinier 图和扭曲波玻恩近似等，帮助读者深入理解该技术在高分子薄膜分析中的独特优势。

此外，本章还详细讨论了 GIWAXS 的基本原理和实验方法。GIWAXS 能够提供晶体取向、晶格间距、晶体相关长度以及相对结晶度等重要信息，阐述了如何通过 GIWAXS 数据的定量分析来理解材料的纹理特征及晶体结构的取向分布。

综上所述，本章全面介绍了掠入射 X 射线散射技术在高分子材料表征中的应用，涵盖了从理论基础到实验技术以及数据分析方法的各个方面，突出了这些技术在材料科学研究中的重要性及广泛应用前景。此外，近年来香港中文大学路新慧团队发展了掠入射透射小角 X 射线（GTSAXS）方法[17]，为高分子薄膜的三维纳米形貌分析提供了新的可能。

参考文献

[1] MARRA W C，EISENBERGER P，CHO A Y. X-ray total-external-reflection–bragg diffraction：A structural study of the GaAs-Al interface[J]. Journal of Applied Physics，1979，50（11）：6927-6933.

[2] MÜLLER-BUSCHBAUM P. The active layer morphology of organic solar cells probed with grazing incidence scattering techniques [J]. Advanced Materials，2014，26（46）：7692-7709.

[3] XIAO Y，LU X H. Morphology of organic photovoltaic non-Fullerene acceptors investigated by grazing-incidence X-ray scattering techniques [J]. Materials Today Nano，2019，5：100030.

[4] MAHMOOD A，WANG J. A Review of Grazing Incidence Small- and Wide-Angle X-ray Scattering Techniques for Exploring the Film Morphology of Organic Solar Cells[J]. Solar RRL，2020，4（10）：2000337.

[5] YONEDA Y. Anomalous surface reflection of X-rays[J]. Physical Review，1963，131（5）：2010-2013.

[6] NARAYANAN S，LEE D R，GUICO R S，et al. Real-time evolution of the distribution of nanoparticles in an ultrathin-polymer-film-based waveguide[J]. Physical Review Letters，2005，94（14）：145504.

[7] SMILGIES D M，HEITSCH A T，KORGEL B A. Stacking of hexagonal nanocrystal layers during langmuir–blodgett deposition[J]. The Journal of Physical Chemistry B，2012，116（20）：6017-6026.

[8] MÜLLER-BUSCHBAUM P. Grazing incidence small-angle X-ray scattering：an advanced scattering technique for the investigation of nanostructured polymer films[J]. Analytical and Bioanalytical Chemistry，2003，376（1）：3-10.

[9] MAS-TORRENT M，ROVIRA C. Role of molecular order and solid-state structure in organic field-effect transistors[J]. Chemical Reviews，2011，111（8）：4833-4856.

[10] BI Z，NAVEED H B，MAO Y，et al. Importance of nucleation during morphology evolution of the blade-cast PffBT4T-2OD-based organic solar Cells[J]. Macromolecules，2018，51（17）：6682-6691.

[11] ALDRICH T J，SWICK S M，MELKONYAN F S，et al. Enhancing indacenodithiophene acceptor crystallinity via substituent manipulation increases organic solar cell efficiency[J]. Chemistry of Materials，2017，29（24）：10294-10298.

[12] RIVNAY J，NORIEGA R，KLINE R J，et al. Quantitative analysis of lattice disorder and crystallite size in organic semiconductor thin films[J]. Physical Review B，2011，84（4）：045203.

[13] RUDERER M A，GUO S，MEIER R，et al. Solvent-induced morphology in polymer-based systems for organic photovoltaics[J]. Advanced Functional Materials，2011，21（17）：3382-3391.

[14] PENG Z，YE L，ADE H. Understanding，quantifying，and controlling the molecular ordering of semiconducting polymers：from novices to experts and amorphous to perfect crystals[J]. Materials Horizons，2022，9（2）：577-606.

[15] YE L，ZHANG S，MA W，et al. From binary to ternary solvent：Morphology fine-tuning of D/A blends in PDPP3T-based polymer solar cells[J]. Advanced Materials，2012，24（47）：6335-6341.

[16] LIU Y，XIAN K，ZHANG X，et al. A mixed-ligand strategy to modulate P3HT regioregularity for high-efficiency solar cells[J]. Macromolecules，2022，55（8）：3078-3086.

[17] XIA X，LAU T，GUO X，et al. Uncovering the out-of-plane nanomorphology of organic photovoltaic bulk heterojunction by GTSAXS[J]. Nat Commun，2021，12（1）：6226.

第7章

高分子材料的中子散射表征方法

中子散射技术已成为研究高分子材料微观结构、动态行为及界面特性的强大工具。与X射线散射相比，中子散射利用中子作为探测粒子，展现出独特的优势，尤其在研究高分子体系中氢元素及其他轻元素（如氘、碳、氮、氧等）的结构和运动特性方面，具有显著的优势。中子与原子核的相互作用使其能够深入样品内部，精准探测原子位置、分子间相互作用及晶体结构的微观细节。此外，中子对氢原子的高灵敏度使得它在研究聚合物及复合材料中的氢氘分布、氢-氢相互作用等方面，远超X射线和其他表征技术。这些特性为揭示高分子材料的结构和动力学提供了独特的优势。

与X射线散射主要依赖于电子密度的差异不同，中子因其不带电的性质，能够穿透更厚的样品，并与原子核发生直接相互作用，特别是对轻元素如氢、氘等具有较高的散射强度。因此，中子散射技术在研究高分子材料的结构（如聚合物链构象）、动态行为（如分子运动与动力学）和界面特性（如填料与基体的相互作用）等方面具有独特的应用价值。特别是在聚合物溶液、聚合物薄膜以及复合材料的研究中，氢的分布与运动对材料的整体性能至关重要，而中子散射正是揭示这些微观信息的有效工具。

本章将从以下几个方面详细探讨中子散射技术在高分子材料表征中的应用。首先，将重点介绍中子散射表征的基础知识，尤其是小角中子散射（SANS）的基本原理、实验方法、数据解析流程及典型应用示例。在众多表征技术中，小角中子散射是一种极为高效且独特的工具，特别适用于研究大尺度的结构特征，如聚合物链段的空间结构、纳米粒子分布和胶体颗粒的形态等。在此部分，作者将阐述如何利用小角中子散射获取高分子材料的结构信息，并详细介绍实验过程中关键的技术与数据处理流程。其次，将探讨其他类型的中子散射技术，尤其是中子反射和掠入射小角中子散射。这些技术能够帮助研究高分子薄膜、涂层、界面和表面现象，特别是揭示高分子材料在不同环境条件下（如湿度、温度、溶剂等）的结构变化和动态行为。

通过本章的学习，读者将能够理解中子散射技术的基本原理、实验方法及其在高分子材料研究中的广泛应用。同时，读者还将掌握如何使用这一探秘微观世界的“超级显微镜”解决高分子科学中复杂的结构和动力学问题，从而为进一步研究提供有力的工具和思路。

7.1 中子散射表征基础

7.1.1 中子散射技术的发展简史

中子散射技术的起源可以追溯到1932年英国剑桥大学的James Chadwick发现中子[1]，这一发现不仅揭示了原子核的组成，还为后续的中子散射研究奠定了基础。20世纪40年代末期，随着核技术的兴起，科学家们开始研究中子的物理特性，并认识到中子不仅能穿透物质，还能与物质中的原子核发生相互作用。因此，中子成为了研究物质内部结构的研究工具。尤其是在高能物理学和核物理学的背景下，科学家们意识到中子散射能够提供关于物质内部原子排列的独特信息。随着核反应堆技术的发展，中子源的强度得到显著提升，推动了中子散射技术的广泛应用。20世纪50年代中期，世界上多个国家开始建设核反应堆，其中位于英国的赫尔曼研究所在1956年开始使用核反应堆作为中子源，标志着中子散射技术的第一次大规模应用。

20世纪50年代末，Shull和Brockhouse利用中子散射技术对铁、钴、铬等金属材料进行了开创性研究，推动了中子散射技术在材料科学中的发展。1994年，他们因在中子散射领域的贡献获得诺贝尔物理学奖。这一殊荣标志着中子散射技术已成为材料科学研究的重要工具，尤其是在研究材料的磁性、晶体结构及动力学行为方面。进入20世纪70年代后，中子散射技术逐步拓展至磁性材料[2]、复杂流体[3]、高分子科学[4]等领域。21世纪以来，随着中子散射技术的进一步成熟，研究人员已经能够用这一技术探讨更复杂的高分子体系，尤其是对于复合材料、纳米材料及其界面特性的研究。

随着新一代中子源和先进仪器的诞生，如更高亮度的脉冲中子源和高分辨率探测技术，中子散射技术的应用范围和研究深度不断扩展[5]。与此同时，计算技术的发展也使得数据分析和结构解析变得更加精确和高效。目前，世界各地的中子源为科研人员提供了丰富的实验平台。美国橡树岭国家实验室的散裂中子源（SNS）、英国卢瑟福·阿普尔顿实验室的散裂中子源（ISIS）、日本强流质子加速器研究联合装置（J-PARC）以及我国建设的中国散裂中子源（CSNS）等，成为了全球领先的中子源。中国散裂中子源是我国“十一五”国家重大科技基础设施，是世界上第四台、我国首台脉冲型散裂中子源。这些中子源提供了大量高质量的中子散射数据，不仅推动了高分子材料研究，还为物理、化学、材料科学、生命科学等领域的研究提供了重要的信息和支持。

7.1.2　中子的基本性质

中子源产生的中子具有广泛的能量分布，可跨越多个能量量级。然而，为了在物质科学研究中有效利用中子，其波长（λ）通常需在几个埃（Å）左右，对应的能量（E）通常在毫电子伏（meV）量级。因此，中子散射研究主要关注能量小于 1 keV 的慢中子。根据能量（E）的高低，慢中子可进一步细分为以下五类，能量和波长范围见表 7-1。其中，与中子散射研究密切相关的是超热中子（hot neutron）、热中子（thermal neutron）和冷中子（cold neutron）。这些中子类型因其波长和能量的特性，被广泛应用于不同的散射实验中，用于研究物质的微观结构和动力学性质。

表 7-1　慢中子的分类及能量波长范围

	分类	能量范围	波长范围
慢中子	超冷中子	<0.5 μeV	>400 Å
	极冷中子	0.5 μeV～0.05 meV	40～400 Å
	冷中子	0.05～5 meV	4～40 Å
	热中子	5～100 meV	0.9～4 Å
	超热中子	0.1～1 eV	0.3～0.9 Å
	共振中子	1～100 eV	0.03～0.3 Å

中子的自旋为 1/2 $\hbar$，尽管中子是电中性粒子，但是中子具有微小但非零的磁矩，其寿命约为 877.85 s。对于速度为 v 的慢中子，其动能为：

$$E = \frac{mv^2}{2} \tag{7-1}$$

式中：$m = 1.675 \times 10^{-27}$ kg，为中子质量。

根据德布罗意波长公式，中子的波长定义为：

$$\lambda = \frac{h}{mv} \tag{7-2}$$

式中：$h = 6.626 \times 10^{-34}$ J·s，为普朗克常数。

中子的波矢 $\boldsymbol{k}$ 与速度 $\boldsymbol{v}$ 的方向一致，定义为：

$$\boldsymbol{k} = \frac{2\pi}{\lambda} \tag{7-3}$$

中子的能量 E 与温度 T 之间的关系为：

$$E = k_B T \tag{7-4}$$

式中：$k_B = 1.381\times10^{-23}$ J/K 是玻尔兹曼常数。

联立式（7-1）～（7-4）可以得到中子动量 $\boldsymbol{p}$ 和能量 E：

$$p = \hbar k \tag{7-5}$$

$$E = \frac{h^2}{2m\lambda^2} = \frac{\hbar^2 k^2}{2m} = \frac{mv^2}{2} = k_B T \tag{7-6}$$

其中，$\hbar = h/2\pi$，将基本常量代入式（7-6）可得：

$$E = 81.81 \cdot \frac{1}{\lambda^2} = 2.072 \cdot k^2 = 5.227 \cdot v^2 = 0.08617 \cdot T \tag{7-7}$$

式中，E 的单位为 meV，λ 的单位为 Å，k 的单位为 $Å^{-1}$，v 的单位为 km/s，T 的单位为 K。

7.1.3 中子散射技术的特点

中子散射技术与 X 射线互为补充，共同成为研究材料微观结构的重要工具。然而，中子散射由于其独特的物理性质，在许多领域具有不可替代的优势，主要体现在以下五个方面：

（1）穿透性强

中子与物质的相互作用主要通过与原子核发生散射，因此中子的穿透力极为强大。这使得中子散射可以在复杂样品环境中进行原位实验[6]，例如在极低温、极高温、强电磁场甚至高压等极端条件下研究材料，而这些条件是 X 射线很难达到的。中子的强穿透力使得研究人员可以无需对样品进行破坏，即可对内部结构和动态过程进行深入探测。

（2）对轻元素和同位素敏感

中子散射是一种核散射过程，其散射强度不仅取决于原子的质量，还与原子核的散射截面有关。由于中子对轻元素（如氢、氧）的散射截面远高于 X 射线，它在研究含有轻元素的材料，尤其是有机材料、高分子及复合材料方面，具有明显优势。此外，X 射线对原子序数相近的元素（例如碳和氮）辨别能力较差，而中子散射能够更有效地分辨这些元素（图 7-1），特别是氢和其同位素（如氘和氢的区别），因此，在高分子材料、液态样品以及生物样品等领域的应用中，中子散射显得尤为重要。

（3）近乎无损探测

中子是电中性的粒子，与物质的相互作用较为温和。因此，经过中子散射后的样品损伤较小，尤其适用于对生物样品、液体或高分子等敏感材料的研究。与 X 射线相比，中子对样品的辐照损伤几乎可以忽略不计，这使得它在生物材料和高分子科学研究中具有无可替代的优势。例如，在研究蛋白质折叠、分子动力学等过程中，中子散射能够不破坏样品的情况下获取关键信息。

（4）研究磁性质

中子具有磁矩，这使其成为研究物质磁性质的理想工具。通过中子散射，可以探测到材料的磁有序现象、磁激发、自旋涨落等动态过程，提供磁性材料科学的重要信息。与 X 射线不同，中子散射不仅能探测物质的原子结构，还能直接探测材料中的磁结构、磁相变和自旋波动等磁性特性。这一特点使得中子散射在磁性材料研究、铁磁性、反铁磁性、超导材料等领域具有独特优势。

（5）探测原子排列的动力学性质

与硬 X 射线相比，中子的能量较低，接近物质中原子或分子激发的能量水平。中子散射不仅能够测量静态的平均化学结构，还能深入探测物质的原子排列和分子运动的动力学性质，尤其是原子或分子在不同时间尺度上的行为。这一特点使得中子散射成为研究材料动态行为的强大工具，如原子和分子在液态、气态或固态中的扩散、热振动、相变等。中子散射还可用于研究分子在外界环境变化下的响应，例如分子动力学、溶液中分子的迁移等，与材料的基本物理特性密切相关。

从分子结构的角度来看，高分子材料主要由碳（C）、氢（H）、氧（O）、氮（N）等轻元素构成，而中子散射技术因其对轻元素的高灵敏性，在高分子研究中展现了不可替代的优势。此外，由于中子直接作用于原子核，不同同位素，如氢（H）与氘（D）或近邻元素对中子的散射能力存在显著差异，这一特性使中子散射技术在复杂合金[7]成分解析以及复杂流体结构[3]表征中也具有重要的应用价值。

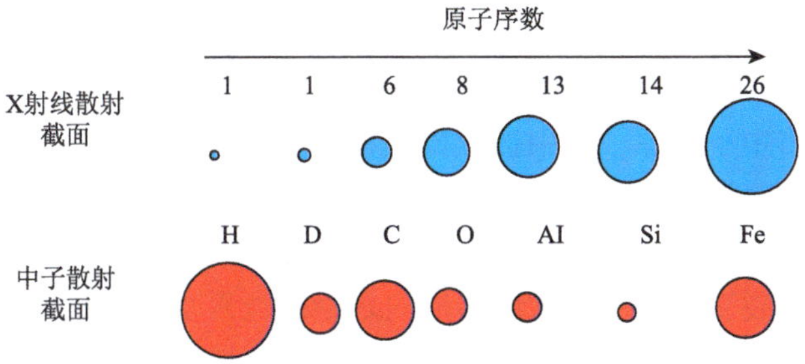

图 7-1　部分元素 X 射线/中子散射截面示意图

尽管中子散射技术具有诸多独特优势，但也存在一定局限性。与同步辐射光源相比，中子源通量通常较低。例如，上海同步辐射光源小角线站 BL19U2 样品处的通量可达 $10^{14}\ s^{-1}$ 量级[8]，而现有多数中子源的小角谱仪样品处通量仅为 10^6～$10^7\ s^{-1}$ 量级[9]，这意味着中子散射实验所需的时间较长，需要较高的灵敏度和分辨率。

由于中子源的通量较低，高质量的中子散射实验通常依赖于大型中子源设施。这些设施通常位于科研重镇并需要较长的实验预约周期，因此中子散射实验往往需要提前预约和较长时间的实验周期。与之相比，X 射线散射技术可以在实验室环境中通过商业化的X射线衍射设备快速获得数据，具有更高的灵活性和便捷性。目前的中子散射设备和中子源通常规模较大，这使得它们难以在实验室中实现小型化。因此，现有中子散射技术的普及性和便捷性在很大程度上受限于大型中子源设施的建设和管理。由于中子源的通量较低，进行高质量的中子散射实验需要较长的时间。相比于 X 射线散射实验的快速数据采集，进行一次完整的中子散射实验可能需要数小时甚至数天。由于中子散射实验对中子源的依赖较强，而这些中子源通常是高成本的设施，设备的维护和操作成本较高。此外，中子源的运行通常需要较高的安全标准和专业人员的操作管理，这使得中子散射实验的整体成本相对较高。

7.1.4 中子源简介

中子源，其作用和显微镜、X 射线有着异曲同工之妙，它们就像眼睛的延伸，去探索人类用肉眼难见的奇妙复杂的物质微观世界。中子源可以分为放射性中子源、加速器中子源和反应堆中子源三种类型。其中，放射性中子源束流强度相对较低，尚无法满足中子散射研究的需要；而小型加速器中子源在中子散射研究方面的应用也还正处于发展阶段；当前服役的中子源主要依赖于能产生高通量中子的大型核设施（反应堆中子源与散裂中子源）。下面将简要介绍这两种中子源的工作原理。

中子被牢牢束缚在原子核中，约占原子核组成的一半。尽管自然界中子数量巨大，但直接将中子从原子核中提取出来极为困难。获取中子的唯一途径是通过核反应使原子核分裂。这样的核反应主要分为裂变核反应和散裂核反应两种类型，分别被用来获得连续中子束和脉冲中子束。

迄今为止，裂变中子源最常用的反应是铀同位素 235 通过俘获慢中子发生裂变，一个典型的核裂变反应式为 $^{235}\mathrm{U} + n \longrightarrow {}^{93}\mathrm{Rb} + {}^{141}\mathrm{Cs} + 2n$。在这一反应中，当一个慢中子被裂变核 $^{235}\mathrm{U}$ 俘获，造成原子核分裂成两个碎片如图 7-2 所示，即 $^{93}\mathrm{Rb}$ 与 $^{141}\mathrm{Cs}$，裂变反应直接生成的中子称为瞬发中子（Prompt Neutron），除了瞬发中子之外，裂变反应的产物如 $^{93}\mathrm{Rb}$ 可能发生进一步的衰变并释放缓发中子（Delayed Neutron），缓发中子约占总量的 1%，但其产生时间比最初的裂变反应平均延迟几秒钟，因而可以实现对链式反应的控制。

散裂是一种重原子核在高速粒子（如质子）轰击下分裂并释放大量中子的物理过程（图 7-3）。入射粒子的德布罗意波长需小于原子核内核子间的平均距离，

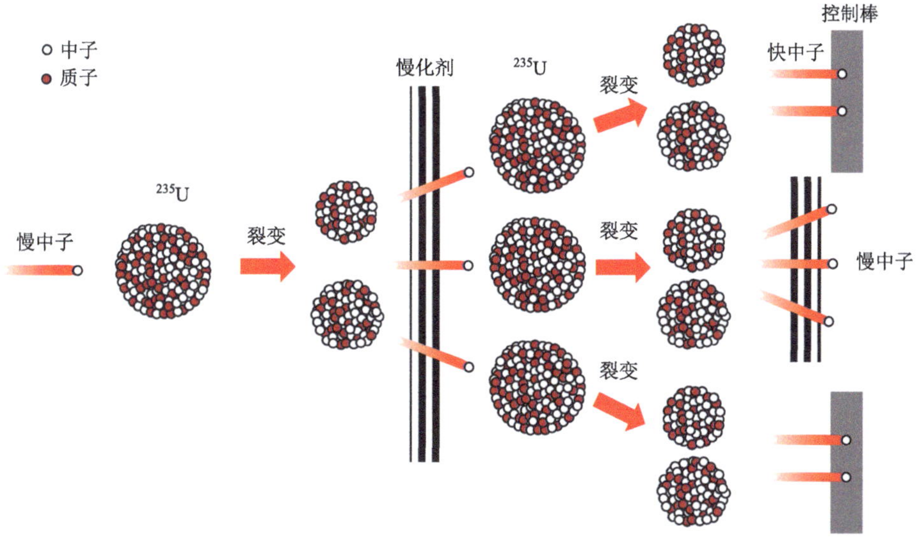

图 7-2　控制核反应堆中的链式反应示意图

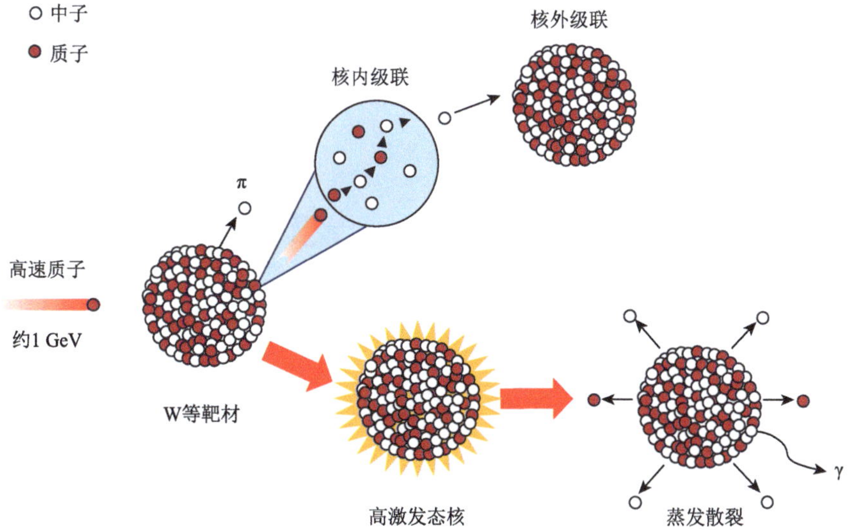

图 7-3　散裂核反应示意图

以使散裂反应有效发生。其机制主要包括以下几个步骤。首先，入射粒子进入靶核后，与核内某一核素碰撞，将能量传递给该核素。随后，该核素与其他核素发生连续碰撞（核内级联），使得入射粒子的能量较为平均地分配给靶核内各个核素，使得靶核处于高激发态。其次，部分高能粒子可能逃离靶核，或与其他靶核发生碰撞（核间级联），进一步传播能量。处于高能激发态的靶核最终会“蒸发”产生大量中子，并伴随产生少量质子及 γ 射线等。一次入射产生的中子中，约有 3% 源于级联过程中的中子逃逸，此部分中子携带的能量很高，与入射粒子能量相当，而产生自蒸发过程中的中子能量则较低，约为 10 MeV。中子的释放在粒子入射后的 10^{-15} s 内即可完成。因此，散裂中子源产生中子的频率完全由带电粒子轰击靶材的频率决定。这一特点使散裂中子源被归类为脉冲中子源。

7.1.5 中子散射方法概述

中子散射技术是一种强有力的工具，用于研究高分子材料的微观结构和动力学性质。由于中子具有独特的穿透性和对轻元素（如氢、碳等）的高灵敏度，这一技术在高分子科学中得到了广泛应用。本节将简要介绍四种常用的中子散射技术（图 7-4）：小角中子散射（SANS）、中子反射（NR）、掠入射小角中子散射（GISANS）和准弹性中子散射（QENS）。其中，SANS 是当前高分子领域应用最广泛的中子散射技术，也是本章重点介绍的内容。

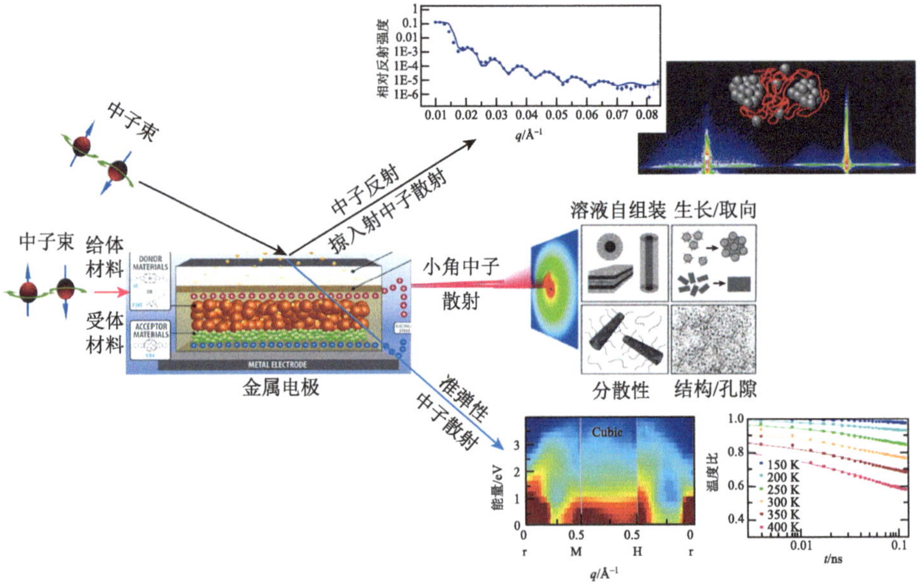

图 7-4 高分子领域常用中子散射技术示意图[10]

SANS 是研究高分子材料在纳米到微米尺度结构的主要工具。通过测量中子在小角范围内的散射强度，可以获取样品的形态、尺寸、分布以及相互作用等关键信息。NR 主要用于研究薄膜和界面结构。通过测量中子束在样品表面和界面处的反射强度，可以解析样品的层状结构、层厚、密度分布以及界面粗糙度等参数。该技术在研究高分子薄膜及其表面行为中具有重要作用。GISANS 是 NR 和 SANS 技术的扩展，专用于研究薄膜和表面结构。在掠入射角度下测量小角散射信号，GISANS 可提供样品表面和界面的三维结构信息，对复杂界面和薄膜结构的表征尤为重要。QENS 侧重研究高分子材料的动力学性质。通过测量中子散射谱线的展宽，可以分析分子运动和动力学过程的详细信息。这项技术在探索高分子的分子动力学、扩散行为及松弛机制等方面具有独特优势。

7.2 小角中子散射

7.2.1 理论基础

根据中子源的不同，小角中子散射（small-angle neutron scattering，SANS）谱仪通常可分为两类，一类是基于反应堆的固定波长 SANS 谱仪[11]，国内有绵阳研究堆（CMRR）的狻猊谱仪及中国先进研究堆（CARR）的小角中子散射谱仪；另一类是基于脉冲中子源的飞行时间 SANS 谱仪，国内有中国散裂中子源（CSNS）的小角中子散射谱仪。基于反应堆的固定波长小角谱仪，利用速度选择器将中子单色化后进行散射实验；而飞行时间小角谱仪则采用白光中子进行散射实验，利用脉冲中子从中子源运动到探测器的飞行时间标定中子波长。尽管依托的中子源类型不同，两类 SANS 的基本原理完全一样[12]。

首先需要对散射过程做一个夫琅和费近似，即样品物质的大小远远小于样品与中子源之间的距离以及样品与探测器之间的距离。根据德布罗意波长公式，中子的波长为 $\lambda = h / mv$，定义入射中子的波矢为 $\overrightarrow{\boldsymbol{k}_i}$，其绝对值为 $2\pi/\lambda$，定义当中子被样品散射后的散射波矢为 $\overrightarrow{\boldsymbol{k}_s}$，若发生的是弹性散射，则散射前后波矢的绝对值不变，此时 $\overrightarrow{k_s}$ 的绝对值仍为 $2\pi/\lambda$。定义散射矢量 $\vec{\boldsymbol{q}} = \overrightarrow{\boldsymbol{k}_s} - \overrightarrow{\boldsymbol{k}_i}$，由图 7-5 所示的几何关系和矢量加减规则得到布拉格公式：

$$|\vec{q}| = 2\left|\overrightarrow{\boldsymbol{k}_s}\right|\sin\left(\frac{\theta}{2}\right) = \frac{4\pi}{\lambda}\sin\left(\frac{\theta}{2}\right) \tag{7-8}$$

式中，θ 为散射角。

定义样品的特征尺寸为 d，由图 7-4 几何关系可得，两束被样品散射的中子的波程差为 $2d\sin(\theta/2)$，根据布拉格方程，当波程差等于波长 λ 的整数倍时，散射中子相干增强：

$$d = \frac{n\lambda}{2\sin\left(\frac{\theta}{2}\right)} (n = 0,1,2\cdots) \tag{7-9}$$

当 $n=1$ 时，上式可改写为：

$$d=\frac{\lambda}{2\sin\left(\frac{\theta}{2}\right)}=\frac{2\pi}{\frac{4\pi}{\lambda}\sin\left(\frac{\theta}{2}\right)}=\frac{2\pi}{|\vec{q}|} \tag{7-10}$$

由上式可知，样品特征长度 d 与散射矢量 $\vec{q}$ 之间存在倒易关系，因此，在规划实验时可利用该关系对可探测的样品特征长度 d 进行初步的预判，根据香农采样定理（nyquist-shannon sampling theorem）：

$$d_{\max}=\frac{\pi}{q_{\min}} \tag{7-11}$$

如一谱仪的 q 值为 0.001～0.3 $Å^{-1}$，由上式可计算该谱仪可表征的样品特征尺寸为 300～1 nm。可以说，q 值范围直接代表了其能覆盖的实空间尺度范围。然而，由于中子光源亮度和探测器分辨率的限制，任何一台 SANS 谱仪的 λ 和 θ 都是有限的，所以其能够测量的最大和最小尺寸存在一定的矛盾。因此，若想获得更大特征尺度范围内的样品信息，重点是将 q 值向更低范围扩展。

由式（7-8）可知，降低 q 的关键是降低 λ 与 θ，由于中子源的限制，当前主要通过降低 θ 来实现更低的 q 值。当前常用的解决方法有：1）将中子聚焦到样品或者探测器表面，从而成量级地增加中子通量或者谱仪分辨率，使得更小角度下的通量提高，即微小角中子散射[13]（very small angle neutron scattering，VSANS），其 $q_{\min}=10^{-4}$ $Å^{-1}$；2）利用单色中子和单晶分析器分辨极小的散射角度，即超小角中子散射[14]（ultra small angle neutron scattering，USANS），其 $q_{\min}=10^{-5}$ $Å^{-1}$。这两类散射的原理与 SANS 基本一致。

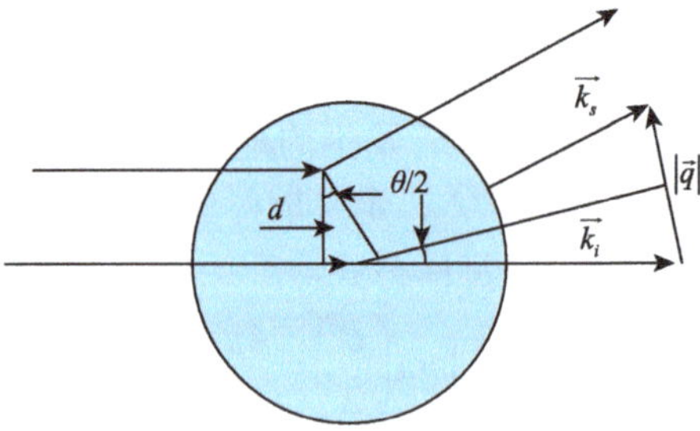

图 7-5 小角中子散射的示意图

7.2.2 实验方法

SANS 实验通过分析样品对中子束的小角度散射强度来研究其微观结构。通过对散射图案的解析，研究者能够获得诸如颗粒的大小、分布、形状及其相互作用等关键信息。一个完整的 SANS 实验通常包括以下步骤：实验设计、样品制备、实验设置、数据采集。

（1）样品制备

SANS 样品通常为液体、溶液、胶体或固体。样品制备需要满足以下要求：

A. 形态与尺寸：样品的形态应适合中子散射实验的需求，尺寸和厚度需要优化以确保适当的散射强度，同时避免信号过弱或过强导致的数据失真。

B. 溶剂选择：为降低背景散射的干扰，通常选用散射强度较低的溶剂，如氘化溶剂（例如，氘水）。

C. 均匀性：样品应去除气泡、颗粒等异物，确保均匀性。固体样品需要切割或加工成适配中子束的形状。

D. 浓度调整：溶液和胶体样品的浓度应根据实验所需的散射强度进行调整，以避免非线性效应。

（2）实验设置

SANS 实验可以在脉冲中子源或连续中子源上进行，不同类型的中子源具有各自的优势：

A. 脉冲中子源：适合时间分辨实验，可用于动态过程的研究。

B. 连续中子源：更适合低角度散射的测量，能够提供更高的信噪比。

样品通常放置在温度、压力可控的样品室中，以满足实验的特定条件。关键实验设置包括中子束条件，即通过调整中子束的波长和准直器设置，优化入射中子的单色性和方向性。此外，需要多角度布置中子探测器，以覆盖小角范围内的散射信号。探测器的空间分辨率和时间分辨率直接影响实验精度。

（3）数据采集

SANS 实验的数据采集重点在于获得完整的散射强度分布，以准确反映样品的微观结构特性：

A. 角度范围：小角度散射通常涉及 0.1° 到数度的范围，通过旋转样品或探测器可以覆盖所需的角度分布。

B. 波长选择：根据样品的特征尺寸选择适当的中子波长。通过改变中子波长，能够获得多种空间分辨率的数据，有助于解析不同尺度上的结构特征。

C. 数据质量：实验过程中需监控背景散射和噪声水平，确保数据的可靠性。可以通过对标准样品进行校准来提高结果的准确性。

7.2.3　数据解析

实验数据处理是通过对原始实验数据进行一系列的物理校准和校正，最终得到与实验仪器和样品厚度等无关的，体现样品本质特征的绝对散射强度

$\left(\dfrac{\mathrm{d}\Sigma(q)}{\mathrm{d}\Omega},\mathrm{cm}^{-1}\right)$随着散射矢量（$\boldsymbol{q}$，$\text{Å}^{-1}$）变化的信息。一个完整的实验通常包括 5 组数据的采集：空样品池透过率数据 $T_c(\lambda)$、空样品池散射数据 $I_{\mathrm{cb}}^{\exp}(q)$、样品加样品池透过率数据 $T_{\mathrm{sc}}(\lambda)$、样品加样品池散射数据 $I_{\mathrm{scb}}^{\exp}(q)$、空背底测量 $I_{\mathrm{background}}$（下标 s 表示样品，下标 c 表示样品池，下标 b 表示背底）。小角中子散射实验中，散射信号 $I_{\mathrm{scb}}^{\exp}(q)$ 有以下来源：样品、样品池和各种背底（如天然背底、空气散射和电子学噪声等）。

$$I_{\mathrm{scb}}^{\exp}(q)=\left[I_0(\lambda)\frac{\mathrm{d}\Sigma(q)}{\mathrm{d}\Omega}+I_{\mathrm{c}}(q)\right]\cdot T_{\mathrm{sc}}(\lambda)\Delta\Omega+I_{\mathrm{background}} \tag{7-12}$$

$$I_{\mathrm{cb}}^{\exp}(q)=I_{\mathrm{c}}(q)T_{\mathrm{c}}(\lambda)\Delta\Omega+I_{\mathrm{background}} \tag{7-13}$$

各种散射信号之间的关系可以用式（7-12）和式（7-13）表示，其中 $I_0(\lambda)$代表零散射角度的散射强度。扣除样品池的散射和其他各种背底，最终计算得到 $\dfrac{\mathrm{d}\Sigma(q)}{\mathrm{d}\Omega}$。式（7-12）和式（7-13）只是简化和近似，真实 SANS 数据处理还需要考虑探测器效率、死时间和入射中子波长分布等因素。

SANS 数据分析方法多种多样。一般来说，可分为不依赖于模型的分析方法和依赖于模型的分析方法。不依赖于模型的分析方法植根于数学，是数据分析的起点。具体来说，包括吉尼尔（Guinier）、Porod、Kratky 等分析方法。Guinier 分析方法是样品的散射强度的自然对数对散射矢量的平方作图，即 $\ln[I(q)]$对 q^2 作图：

$$\ln[I(q)]=\ln I_0-\frac{q^2R_{\mathrm{g}}^2}{3} \tag{7-14}$$

在 $qR_{\mathrm{g}}<1$ 的范围内对曲线进行线性拟合得到曲线的斜率为 $R_{\mathrm{g}}^2/3$，其中 R_{g} 为表征散射体的均方旋转半径。在 Guinier 区间，由于观察尺度远大于样品的特征尺寸，可以在不需要任何假设的条件下得到 R_{g}，但是要注意 SANS 的分辨率产生的模糊效应（smearing effect）对 R_{g} 的影响。

Porod 分析方法是主要用于分析散射体尺寸的局部结构信息，要求 $qR_g>>1$。Porod 作图即是将散射强度对散射矢量作图，即 $1\mathrm{n}[I(q)]$对 $\lg q$ 作图，其斜率即为散射体的 Porod 因子 n。高 q 区间的散射数据通常可表示为：

$$I(q)=\frac{A}{q^n}+B \tag{7-15}$$

或

$$\lg[I_{\mathrm{s}}(q)-B]=\lg A-n\lg q \tag{7-16}$$

对于长棒形散射体，$n=1$；对于二维光滑散射体，$n=2$；如果三维散射体拥有光滑表面，$n=4$；否则，n 为 3～4 之间。对于大分子链，Porod 因子与排斥体积参数 v 有关，即 $n=1/v$，对于稀溶液中的有排斥体积高斯链 $n=5/3$（或者

1/0.588），对于稀溶液中没有排斥体积的高斯链 $n=2$，对于完全蹋缩的大分子链 $n=3$。n 为 2～3 之间可能是枝状大分子或者是形成网络结构。

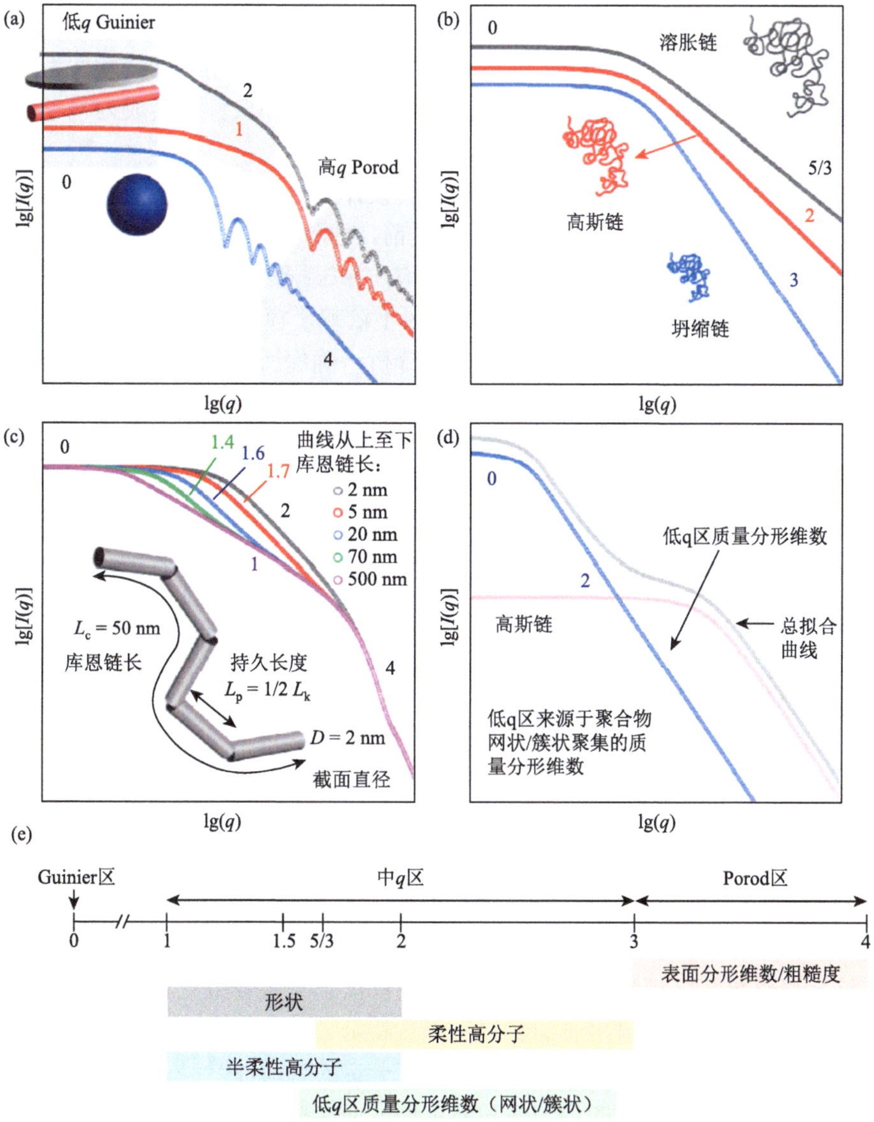

图 7-6　文献中报道的各种聚合物构象的模拟小角散射模式汇总，包括（a）不同形状、（b）柔性聚合物、（c）半柔性聚合物和（d）较大长度尺度上的质量分形（e）总览图[15]

常用的基于模型的分析方法，是利用已知的样品信息，在正空间中构建散射体的几何模型，并以有限数量的初始参数为基础进行描述。随后，通过数学计算，将几何模型转换为倒空间中的散射曲线。为了使理论曲线与实验测量曲线达到最佳吻合，通常采用最小二乘法对模型参数进行迭代优化。迭代过程中，不断调整输入参数，直至计算得到的散射曲线与实验曲线之间的偏差收敛至可接受范围内。这种方法有效结合了实验数据与理论模型，广泛应用于复杂样品的结构解析中。在实际操作中，常用的分析软件包括 Igor[16]和 SASView[17]等，这些软件为基于模型的散射数据分析提供了强有力的支持，其灵活性和高效性使其成为科学研究中不可或缺的工具。

在依赖模型的分析方法中，初始模型的设计至关重要，直接决定了后续拟合结果的可靠性。因此，在进行 SANS 实验之前，通常需要通过一系列前置实验（如散射、光谱或成像）来估计样品的初始结构，并根据这些信息设计合理的初始模型。为了验证初始模型的正确性，可以采用不依赖于模型的分析方法（如 Guinier 和 Porod 方法）对一维散射曲线进行初步分析，确保所选模型与样品的实际结构一致。值得注意的是，分析中使用的拟合参数或基本假设越少，结果的准确性和可信度通常越高。虽然包含更多拟合参数的方程可以拟合大多数 SANS 曲线，但过多的参数可能导致过拟合，需结合其他研究手段（如实验测量或文献数据）固定大部分参数，从而提高分析的稳健性。以部分光电高分子材料为例，这类材料通常表现为半柔性（semi-flexible）结构，既非完全刚性也非完全柔性。因此，分析时需选用蠕虫状链（worm-like chain）模型进行拟合。通过拟合可以获得若干关键参数见图 7-6（c），包括：截面半径、库恩链长、持久长度等，其中库恩链长为持久长度的两倍，代表高分子的结构刚性，其值越高，刚性越强。

7.2.4 表征示例

开展溶液 SANS 实验的前提是确保研究对象与溶剂之间具有足够强的对比度，即散射长度密度（SLD）之间存在显著差异。为此，在溶液 SANS 表征中通常使用氘代溶剂或氘代聚合物，以提高对比度并获得较高的信噪比数据。通过这种方法，可以更清晰地解析溶质的微观结构特征。大多数用户利用 SANS 研究溶液体系的主要目标是探讨溶质的多尺度形貌特征。因此，高分子溶液体系在样品处理、实验方法及数据处理与分析方面具有一定的普适性[18, 19]。具体而言，样品的制备需要特别关注溶质的均匀性和稳定性，而实验方法则需要精确控制溶液的浓度和环境条件。

确定大分子在溶液中的基本构象是 SANS 研究的核心任务之一，通常通过稀溶液的测定来实现。这种方法能够有效地避免溶质分子之间的相互作用对结果的干扰，从而获得更真实的单体构象信息。通过 SANS 数据的分析，可以深入了解高分子链的构型及其在溶液中的动态行为，为高分子材料的设计与应用提供科学依据。早在 1914 年，Cotton 等首次利用 SANS 研究了线形聚苯乙烯（PS）在二硫化碳（良溶剂）和环乙烷（θ 溶剂）中的分子构象，验证了高分子在不同溶剂环境中的构象特性：在良溶剂中，高分子链表现为受排斥体系的高斯链，其分形维数 5/3；在 θ 溶剂中，高分子链表现为无扰的高斯链，其分形维数是 2[51]。随着高分子化学的进步，科学家们合成了具有不同几何形状的单分散大分子。

2014 年，Goossen 等使用 SANS 研究了环形 PS 在不同溶剂环境中的分子构象，包括氘代甲苯（良溶剂）、氘代环乙烷（θ 溶剂）以及氘代线型 PS（类 θ 本体）。如图 7-7 所示，Goossen 等[20]研究揭示了环形 PS 的几何构型与溶剂条件的显著关联。在良溶剂氘代甲苯中，环形 PS 的 Porod 区间表观分形维数为 1.56，显著小于线形 PS 在相同条件下的分形维数 5/3（典型的受排斥体系高斯链）。研究者认为，这一现象主要由第二维利系数（A_2）的影响引起。通过对数据进行修正以扣除 A_2 的贡献，他们进一步确定了没有端基的环形 PS 在良溶剂中的本征分形维数。在氘代环乙烷（θ 溶剂）和与环形 PS 分子量相同的 PS 本体中，环形 PS 的分形维数均为 2。这表明，在 θ 条件下，环形 PS 的分子链构象符合无扰高斯链的特性，进一步验证了溶剂环境对高分子链构象的调控作用。这一研究不仅揭示了环形 PS 的独特构象特性，还为理解不同几何形状高分子在溶液与本体中的行为提供了关键的实验依据。

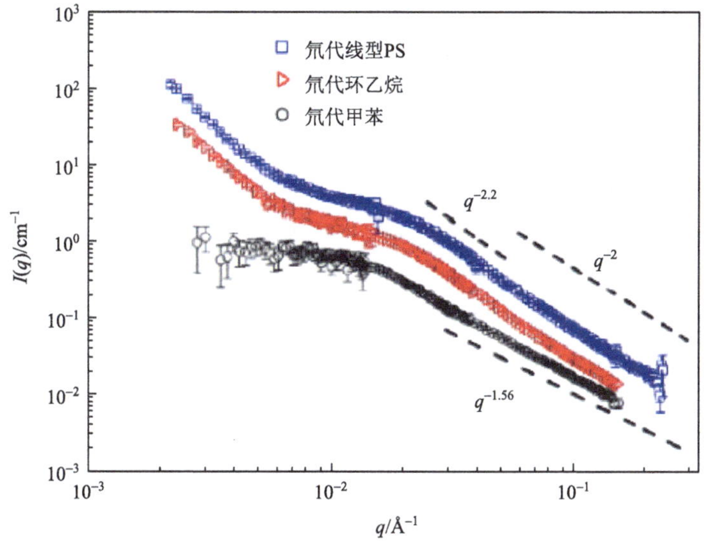

图 7-7　不同尺度下环聚苯乙烯在良溶剂和 θ 溶剂中的整体和内部结构的散射函数和代表性斜率[20]

随着大分子在溶液中的浓度增加，分子之间相互作用 S_I（q）逐渐增强，这种相互作用会在小角散射曲线中表现出特定的特征：在最小散射矢量（小 q 区域）附近的散射强度相较于无相互作用时有所减弱，而在中间q区域则相对增强。这种散射特征的变化反映了溶液中分子间排斥或吸引作用的强度和类型。当体系中存在更复杂的相互作用，例如氢键相互作用、静电相互作用、疏水相互作用，以及 π-π 堆叠作用[21]，溶液中可能形成亚稳态的微相自组装结构。这些微相结构能够响应外界刺激（如温度、pH、离子强度等），具有动态可调控性，在污水净化、废油回收、药物输送等领域展现出广泛的应用潜力。SANS 是研究这类体系的非常有效的方法，不仅能够解析大分子或组装体在溶液中的结构 P（q）变化，还可以表征组装体之间的相互作用 S_I（q）。通过结合这两方面的信息，研究者可以深入揭示分子间相互作用的机制、自组装体的形态以及它们的动态响应行为，为功能性材料的设计与优化提供关键的实验依据。

（1）高分子组装结构研究

高分子的组装结构是 SANS 研究的核心领域之一。共轭高分子作为新型半导体材料，具有刚性主链和柔性侧链的独特结构，其构象分布、分子间相互作用、链排列方式、组装结构及结晶行为极为复杂多样。这些特性不仅使得共轭高分子的研究充满挑战，同时也为其在光电器件中的应用提供了丰富的研究潜力和技术创新的可能性。近年来，SANS 技术作为一种有效的表征工具，在研究共轭高分子的溶液态聚集结构方面得到了广泛应用，逐渐成为材料科学和软物质物理领域的重要研究前沿。多个国内外研究团队基于 SANS 技术，深入探讨了共轭高分子的溶液态聚集结构，取得了显著的研究进展。这些研究不仅促进了研究者对共轭高分子溶液态聚集行为的理解，也为优化共轭高分子在光电器件中的应用性能提供了理论依据和技术支持。下面将着重介绍依赖国内中子源展开的相关研究。

2017 年，裴坚课题组[22]对 BDOPV 基共轭高分子的溶液态聚集结构进行了表征［图 7-8（a）］。研究揭示，溶液态聚集结构对后续薄膜微结构的形成具有重要影响，这一发现凸显了深入表征和调控共轭高分子溶液态聚集结构的必要性。随后，韩艳春课题组[23]探讨了溶剂类型对共轭高分子溶液态聚集结构的调控作用。他们通过汉森溶度参数理论筛选了 6 种溶剂，结合 SANS 技术解析了其溶液态聚集行为，提出了一种制备 P（NDI2OD-T2）纳米线的新策略：先通过侧链排序诱导缓慢成核，然后通过增强侧链相互作用实现主链平面化，形成高质量的聚集体。随后，耿延候团队[24]系统研究了分子量对高迁移率共轭聚合物 TDPP-Se 溶液态聚集结构的影响，他们通过 SANS 确定了 TDPP-Se 的溶液态结构均为一维刚性棒状结构[55]［图 7-8（b）］，其中截面半径对分子量不敏感，而长度随分子量单调增加。通过调控分子量实现溶液态聚集结构的优化，最终制备出高度排列有序的薄膜，使得刮涂制备的有机薄膜晶体管展现出 13.8 $cm^2\ V^{-1}\ s^{-1}$ 的高空穴迁移率。

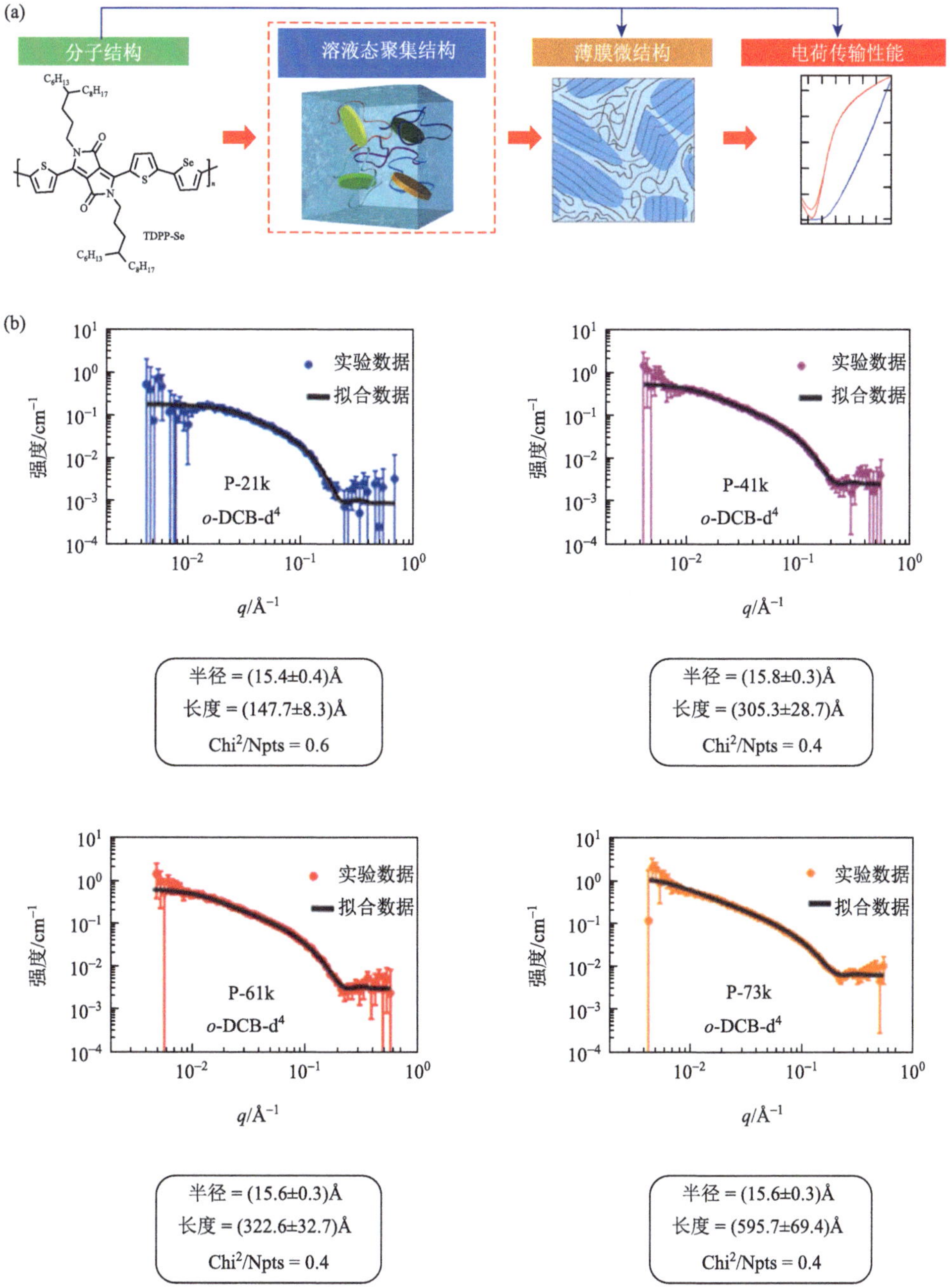

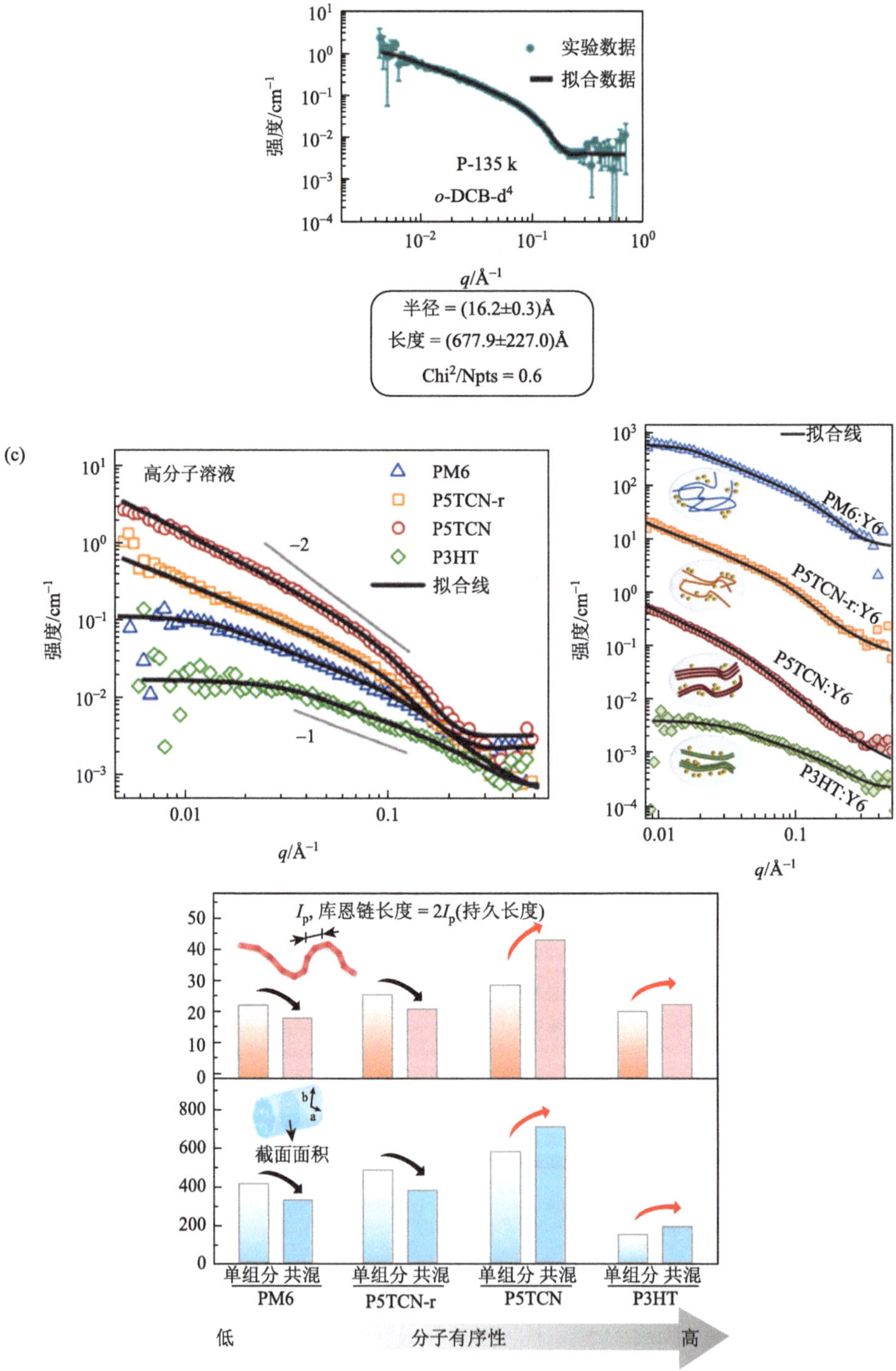

图 7-8 基于 SANS 的共轭高分子溶液态聚集结构研究

此外，叶龙等[25]还深入研究了有机光伏电池中共轭高分子与小分子受体的共混体系。他们从分子有序性的角度出发，揭示了不同分子有序性的共轭高分子在共混前后溶液态聚集结构的演变规律[56]。研究表明，分子有序性较高的共轭高分子在与小分子受体共混后，其溶液态聚集结构的刚性显著增强；而分子有序性较低的共轭高分子在共混后则表现出溶液态聚集结构刚性的降低。适度的分子有序性有助于在溶液中形成预聚集结构，从而在成膜过程中促进稳定纤维状结构的生成，显著提升有机光伏电池的器件性能及其热稳定性。

近期，殷盼超等[26]开发利用不同尺寸分子标记配体的方法，使用经典的尺寸排斥色谱和 SANS 及 SAXS 法，系统性地研究了基于铜配位 3D 笼状配位组装体的大分子配体交换动力学过程；进而，基于对大分子配位交换动力学的认知，通过 SANS 表征验证并精确地调控组装体结构，开发出基于配位纳米笼的、可再加工的 3D 交联凝胶网络结构。姜乃生等[27]借助 SANS 研究了 ABC 型类肽三嵌段共聚物在水中不同温度条件下的自组装行为和结构演变，系统探究了各嵌段链长对溶胶-凝胶转变的影响，为可注射温敏性水凝胶的分子设计和优化提供新的思路。

（2）高分子共混和复合物研究

通过将高分子共混、复合，石油化工工业只需要生产常见的几十种高分子材料，如聚乙烯、聚丙烯、聚酰胺等，便可以基本满足人们日常生活对高分子材料的硬度、弹性、机械强度、疲劳强度、导电性、透光性、耐热性、阻燃性、吸水性、耐酶性等多方面的需求。这表明，高分子共混物和复合材料的多相多尺度微观结构及其演化过程与宏观性能密切相关。SANS 作为一种有效的表征工具，可以实时追踪这些体系的微观结构变化，为理解其宏观性能提供重要依据。

在非晶高分子本体或共混体系中，由于高分子与周围环境的化学结构相似，大部分研究手段的衬度几乎为零，无法单独观察高分子链或选择性地观察某一相高分子。虽然一些方法，如单分子荧光或核磁共振，具备一定的选择性观察能力，但前者通过引入大尺寸的荧光基团，可能会影响体系的动力学行为；后者则只能直接观察能量空间。而 SANS 技术通过衬度匹配，能够选择性地观察单链结构，这是其他方法无法实现的优势[28]。

高分子共混物在双节线相区的初级成核过程仍然是一个具有挑战性的课题。Balsara 课题组曾进行了相关研究[29]。他们使用时间分辨 SANS，研究了氘代聚乙基丁烯（dPE）、聚甲基丁烯（PM）和聚（甲基乙烯-*b*-乙基丁烯）的三元共混物相分离初期的成核过程，见图 7-9。由于 SANS 中子束流强度较低，通常需要较长时间（大于 3 min，具体时间视中子源和 SANS 仪器而定）才能获得统计误差可接受的散射谱图。为了增强 dPE/hPM 的相容性，他们加入了嵌段共聚物 hPM-hPE，以降低相分离温度并延长相分离时间，从而满足 SANS 采样所需的时间。图 7-9（a）显示，在相分离未发生时，体系呈均相状态，散射强度与散射矢量 q 无关；随着相分离的发生，低 q 区的散射曲线逐渐向上倾斜，表明相分离成核的尺寸逐渐增大，零散射矢量处的散射强度随之增加。通过不依赖具体模型的 Guinier 方程对 SANS 数据进行拟合，如图 7-9（b）所示，可以得到零散射矢量处散射强度与均方旋转半径的标度关系，分形维数为 1/0.54。这表明，初级成核过程可能并非经典的 Gibbs 成核过程（分形维数为 3），而是由浓度涨落诱导的过程（分形维数为 2）。

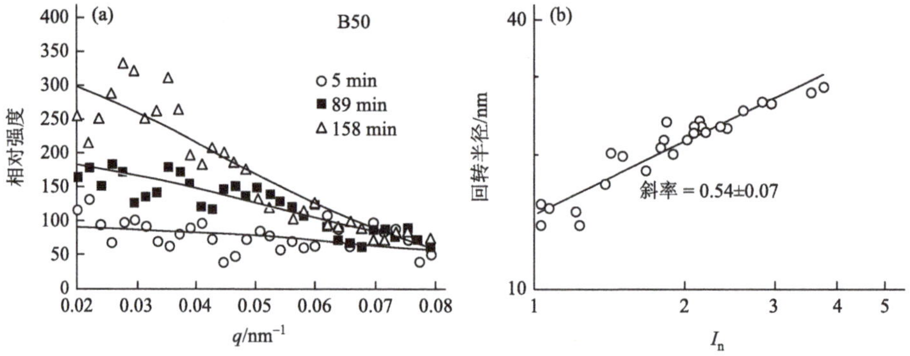

图 7-9　样品中含有体积比为 50%嵌段共聚物的 SANS 曲线在早期阶段的时间依赖性

（a）实线表示对 Guinier 模型的拟合；（b）以给定时间的回转半径 R_g 与 I_n 在 lg-lg 对数坐标下的关系图，其中 I_n 指的是零散射矢量处的散射强度；实线表示最佳幂律拟合

高分子复合材料在工业界具有广泛的应用。Liu 等[30, 31]利用 SANS 和 TEM 研究纳米二氧化硅球（约 20 nm）与橡胶的复合体系。研究发现，二氧化硅会形成由 24～97 个硅球组成的聚集体，且随着二氧化硅球体积分数的增加，聚集体的尺寸呈线性减小。研究还表明，最佳的二氧化硅体积分数范围为 40%～50%。这一结果为优化复合材料的微观结构和性能提供了重要的参考。

（3）高分子结晶研究

高分子结晶过程极为复杂，尽管科学家们经过多年不断研究，仍有许多基础性问题没有得到完全解决。1977 年，Sadler 和 Keller[32]使用 SANS 研究了氘代聚乙烯在溶液和熔融结晶过程中生成的晶体内部单链的构象。在一系列假设的前提下（例如氘代和氢化聚乙烯无相分离且同时结晶），研究表明，聚乙烯的单链在溶液中优先按照近邻折叠模型结晶，而在熔融过程中，则倾向于按照插线板模型结晶。然而，关于串晶（shish-kebab）中 shish 的生成机理至今依然存在争议：究竟是高分子链的拉伸、缠结网络的变形，还是壁滑现象导致了 shish 的产生？Kimata 等[33]的 SANS 研究为 shish 成核理论的研究迈出了关键一步。结晶过程中分子链结构变化的关键难点在于衬度问题：如何在 shish 的狭小范围内观察高分子链的结构？X 射线衬度来源于电子云密度的差别，因此 SAXS 能够揭示二维大分子片晶结晶区与非晶区之间的电子云密度差异，从而得到片晶的厚度。但 SAXS 无法区分结晶大分子链与周围链段之间的差异。常规的 SANS 通过氘代和氢化聚合物二元共混物的衬度差异，虽然能够提供氘代分子与周围分子之间的对比，但也会引入氘代结晶大分子与非晶氘代大分子之间的衬度差异。因此，在 Kimata 之前，科学家们未能设计出适用于 shish 中提取分子链结构的实验方法。Kimata 等使用了氘代短链（S）、中等链（M）和长链（L）的等规聚丙烯（iPP）与多分散非氘代 *i*PP 进行共混，并在不同温度下进行剪切实验，用 SANS 观察散射图样的变化。在图 7-10（a）中，*S* 链的各向异性散射更加显著；当温度升高至 168℃时，shish 开始熔化，各向异性逐渐消失。Kimata 等通过将 166℃时 shish 刚开始取向的散射图样与 168℃或 180℃完全熔融后的背景散射进行对比，如图 7-10（b）所示，成功地得到了 d-iPP 链在 shish 中的取向信息。该研究表明，长链在 shish 中主要起引发作用，但其扩散较慢，并非 shish 的主体。

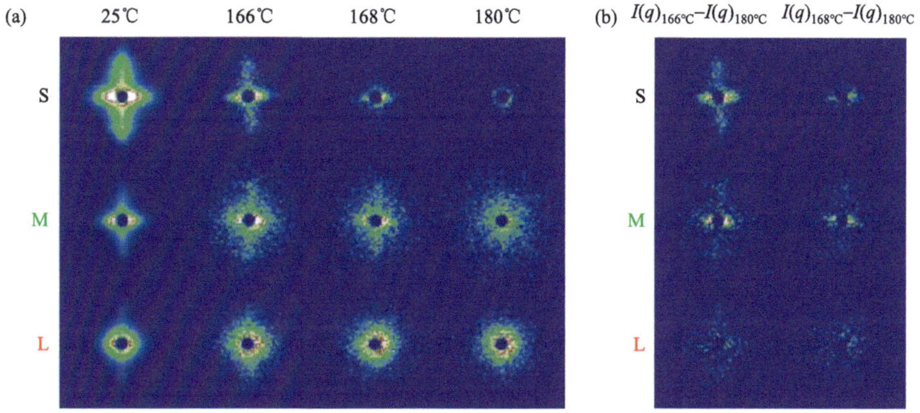

图 7-10　（a）氘标记 iPP 在 25～180℃加热期间的 SANS 曲线的温度依赖性标记分数分别用 S、M 和 L 表示短 D、中 D 和长 D；（b）三种氘标记混合物的 SANS 散射强度为 166～180℃（左）和 168～180℃（右）之间的变化[33]

溶胶或溶液中的胶体粒子或大分子，在适当的条件下相互连接，形成空间网络结构，最终失去流动性，转变为一种外观均匀且能保持一定形态的弹性半固体，这种物质称为凝胶。凝胶在有机体中占有重要地位，人体的肌肉、皮肤、细胞膜、血管壁，以及毛发、指甲、软骨等都可以视为凝胶。相较于稀溶液，凝胶体系中的结构和相互作用更加复杂，因此 SANS 方法在研究此类体系的微观结构、凝胶相的形成过程及其形成机理等方面具有重要应用。

Endo 等[34]利用 SANS 技术研究了不同浓度的间规聚丙烯（sPP）在氘代十氢萘溶剂中形成的物理凝胶结构，其散射曲线，如图 7-11（a）所示。在散射曲线的某一 q 范围内，斜率表示在相应的正空间尺度上，散射体的分形维数。对于浓度最低的 sPP 十氢萘溶液（2 wt%），低 q 区间的分形维数为 1，表明在交联点之间存在棒状结构；在中等 q 值范围内，分形维数为 4，类似于光滑的球形外表面。基于此，假设 sPP 纳米晶为球形结构（通过贝塞尔方程拟合），并假设纳米晶之间由非晶 sPP 链形成的网络结构（通过 Ornstein-Zernike 方程拟合）。通过 Percus-Yevick 近似处理纳米晶球之间的相互作用，研究人员得出了交联点形状和尺寸随 sPP 浓度和温度变化的定量关系，如图 7-11（b）所示。

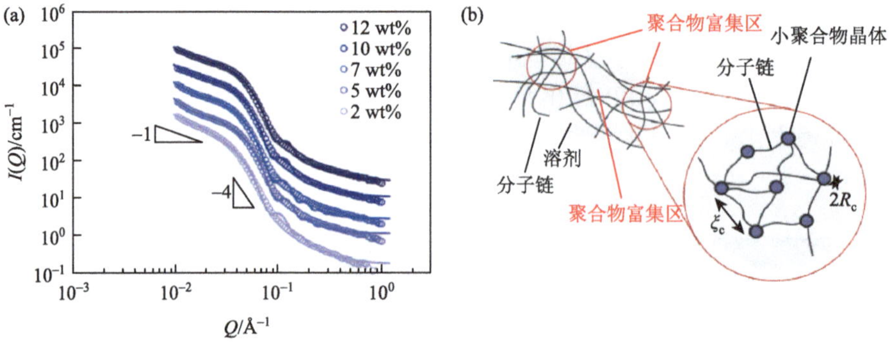

图 7-11 （a）不同 sPP 浓度的氮淬灭凝胶的 SANS 曲线（符号）和相应的拟合结果（实线）；轮廓垂直移动以避免重叠；（b）SANS 剖面图显示的凝胶 LN 分层结构的示意图[34]

（4）生物大分子材料研究

生物大分子种类丰富，结构复杂，涵盖了从简单的肽链到复杂的蛋白质、核酸等多种形式。揭示这些生物大分子的内部结构和作用原理，对于解开生命的奥秘、开发新型药物等具有重要意义。Shi 和 Li[35]详细阐述了小角 X 射线在生物大分子研究中的应用进展和分析方法，有兴趣的读者可以自行查阅。中子散射与 X 射线相比，凭借其独特的特性，尤其是在生物大分子研究中的互补性，展现了广阔的应用前景。

生物大分子的 SANS 表征相对较为困难，主要原因包括：第一，氘代样品的制备难度较大，需要通过氘水和氘代碳源培养特定细菌，粉碎后再进行纯化得到氘代样品；第二，SANS 作为一种低空间分辨率的技术，在复杂体系的研究中通常需要与其他实验手段和分析方法（如透射电子显微镜、X 射线晶体衍射、核磁共振和模拟方法等）结合，以对散射数据进行更为精准的分析。在生物大分子的研究中，SANS 的应用内容包括但不限于：①肽链、核酸、蛋白质、双层磷脂膜、淀粉、纤维素等生物大分子在不同环境下的结构研究；②肽链、核酸、蛋白质[36]及双层磷脂膜等分子间相互作用和复合结构的研究；③病毒、细胞器等复杂体系的研究。

针对生物大分子这一类复杂体系，在确保科学目标可达成的前提下，模型设计应尽可能简化，并将变量保持在可接受范围内。当散射体非常复杂且由多个具有不同结构与功能的部分组成时，需采用氘代技术对各个部分进行衬度匹配。数据分析的步骤一般包括两部分：第一步，进行定性或半定量分析。例如，在稀溶液的情况下，可以通过 Guinier 作图来分析散射体的均方旋转半径，或者通过 Porod 作图分析体系的拓扑结构或分形维度；第二步，依据已有的实验数据建立模型进行数据分析。数据分析的模型通常有两类：第一类是依赖散射数据的可迭代优化模型[37]，通过对比实验数据和计算曲线之间的均方差，迭代优化模型中的变量，例如使用规则几何模型拟合、逆蒙特卡罗（RMC）方法[38]、从头计算（ab initio calculation）方法等；第二类是不依赖散射数据的独立模型（通常依赖所用力场），例如独立的分子动力学或蒙特卡罗模型。通过对比实验数据和模型计算得到的 SANS 曲线，可以筛选出符合实验结果的可能结构。

限于篇幅，以下简要介绍几个代表性实例。图 7-12 为天冬氨酰-tRNA 合成酶与 tRNA 复合物结构的小角 X 射线和小角中子散射联合研究图示。Petoukhov 和 Svergun[39]分别利用 ab initio 串球模型分析复合体系的低分辨结构，如图 7-12 所示。随后，利用复合物各个部分的 X 射线晶体学数据和刚体建模方法拟合了 X 射线和中子散射数据，得到了体系在溶液中的高分辨率结构模型。同步辐射和 X 射线晶

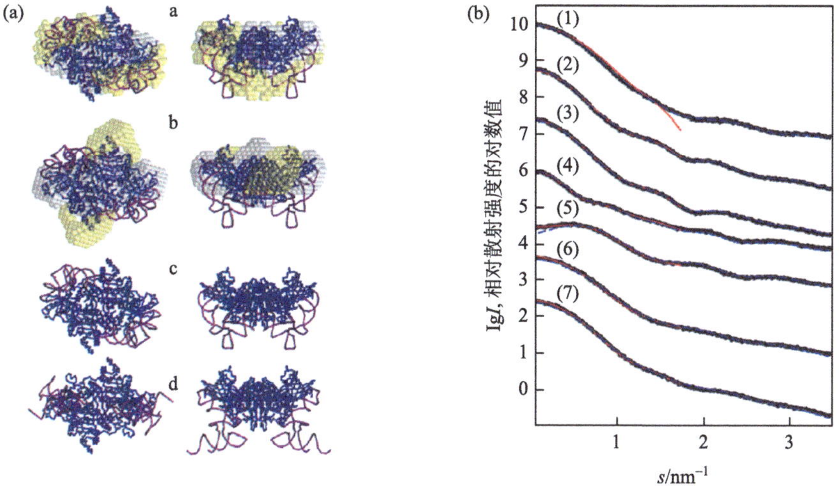

图 7-12　天冬氨酰-tRNA 合成酶与 tRNA 复合物结构的 SAXS 和 SANS 联合研究图示[40]

体学技术在研究生物大分子结构中发挥了重要作用，在获得蛋白质晶体结构后，通过刚体建模方法或分子动力学模拟，结合小角 X 射线和小角中子散射技术，能够深入研究蛋白质在溶液中的结构及相互作用。Shrestha 等[40]利用小角中子散射、小角 X 射线散射和分子动力学模拟，研究了天然无规蛋白的结构，发现其 Flory 指数为 0.54，介于理想链（0.5）和自避行走链（0.588）之间。

SANS 作为一种重要技术，能够深入探测复杂体系的结构，包括蛋白酶等分子，特别是在通过对比度变化来区分体系中不同部分的结构方面具有显著优势。该技术已被广泛应用于揭示病毒蛋白质的结构[41]。SARS-CoV-2 冠状病毒的蛋白酶在病毒复制过程中起着至关重要的作用，因此，了解蛋白酶的结构和特性对于开发有效的治疗药物至关重要，这将有助于阻止病毒的复制并治疗感染者。SANS 是研究此类复杂体系结构的关键方法，尤其在对比度变化方面能够清晰区分不同结构部分。在 SARS-CoV-2 中，木瓜蛋白酶（PLpro）具有切割人类刺激基因（hISG15）的功能，从而抑制宿主的先天免疫反应。SANS 技术被用于研究 SARS-CoV-2 PLpro 与 hISG15 之间相互作用的机制。Leite 等[42]使用 SANS 方法研究了游离态和结合态下的蛋白质，结果表明，当 PLpro 与 hISG15 结合时，PLpro 的构象几乎不发生变化，而 hISG15 的整体构象则变得更加紧密，如图 7-13（a）所示。通过对比度匹配，研究人员能够选择性地突出氘化 PLpro 和蛋白质化 hISG15 的散射贡献，如图 7-13（b）所示。进一步分析表明，ISG15 与 PLpro 结合后的 SANS 数据与 ISG15 构象的对比度匹配情况吻合良好，表明大部分构象在结合 PLpro 后保持紧密的构象状态，如图 7-13（c）。这一结果为未来开发抑制 PLpro：hISG15 相互作用的治疗性药物提供了重要的理论依据。

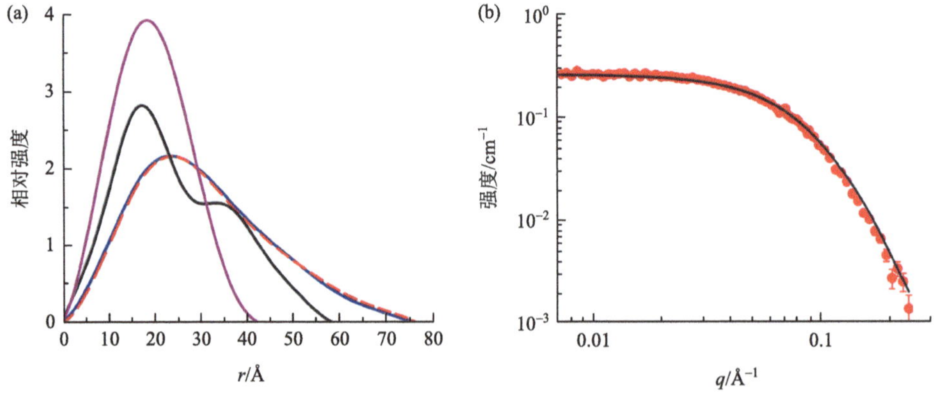

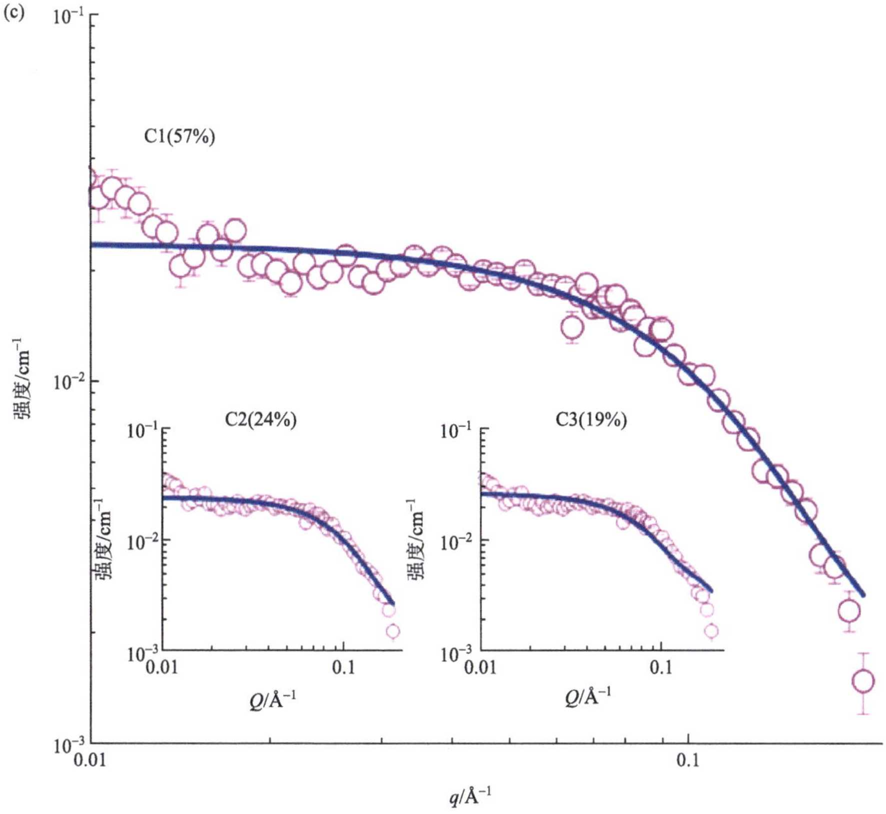

图 7-13　PLpro C111S：hISG15 复合物的小角中子散射实验结果分析[42]

（a）游离 PLpro C111S、配合物中氘化 PLpro C111S、溶液中游离 hISG15 和配合物中 hISG15 的对距离分布函数 [*P*（*r*）]曲线；（b）42% D_2O 中结合态 PLpro C111S 的对比度匹配的 SANS 曲线。根据 PLpro C111S 晶体结构计算得到的曲线用黑线表示；（c）在 100% D_2O 中结合态 hISG15 的 SANS 曲线

7.3 其他中子散射表征

7.3.1 中子反射

中子反射（neutron reflectometry，NR）是一种用于研究材料表面和界面结构的强有力分析技术。它通过测量低角度入射的中子束在样品表面的反射强度，提供了有关表面和界面的丰富信息，如密度、厚度、粗糙度以及多层膜结构等。中子的非破坏性和对轻元素（如氢）的高灵敏度，使得中子反射在研究聚合物、软物质和生物材料等领域具有独特优势，尤其在探测样品内部结构和动态过程方面，表现出相较于其他技术的突出优越性。

中子反射技术的基本理论基于菲涅耳反射定律，该定律描述了反射率 R 与入射角 θ 及介质折射率之间的关系（图 7-14）。在中子反射实验中，反射率 R（Q）作为波矢 Q 的函数进行测量。波矢Q是由入射波与反射波之间的波矢差异引起的：

$$Q=\frac{4\pi}{\lambda}\sin(\theta) \tag{7-17}$$

其中，λ 为入射中子的波长，θ 为入射角。

中子在介质中的折射率 n 可表示为：

$$n=1-\delta+i\mu \tag{7-18}$$

$$\delta=\frac{Nb\lambda^2}{2\pi} \tag{7-19}$$

$$\mu=\frac{\lambda}{4\pi}(N\alpha_{\text{abs}}+N\alpha_{\text{inc}}+\Sigma_{\text{coh}}) \tag{7-20}$$

其中，μ 为吸收系数，N 为原子束密度，b 为相干散射长度，Nb 为中子散射长度密度（scattering length density，SLD），λ 为入射中子波长，α_{abs} 为吸收截面，α_{inc} 为非相干截面，Σ_{coh} 为相干截面。

当中子束以小角度入射到样品表面时，会发生部分反射和折射。菲涅耳反射系数描述了界面处反射和折射中子的比例。对于界面反射，反射率 R 可以表示为：

$$R(Q)=\left|\frac{Q_z-\sqrt{Q_z^2-16\pi\rho b}}{Q_z+\sqrt{Q_z^2-16\pi\rho b}}\right|^2 \tag{7-21}$$

其中，Q_z 为垂直于界面的波矢分量。

在实际应用中，样品通常是多层结构，每层具有不同的厚度、密度和粗糙度。为了分析多层膜的反射数据，通常采用递归算法（如帕拉塔尔算法）来计算每层界面的反射率。反射率 R 可通过以下递归关系计算：

$$R_{i,i+1}=\frac{r_{i,i+1}+R_{i+1,i+2}\mathrm{e}^{2ik_{i+1}d_{i+1}}}{1+r_{i,i+1}R_{i+1,i+2}\mathrm{e}^{2ik_{i+1}d_{i+1}}} \tag{7-22}$$

其中，$r_{i,\,i+1}$是第 i 层与第 $i+1$ 层之间的振幅反射系数，k_{i+1}是第 $i+1$ 层的波矢分量，d_{i+1}是第 $i+1$ 层的厚度。

界面粗糙度对反射率有显著影响。可以使用 Debye-Waller 因子来描述粗糙界面对反射率的修正：

$$R(Q)\propto \mathrm{e}^{-Q^2\sigma^2} \tag{7-23}$$

其中，σ 为界面粗糙度。

NR 在高分子领域的应用主要集中在聚合物薄膜、生物膜等方面，得益于中子对氢元素的高灵敏度以及低辐照损伤特性，使其在这些研究中具有独特优势。以下是一些相关应用实例的简要介绍。

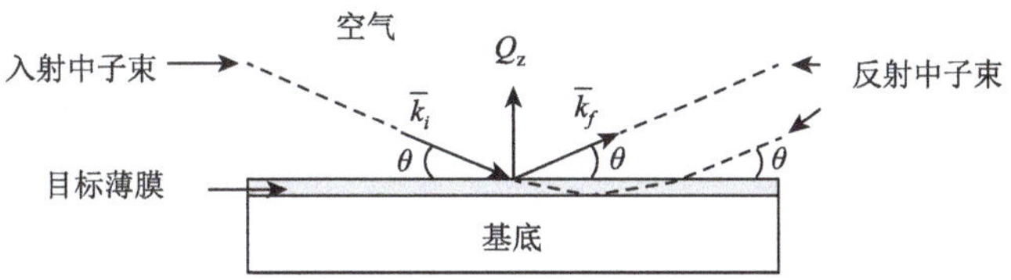

图 7-14　中子反射原理示意图

（1）有机光电薄膜

在高分子薄膜的研究中，NR 技术主要用于分析聚合物表面和界面性质、薄膜结构，以及聚合物的互扩散等方面。通过对比度匹配和深度分辨率等优势，NR 能精确揭示薄膜的微观结构信息。两嵌段共聚物是由两种单体组成的链段，通过链段末端连接而成。这类共聚物在界面上常表现出对称破缺，形成不同的微观结构和有序转变。NR 特别适用于研究这类体系，尤其是在氘代与非氘代链段的选择性标记下。Kruger 等[43]研究了 PEP/PEE 共聚物，发现无论聚合物薄膜内部是否有序，聚合物/空气和聚合物/衬底层的界面处都会形成有序的微观结构。利用氘代技术调控衬度，可以有效实现对特定成分的观测，这一优势是其他方法无法替代的。

近年来，NR 被广泛应用于光电高分子共混薄膜的研究，尤其是在有机光伏电池（OPV）领域。在 OPV 中，给体材料和受体材料的垂直相分布对器件的性能有显著影响。利用 NR 技术探测 OPV 活性层的内部形态，有助于优化有机太阳能电池的结构，从而提高其效率。例如，黄飞、刘升建等[44]采用逐层涂布方法制备了以 PM6/Y6: $PC_{71}BM$ 为活性层的有机光伏电池，利用 NR 技术研究了溶剂添加剂 1, 8-二碘辛烷（DIO）对电池内各组分垂直分布的影响（图 7-15）。研究表明，随着 DIO 的增加，共混层中 Y6 的组成变得更加宽广，Y6 与上下纯层之间的界面变得不那么明显。通过 NR 探测，研究人员能够清晰地揭示电池内部材料分布的变化，这对于理解材料如何影响 OPV 性能至关重要。

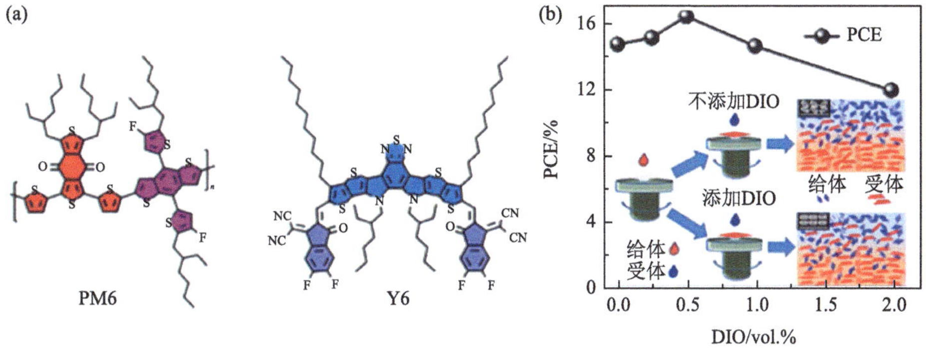

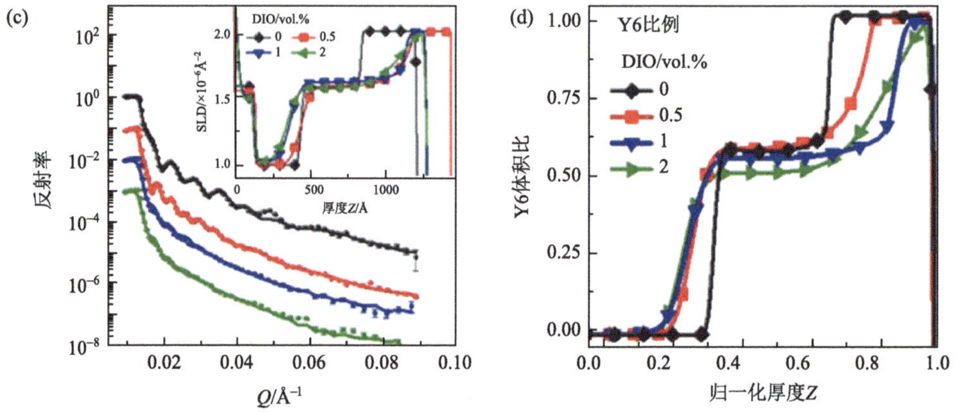

图 7-15 （a）聚合物供体 PM6 和受体 Y6 的化学结构；（b）不含和含 1, 8-二碘辛烷（DIO）的（LBL）光活性层垂直成分分布演变示意图；（c）不同 LBL 层的中子反射率（以点表示）与模型拟合（以线表示）；插图显示了不含 DIO 和含 DIO 的 LBL 薄膜的相应 SLD 与厚度的关系；为清晰起见，反射率曲线和相关模型拟合的轨迹已被偏移；（d）Y6 体积比与归一化厚度曲线的函数关系[44]

（2）生物膜

利用 NR 技术研究生物膜是当前的研究热点之一，尤其是在探索生物大分子与生物膜相互作用方面。随着研究的深入，从最初的简单单层或双层磷脂膜研究，发展到了涉及更为复杂的生物膜系统和生物大分子相互作用的前沿课题。例如，Vacklin 和 Thomas 等利用 NR 研究了水解磷脂酶 PLA2 与磷脂双层膜的相互作用。磷脂能够自组装形成模拟的生物膜，并且这些膜可以附着在固体衬底表面。研究中使用重水作为溶剂，以提高对氘代分子的灵敏度，从而更精确地分析磷脂酶在膜界面的分布[45]。研究人员通过这种方法，成功地追踪了猪胰腺水解磷脂酶 PLA2 在磷脂膜中的作用，特别是 1, 2-二油酰-*sn*-甘油-3-磷酸胆碱（DOPC）膜的水解过程，揭示了 PLA2 酶在膜界面的含量和分布。通过分析反射率随散射矢量变化的曲线，构建了 PLA2 酶与 DOPC 膜相互作用的模型，并揭示了在水解过程中生物膜结构的变化（图 7-16）。这一研究成果为基因和药物传递等应用提供了潜在的技术支持。

近期，来自瑞典的研究小组[46]使用 NR 技术实时研究了 Bax 蛋白在细胞凋亡初期与线粒体膜脂质的相互作用。通过氘同位素标记，他们揭示了当 Bax 蛋白形成孔隙时，它会从线粒体膜中提取脂质，形成脂质-Bax 簇。这一发现描述了程序性细胞死亡→凋亡→早期阶段的分子机制，揭示了凋亡过程在癌症预防中的重要作用。这些研究表明，中子反射技术凭借其对氢、氘同位素的高灵敏性，可以深入探测生物膜的结构及其与生物大分子的相互作用，提供了其他方法难以获得的重要信息，推动了生物膜研究向更复杂和更具生物学意义的方向发展。

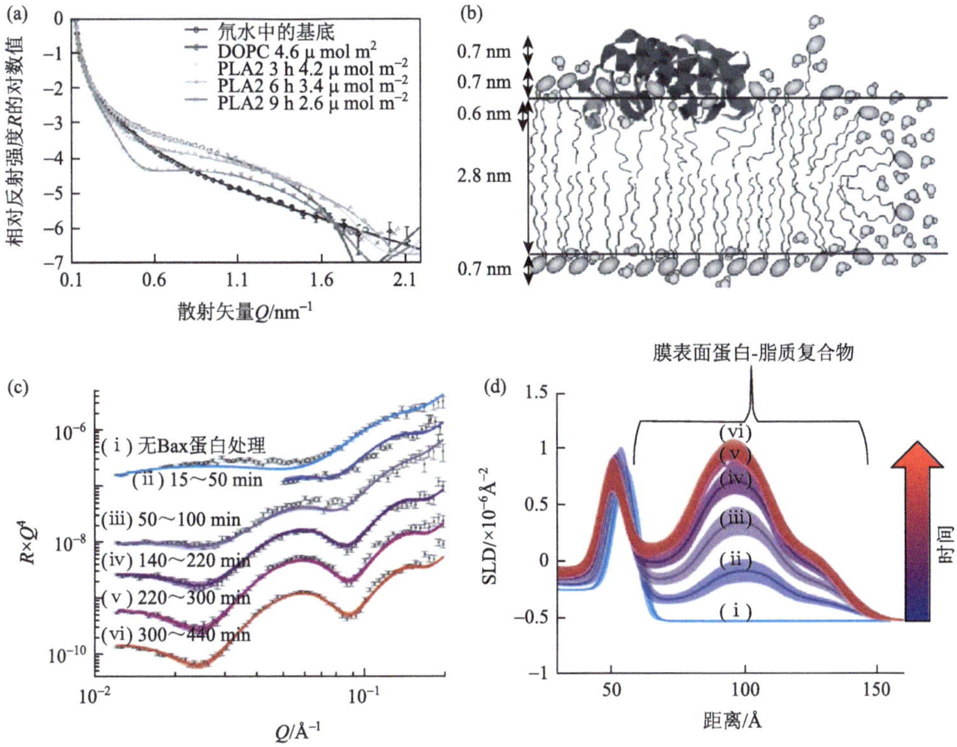

图 7-16 (a) DOPC 生物膜与 PLA2 酶相互作用的中子反射率曲线和拟合结果；(b) 根据中子反射曲线建立的 DOPC 生物膜与 PLA2 酶相互作用模型；(c) NR 数据（误差）和模型拟合数据；(d) 互补 ATR-FTIR 测试结果

7.3.2 掠入射小角中子散射

掠入射小角中子散射（GISANS）是在掠入射几何下研究表面或表层中纳米结构的一种中子散射技术，它结合了中子反射和中子散射技术的优势，显著提高了对复杂薄膜和多层结构表征的能力。当薄膜表面绝对平整时，入射中子仅发生反射；但若薄膜表面存在粗糙度或其内部结构存在不均匀性时，入射中子会发生散射。在全反射临界角处，散射强度会达到极大值，这一特征被称为 Yoneda 峰[47]。图 7-17 为 GISANS 实验的散射几何示意图，定义样品薄膜所处平面为（x，y）平面，x 轴为中子束入射方向，y 轴垂直于中子束入射方向，z 轴为该平面的法线方向，中子束与该平面的入射角为 α_i，中子束相对于该平面的出射角为 α_f，ψ 为出射中子束在（x，y）平面上的投影与 x 轴的夹角。

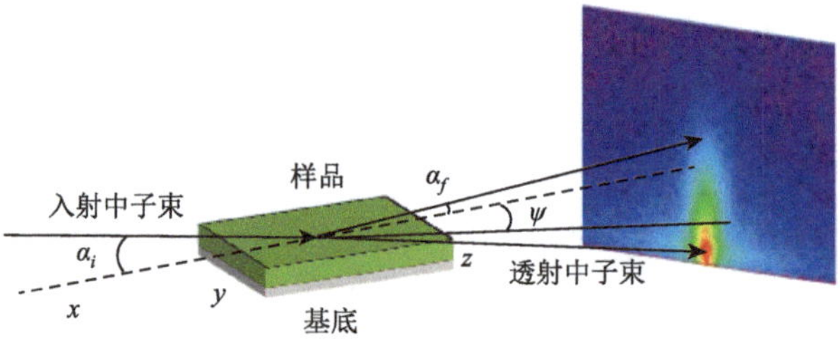

图 7-17　GISANS 几何示意图

若薄膜中存在纳米尺度的周期性结构，则 GISANS 可探测到类似于衍射中的布拉格峰的特征。对于沿样品深度方向呈现周期性排布的纳米结构，布拉格峰出现在 z 轴方向；而当样品中的纳米结构在平行于表面方向呈现周期性排布时，沿 y 轴方向出现布拉格峰[48]。

定义中子在介质中的折射率为 n，根据 Snell 定律，入射角 α_i 与折射角 α_r 满足：

$$n_0 \cos\alpha_\mathrm{i} = n\cos\alpha_\mathrm{r} \tag{7-24}$$

式中，n_0 为真空或空气的折射率，且 $n_0 = 1$。

当 α_r 为 0 时，仅有反射而无折射产生，此时：

$$\alpha_\mathrm{i} = \cos^{-1} n \approx \sqrt{2\delta} = \delta\sqrt{\frac{Nb}{\pi}} \tag{7-25}$$

此时的临界角称为全反射临界角，记为 α_c。

当入射角或出射角接近 α_c 时，在一阶微扰理论的框架内引入扭曲玻恩近似，GISANS 的微分散射截面（散射强度）可表达为[49, 50]：

$$\frac{d\sigma}{d\Omega} = \frac{A\pi^2}{\lambda^4}(1-n^2)^2 \left|T_\mathrm{i}\right|^2 \left|T_\mathrm{f}\right|^2 F(\vec{q}) \tag{7-26}$$

式中，A 为照射面积，T_i、T_f 为菲涅尔透射函数，$F(\vec{q})$ 为漫散射因子，$\vec{q}$ 为散射矢量。

由于实验中 α_i 固定，菲涅尔透射函数仅起到整体尺度因子的作用，探测到的相对散射强度由 $F(\vec{q})$ 决定。对于固定的 GISANS 来说，$F(\vec{q})$ 可直接测定，其与高度相关函数有关。对于 N 个相同的中心对称的随机取向物体，漫散射因子可近似为：

$$F(\vec{q}) \sim NS(\vec{q})P(\vec{q}) \tag{7-27}$$

其中，$S(\vec{q})$ 为结构因子，$P(\vec{q})$ 为形状因子。形状因子可以根据组分的类型和大小进行数学描述，而结构因子则提供了它们之间的相关性[51]。

对于入射波长为 λ 的中子束，散射矢量 $\vec{q}=(\vec{q}_x,\vec{q}_y,\vec{q}_z)$ 可描述为：

$$\vec{q}_x=\frac{2\pi}{\lambda}(\cos\psi\cos\alpha_f-\cos\alpha_i) \tag{7-28}$$

$$\vec{q}_y=\frac{2\pi}{\lambda}(\sin\psi\cos\alpha_f) \tag{7-29}$$

$$\vec{q}_z=\frac{2\pi}{\lambda}(\sin\psi+\sin\alpha_f) \tag{7-30}$$

GISANS 测试时通常使用二维探测器来探测散射强度 $I(\vec{q}_y, \vec{q}_z)$。通过对固定的 $\vec{q}_z$ 分析 $I(\vec{q}_y)$或对固定的 $\vec{q}_y$ 分析 $I(\vec{q}_z)$，从而分别获得样品在横向及深度方向的定量结构信息。

在高分子薄膜的 GISANS 表征方面，Peter Müller- Buschbaum 等率先开展了 GISANS 实验[52]，并做了系统研究[47, 48, 50, 53, 54]。有兴趣的读者可以自行检索阅读，下面将简要举例 GISANS 在高分子薄膜表征中的一些实例。

在 OPV 中，相分离和分子混合显著影响电荷载流子的提取和输运路径。2012 年，Müller-Buschbaum 采用 GISANS 对 P3HT/PCBM 本体异质结薄膜的结构长度尺度、相尺寸和分子混相比进行了探测[54]。如图 7-18（a）所示，结构尺寸为 20 nm、PCBM 相最大、PCBM 在非晶 P3HT 相中分散率为 18vol%是具有最高性能的配方。

近期，Lu 等[55]利用国内首个飞行时间-掠入射小角中子散射（TOF-GISANS）研究平台在有机光伏异质结薄膜中发现了一种新的纳米相区结构。OPV 异质结由有机给体（D）和受体（A）共混而成，给体和受体相区的大小严重影响 OPV 器件的性能，但因衬度差别小，采用 X 射线散射无法对 D/A 混合区中不同的（结晶和非晶结构）相区进行检测区分。在该研究中，通过靶向氘化将 PM6/Y6 有机光伏体异质结中 D/A 中子散射衬度提高了近一个数量级，从而首次揭示了 PM6/氘

(a)

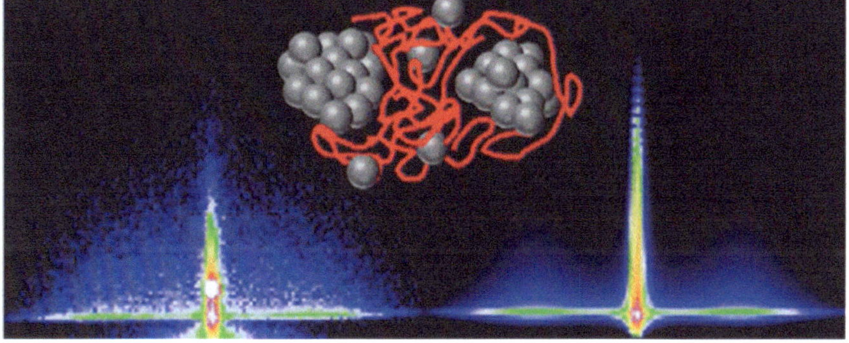

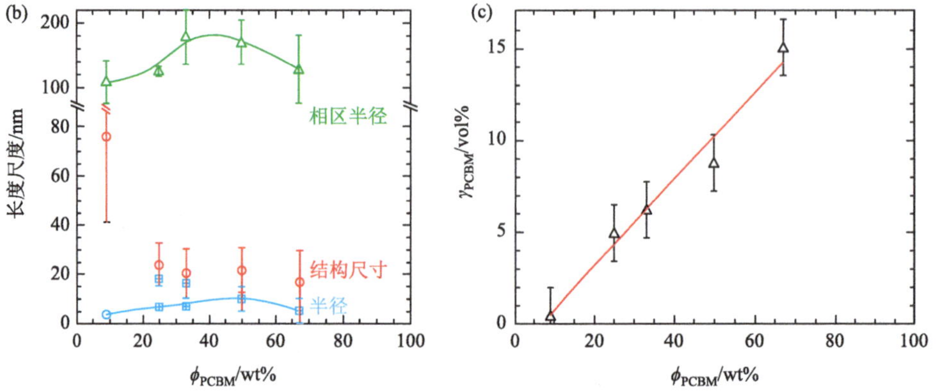

图 7-18 （a）二维 GISANS 数据（左列）和相应的 PCBM 含量为 33%的 P3HT/PCBM BHJ 薄膜的模拟，其中 GISANS 使用了模型的示意图；(b)用于模拟 GISANS 数据的距离(结构尺寸)、小（目标半径）和大 PCBM 相区（相区半径），与 PCBM 内容有关。误差条表示这些长度的分布；（c）分子溶解的 PCBM 在 P3HT 相中的分数，取决于 PCBM 的总含量。实线是引导线

化 Y6（*d*-Y6）有机光伏薄膜中一种新的非晶纳米结构相区（图 7-19）。研究结果表明 *d*-Y6 分子在无定形混合区域中存在短程聚集，该聚集可促进电荷提取并抑制电荷复合，这为有机光伏器件的结构设计和性能调控提供了重要的指导。

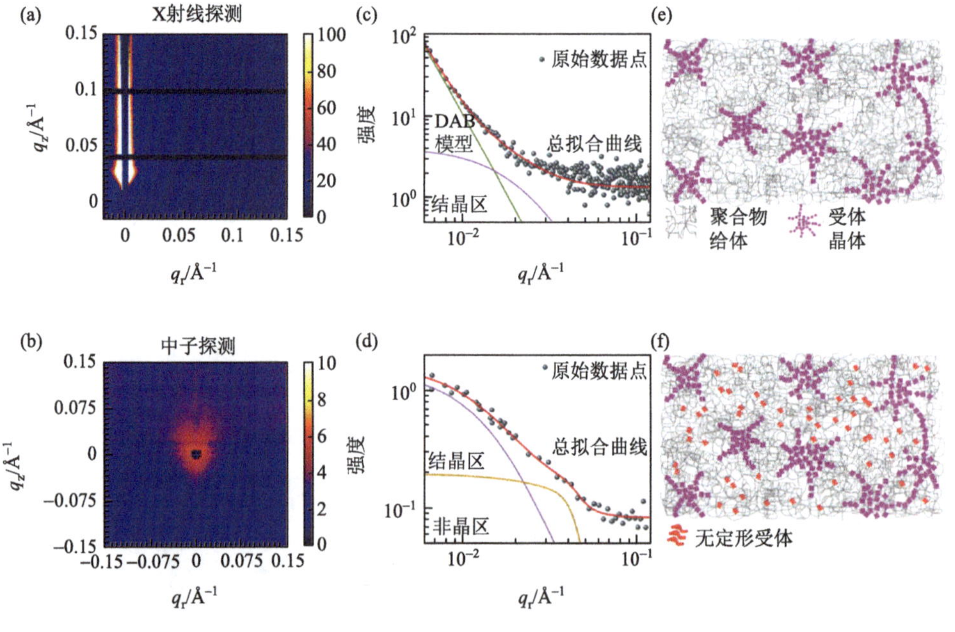

图 7-19 氘代 OPV 薄膜的小角 X 射线/中子散射数据和微结构示意图

同时，GISANS 也常被引入嵌段高分子薄膜研究，如 Hong 等[56]通过 GISANS 研究了弱分离聚苯乙烯-嵌段聚甲基丙烯酸甲酯[P（S-*b*-MMA）]和氘化聚苯乙烯（dPS）共混膜中聚合物链的空间分布，并探究了两者的比例和退火时间对薄膜微结构和聚合物链空间分布的影响，见图 7-20（a）。Hu 等[57]使用 GISANS 来探测嵌段共聚物自组装形态的深度依赖取向见，图 7-20（b）。合成了疏水-疏水嵌段共聚物聚甲基丙烯酸溶胶-嵌段聚苯乙烯（PSM-b-PS），并将其自旋包覆成数十纳米厚的无序态薄膜。然后将聚合物薄膜暴露在三氟乙酸蒸气中或在薄膜中嵌入光酸发生器，在旋转涂层期间水解 PSM-b-PS，然后暴露在紫外线下。水解将嵌段共聚物转化为亲水-疏水嵌段共聚物，聚单甲基丙烯酸甘油-嵌段聚苯乙烯（PGM-b-PS），显著增加了段间相互作用参数 χ，并导致了共聚物的微相分离。用 GISANS 研究了膜的深度依赖结构，发现微相分离结构在聚合物-空气和聚合物-衬底界面上的取向不同。在片层平行于界面的区域，取向从界面向膜内传播。然而，在垂直于界面的区域，随着距离界面的增加，取向不稳定。

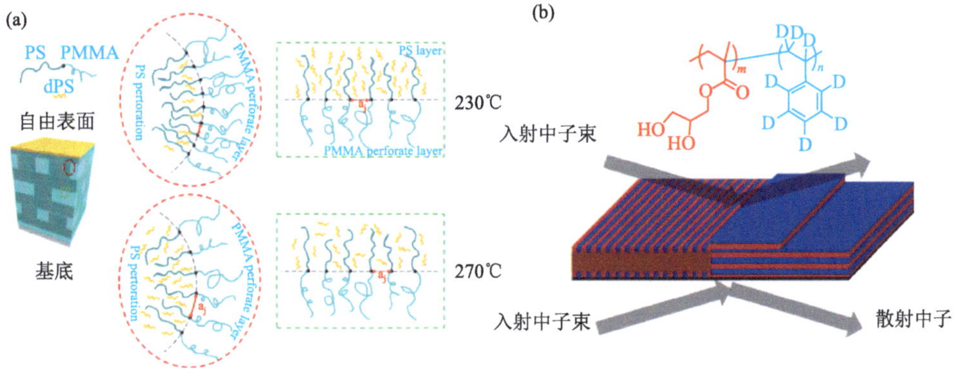

图 7-20　GISANS 研究嵌段共聚物薄膜示意图

7.3.3　准弹性中子散射

根据散射过程中能量转移的大小，中子散射可以分为弹性散射和非弹性散射。弹性中子散射是指中子与样品之间没有动量和能量的交换，散射前后的中子能量保持不变。上述讨论的中子散射技术属于弹性中子散射。而准弹性中子散射（quasi-elastic neutron scattering，QENS）则是一种特殊的非弹性散射，其中能量转移非常小，通常仅在一个较小的范围内。通过测量中子散射过程中微小的能量转移，QENS 能够提供关于样品中分子运动的详细信息。

QENS 是一种用于研究物质内部分子运动和动力学过程的重要技术。其基本原理是基于中子散射过程中中子能量的微小变化，这种能量变化与样品中分子或原子的运动密切相关。在 QENS 实验中，当中子与样品中的原子或分子发生散射时，中子会失去或获得少量的能量，这种能量转移源自样品中分子或原子的热运动、振动或其他动力学行为。QENS 能够探测分子在时间和空间上的运动，时间尺度可从皮秒到几十纳秒，空间尺度从埃米到纳米。

QENS 的理论基础涉及中子散射的基本原理、时间和空间分辨率的控制，以及动态结构因子的解析等。由于这些内容较为复杂，此处不再详细展开，感兴趣的读者可查阅相关文献。总之，QENS 是一种非常有效的技术，用于深入了解物质的动态行为，特别是在研究分子运动、液体、软物质、聚合物等动态过程中的应用具有重要意义。

当前 QENS 在光电领域应用较多，可以研究各种有机材料中的各种扩散和振动/弛豫模式[58-60]。由于其对氢的高灵敏度，它为研究有机阳离子旋转提供了直接途径。从 QENS 获得的信号归因于氢原子的运动，这对于确定混合卤化物钙钛矿体系中有机阳离子的动力学特别有用。

QENS 可以用来探测有机-无机卤化物钙钛矿中有机分子阳离子的行为。这些具有平移周期性和定向无序的塑性晶体可能表现出微观、宏观相变和动态过程之间的复杂耦合。了解这些高性能半导体中的分子笼相互作用对于实现不同材料性质的完全成分控制至关重要。例如，Seshadri 等[61]研究了有机分子阳离子在高性能钙钛矿光伏吸收剂中的作用。在这项工作中，他们利用 QENS 研究了甲基碘化铅（$MAPbI_3$）和甲脒碘化铅（$FAPbI_3$）中有机分子阳离子在 4～340 K 范围内的分子重定向动力学。结果揭示了分子阳离子与其周围无机笼的相互作用性质，以及围绕 N···N 轴的旋转，使分子偶极子重新定向。它是所有阶段的主导运动。在 $FAPbI_3$ 中，分子笼相互作用的几何挫折产生了无序的 γ 相，随后在更低的温度下形成玻璃状冻结。

Müller-Buschbaum 等[62]使用 QENS 研究了 PTB7 聚合物与共混体系的分子动力学（图 7-21）。共混体系是由聚合物给体 PTB7 和富勒烯受体 PCBM 组成的本体异质结。通过 QENS 探测 BHJ 发现 PTB7 侧链动力学受挫，表现为松弛时间的增加和扩散系数的降低。他们还探讨了 BHJ 动力学行为的温度依赖性，表明温度变化对聚合物动力学有重要影响，聚合物的动力学行为呈现出 Arrhenius 型行为。该研究不仅揭示了聚合物侧链运动的受限性，还强调了温度对聚合物动力学行为的重要影响。研究结果有助于深入理解有机光伏材料中分子动力学对器件性能的影响，为进一步优化这些材料的结构和性能提供了重要的动力学视角。

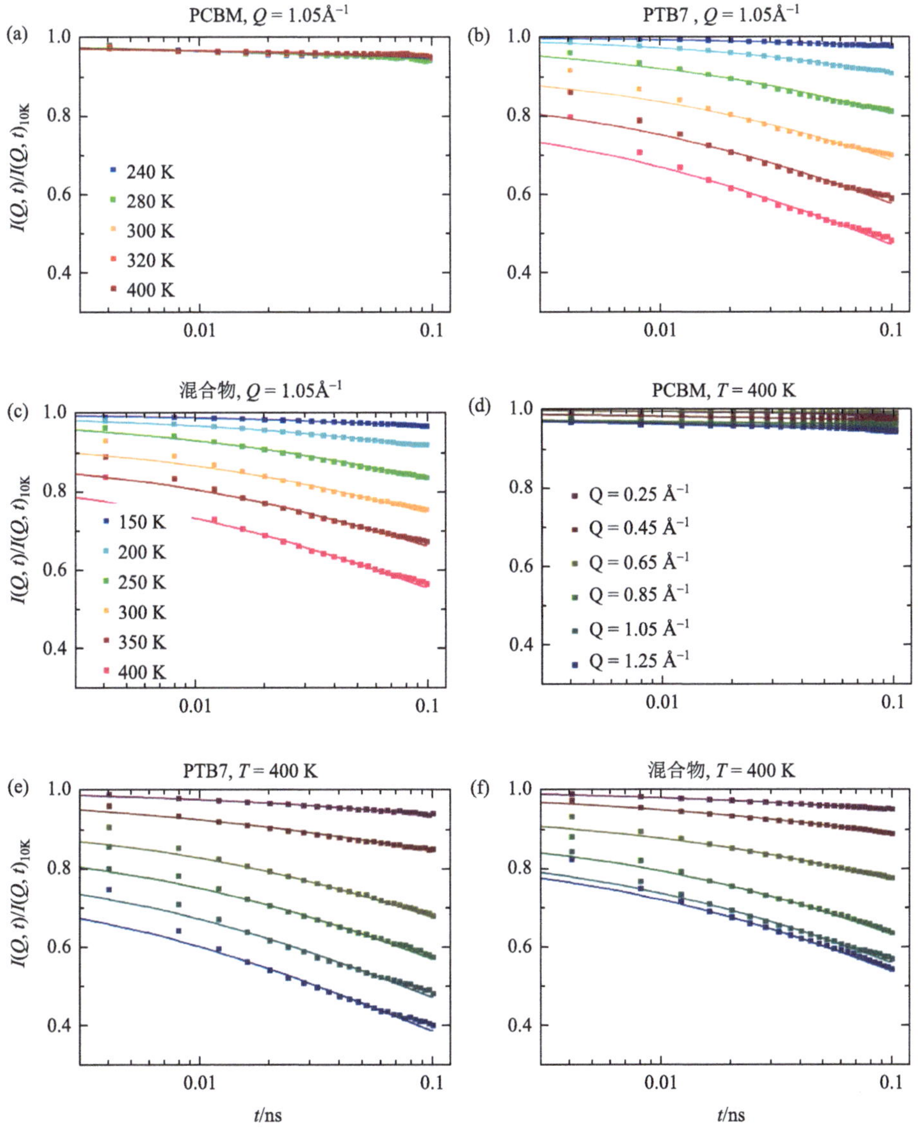

图 7-21　中间散射函数 $I(Q,t)$（符号表示）分别在不同温度下，$Q=1.05$ Å^{-1}（a～c）以及在 400K 时 Q-空间的不同位置（d～f）；实线为基于拉伸指数模型的拟合结果

7.4 本章小结

本章系统介绍了中子散射技术在高分子材料表征中的应用，涵盖了基本原理、

技术优势以及具体的表征示例，重点阐述了各类中子散射方法在高分子材料研究中的重要作用。

首先，强调了中子散射技术相较于其他表征方法的独特优势。中子散射具有较高的穿透力、对轻元素（如氢、氘）具有极高的灵敏度，并且几乎没有破坏性，这使其成为高分子材料研究中的重要工具。进一步讨论了中子的基本性质，包括中子源的类型，如反应堆中子源和散裂中子源，详细介绍了这两种中子源的工作原理和特点。

其次，本章的核心内容是小角中子散射（SANS）技术的理论基础、实验数据分析方法及其在高分子材料表征中的应用。SANS 技术通过测量极小散射角度的中子来研究材料的微观结构，特别适用于研究高分子材料的纳米结构。详细讨论了 Guinier 和 Porod 分析方法在实际数据处理中的应用，并展示了 SANS 在表征高分子溶液、高分子薄膜以及其他复杂高分子体系中的具体应用实例，突出了 SANS 在高分子科学研究中的关键作用。

除了 SANS 技术，本章还介绍了其他 3 种在高分子材料表征中具有重要应用的中子散射技术及其原理和应用。NR 技术能提供高分子膜或薄层材料表面和界面区域的结构信息，广泛应用于膜层厚度、密度以及界面特性研究。GISANS 常用于研究材料表面和界面的结构，强调了其在高分子膜层、薄膜和界面分析中的重要性。GISANS 能够为表面和界面结构提供更高的空间分辨率，并能探测到更为复杂的界面现象。QENS 可以揭示高分子链的运动、分子动力学以及温度、压力变化下的行为[63]，对理解高分子材料的动力学过程具有重要意义。

随着中子源技术的不断发展以及实验方法的创新，如结合其他表征技术进行原位表征等，中子散射技术在材料科学领域的应用前景愈加广阔。特别是在研究更加复杂的高分子体系和多尺度结构演变过程中，中子散射技术将继续发挥其独特的优势，为高分子材料科学的发展提供先进的表征工具。

参考文献

[1] CHADWICK J. The existence of a neutron[J]. Royal Society，1932，136（830）：692-708.

[2] XIAO Y G，HUANG Q，OUYANG Z W，et al. Canted magnetic structure arising from rare-earth mixing in the laves-phase compound（$Nd_{0.5}Tb_{0.5}$）CO_2[J]. Physical Review B，2006，73（6）：064413.

[3] LOPEZ C G，WATANABE T，MARTEL A，et al. Microfluidic-sans：Flow processing of complex fluids[J]. Science Reports，2015，5：57727.

[4] FLORY P J，GORDON M，FLORY P J，et al. Statistical thermodynamics of random networks[J]. Royal Society，1976，351（1666）：351-380.

[5] 韩泽华，左太森，马长利，等. 小角中子散射谱仪技术的发展及未来展望[J]. 世界科技研究与发展，2022，44（3）：371-391.

[6] ZÁKUTNÁ D，GRAEF K，DRESEN D，et al. In situ magnetorheological sans setup at institut laue-langevin[J]. Colloid and Polymer Science，2020，299（2）：281-288.

[7] PAN Q，ZHANG L，FENG R，et al. Gradient cell-structured high-entropy alloy with exceptional strength and ductility[J]. Science，2021，374（6570）：984-989.

[8] LI N，LI X，WANG Y，et al. The new ncpss bl19u2 beamline at the ssrf for small-angle X-ray scattering from biological macromolecules in solution[J]. Journal of applied crystallography，2016，49（5）：1428-1432.

[9] KE Y，HE C，ZHENG H，et al. The time-of-flight small-angle neutron spectrometer at china spallation neutron source[J]. Neutron News，2018，29（2）：14-17.

[10] WANG L-M，CAO L，JI W-H，et al. Application of neutron scattering in organic photovoltaic materials[J]. Chinese Journal of Structural Chemistry，2023，42（5）：100023.

[11] ZHANG H，CHENG H，YUAN G，et al. Thirty meters small angle neutron scattering instrument at China advanced research reactor[J]. Nuclear Instruments and Methods in Physics Research A，2014，735：735490-735495.

[12] 左太森，马长利，韩泽华，等. 小角中子散射技术及其在大分子结构表征中的应用[J]. 高分子学报，2021，52（9）：1192-1205.

[13] ZUO T-S，CHENG H，CHEN Y-B，et al. Development and prospects of very small angle neutron scattering（vsans）techniques[J]. Chinese Physics C，2016，40（7），076204.

[14] CARPENTER J M，AGAMALIAN M. Aiming for the theoretical limit of sensitivity of bonse-hart usans instruments[J]. Journal of Physics：Conference Series，2010，251：012056.

[15] TAN W L，TANG L，MATSIDIK R，et al. Small-angle neutron scattering of P（NDI2OD-T2）solutions：Importance of network structure for data interpretation and film morphology[J]. Macromolecules，2024，57（2）：691-706.

[16] KLINE S R. Reduction and analysis of sans and usans data using igor pro[J]. Journal of applied crystallography，2006，39：895-900.

[17] SasView Document Index [EB/OL]. [2025-07-18]. https://www.sasview.org/docs/index.html.

[18] HU W-T，YANG H，CHENG H，et al. Morphology evolution of polystyrene-core/poly（n-isopropylacrylamide）-shell microgel synthesized by one-pot polymerization[J]. Chinese Journal of Polymer Science 2017，35（9）：1156-1164.

[19] LI Z，CHENG H，LI J，et al. Large-scale structures in tetrahydrofuran-water mixture with a trace amount of antioxidant butylhydroxytoluene（BHT）[J]. The Journal of Physical Chemistry B，2011，115（24）：7887-7895.

[20] COTTON J P，DECKER D，BENOIT H，et al. Conformation of polymer chain in the bulk[J]. Macromolecules，1974，7（6）：863–872.

[21] DATTA S，KATO Y，HIGASHIHARAGUCHI S，et al. Self-assembled poly-catenanes from supramolecular toroidal building blocks[J]. Nature，2020，583（7816）：400-405.

[22] ZHENG Y Q，YAO Z F，LEI T，et al. Unraveling the solution-state supramolecular structures of donor-acceptor polymers and their influence on solid-state morphology and charge-transport properties[J]. Advanced Materials，2017，29（42）：1701072.

[23] ZHAO K，ZHANG Q，CHEN L，et al. Nucleation and growth of P（NDI2OD-T2）nanowires via side chain ordering and backbone planarization[J]. Macromolecules，2021，54（5）：2143-2154.

[24] WANG Z，GAO M，HE C，et al. Unraveling the molar mass dependence of shearing-induced aggregation structure of a high-mobility polymer semiconductor[J]. Advanced Materials，2022，34（7）：2108255.

[25] GAO M，WU J，YUAN X，et al. Tuning the solution aggregation and molecular order for efficient and thermally stable polymer solar cells[J]. Energy & Environmental Science，2023，16：5822.

[26] ZHANG M，HE S，ZOU Q，et al. Unique dynamics of hierarchical constrained macromolecular ligands on coordination nanocage surface promotes facile and precise assembly of polymers[J]. The Journal of Physical Chemistry Letters，2021，12（22）：5395-5403.

[27] JIANG N，YU T，ZHANG M，et al. Effect of micellar morphology on the temperature-induced structural evolution of ABC-polypeptoid triblock terpolymers into two-compartment hydrogel network[J]. Macromolecules，2024，57（14）：6449-6464.

[28] ZUO T，MA C，JIAO G，et al. Water/cosolvent attraction induced phase separation：A molecular picture of cononsolvency[J]. Macromolecules，2019，52（2）：457-464.

[29] BALSARA N P，LIN C，HAMMOUDA B. Early stages of nucleation and growth in a polymer blend[J]. Physical Review B Letters，1996，77（18）：3847-3850.

[30] LIU D，CHEN J，SONG L，et al. Parameterization of silica-filled silicone rubber morphology：A contrast variation sans and tem study[J]. Polymer，2017，120：155-163.

[31] LIU D，SONG L，SONG H，et al. Correlation between mechanical properties and microscopic structures of an optimized silica fraction in silicone rubber[J]. Composites Science and Technology，2018，165：373-379.

[32] SADLER D M，KELLER A. Neutron scattering studies on the molecular trajectory in polyethylene crystallized from solution and melt[J]. Macromolecules，1977，10（5）：1128-1140.

[33] KIMATA S，SAKURAI T，NOZUE Y，et al. Molecular basis of the shish-kebab morphology in polymer crystallization[J]. Science，2007，316（5827）：1014-1017.

[34] ENDO F，KUROKAWA N，TANIMOTO K，et al. Sans study on the nano-crystalline network structure of elastic physical gels made of syndiotactic polypropylene[J]. Soft Matter，2019，15（27）：5521-5528.

[35] 宋攀奇，张建桥，李怡雯，等. 溶液小角散射技术在软物质研究中的应用与展望[J]. 化学学报，2022，80（5）：690-702.

[36] KORUZA K，LAFUMAT B，VEGVARI A，et al. Deuteration of human carbonic anhydrase for neutron crystallography：Cell culture media，protein thermostability，and crystallization behavior[J]. Archives of Biochemistry and Biophysics，2018，64：526-533.

[37] VOLKOV V V，SVERGUN D I. Uniqueness of ab initio shape determination in small-angle scattering[J]. Journal of applied crystallography，2003，36：860-864.

[38] GEREBEN O，PUSZTAI L，MCGREEVY R L. Rmcsans--modelling the inter-particle term of small angle scattering data via the reverse monte carlo method[J]. Journal of Physics：Conference Series，2010，22（40）：404216.

[39] PETOUKHOV M V，SVERGUN D I. Joint use of small-angle X-ray and neutron scattering to study biological macromolecules in solution[J]. European Biophysics Journal，2006，35（7）：567-576.

[40] SHRESTHA U R，JUNEJA P，ZHANG Q，et al. Generation of the configurational ensemble of an intrinsically disordered protein from unbiased molecular dynamics simulation[J]. Proceedings of the National Academy of Sciences of the United States of America，2019，116（41）：20446-20452.

[41] ZHANG L，LIN D，SUN X，et al. Crystal structure of sars-cov-2 main protease provides a basis for design of improved a-ketoamide inhibitors[J]. Science，2020，368：409-412.

[42] LEITE W C，WEISS K L，PHILLIPS G，et al. Conformational dynamics in the interaction of sars-cov-2 papain-like protease with human interferon-stimulated gene 15 protein[J]. The Journal of Physical Chemistry Letters，2021，12（23）：5608-5615.

[43] KRUEGER S. Neutron reflection from interfaces with biological and biomimetic materials[J]. Current Opinion in Colloid & Interface Science，2001，6：111-117.

[44] LI Q，WANG L-M，LIU S，et al. Vertical composition distribution and crystallinity regulations enable high-performance polymer solar cells with＞17% efficiency[J]. ACS Energy Letters，2020，5（11）：3637-3646.

[45] VACKLIN H V，THAMAS R K，TIBERG F，et al. Phospholipase A2 hydrolysis of supported model membranes[R]. ISIS Annual report，2004.

[46] CLIFTON1 L A，WACKLIN-KNECHT H P，ÅDÉN J，et al. Creation of distinctive bax-lipid complexes at mitochondrial membrane surfaces drives pore formation to initiate apoptosis[J]. Science Advances，2023，9：7940

[47] MÜLLER-BUSCHBAUM P. Grazing incidence small-angle neutron scattering：Challenges and possibilities[J]. Polymer Journal，2012，45（1）：34-42.

[48] MÜLLER-BUSCHBAUM P. Gisaxs and gisans as metrology technique for understanding the 3d morphology of block copolymer thin films[J]. European Polymer Journal，2016，81：470-493.

[49] MÜLLER-BUSCHBAUM P，CUBITT R，PETRY W. Nanostructured diblock copolymer films：A grazing incidence small-angle neutron scattering study[J]. Langmuir，2003，19（19）：7778-7782.

[50] MÜLLER-BUSCHBAUM P，GUTMANN J S，CUBITT R，et al. Grazing incidence small-angle neutron scattering—an advanced scattering technique for the investigation of nanostructured polymer films[J]. Physica B：Condensed Matter，2004，350（3）：207-210.

[51] RUSSELL T P. X-ray and neutron reflectivity for the investigation of polymers[J]. Materials Science Reports，1990，5（4）：171-271.

[52] MÜLLER-BUSCHBAUM P，GUTMANNAB J S，STAMMA M. Dewetting of confined polymer films：An X-ray and neutron scattering study[J]. Physical Chemistry Chemical Physics，1999，1：3857-3863.

[53] HEXEMER A，MÜLLER-BUSCHBAUM P. Advanced grazing-incidence techniques for modern soft-matter materials analysis[J]. International Union of Crystallography Journal，2015，2（1）：106-125.

[54] RUDERER M A，MEIER R，PORCAR L，et al. Phase separation and molecular intermixing in polymer-fullerene bulk heterojunction thin films[J]. The Journal of Physical Chemistry Letters，2012，3（6）：683-688.

[55] CAI G，LI Y，FU Y，et al. Deuteration-enhanced neutron contrasts to probe amorphous domain sizes in organic photovoltaic bulk heterojunction films[J]. Nature Communications，2024，15（1）：2784.

[56] HONG J W，JIAN Y Q，LIAO Y P，et al. Distributions of deuterated polystyrene chains in perforated layers of blend films of a symmetric polystyrene-block-poly（methyl methacrylate）[J]. Langmuir，2021，37（44）：13046-13058.

[57] HU M，LI X，HELLER W T，et al. Using grazing-incidence small-angle neutron scattering to study the orientation of block copolymer morphologies in thin films[J]. Macromolecules，2023，56（6）：2418-2428.

[58] LI J，BOUCHARD M，REISS P，et al. Activation energy of organic cation rotation in CH（3）NH（3）PbI（3）and Cd（3）NH（3）PbI（3）：Quasi-elastic neutron scattering measurements and first-principles analysis including nuclear quantum effects[J]. The Journal of Physical Chemistry Letters，2018，9（14）：3969-3977.

[59] LEGUY A M，FROST J M，MCMAHON A P，et al. The dynamics of methylammonium ions in hybrid organic-inorganic perovskite solar cells[J]. Nature Communications，2015，6：7124.

[60] SWAINSON I P，STOCK C，PARKER S F，et al. From soft harmonic phonons to fast relaxational dynamics inch3nh3pbbr3[J]. Physical Review B，2015，92（10）：100303.

[61] FABINI D H，SIAW T A，STOUMPOS C C，et al. Universal dynamics of molecular reorientation in hybrid lead iodide perovskites[J]. Journal of the American Chemical Society，2017，139（46）：16875-16884.

[62] SCHWAIGER D，LOHSTROH W，MÜLLER-BUSCHBAUM P. Investigation of molecular dynamics of a PTb7：PCBM polymer blend with quasi-elastic neutron scattering[J]. ACS Applied Polymer Materials，2020，2（9）：3797-3804

[63] 刘广峰，李怡雯，张建桥，等. 适用于同步辐射的高压溶液装置及其应用[J]. 高压物理学报，2025，39（02）：3-9.

关键词索引